连云港市历史典型暴雨洪水分析

主　编　刘沂轩　胡必要　颜秉龙
唐春生　洪光雨

中国矿业大学出版社
·徐州·

内容提要

本书在大量实测和调查资料的基础上，全面分析了1974年、1991年、2000年、2003年、2005年、2007年、2012年、2019年各场暴雨的时空分布及暴雨成因、洪水过程及组成、洪水重现期等，全面、准确地反映了连云港市历年暴雨洪水特性，对历次洪水期间防洪工程的运用情况、排涝情况及洪水对连云港市社会经济产生的影响进行了分析，并针对目前存在的问题提出了有针对性的建议。

本书可供从事防汛测报、水资源调度管理、交通、城建、应急等工作的相关技术人员和科研人员参考。

图书在版编目(CIP)数据

连云港市历史典型暴雨洪水分析 / 刘沂轩等主编.
—徐州：中国矿业大学出版社，2020.12
ISBN 978-7-5646-4923-4

Ⅰ.①连… Ⅱ.①刘… Ⅲ.①暴雨洪水－水文分析－连云港 Ⅳ.①P333.2②P426.616

中国版本图书馆CIP数据核字(2020)第269314号

书　　名　连云港市历史典型暴雨洪水分析
主　　编　刘沂轩　胡必要　颜秉龙　唐春生　洪光雨
责任编辑　何　戈
出版发行　中国矿业大学出版社有限责任公司
（江苏省徐州市解放南路　邮编221008）
营销热线　(0516)83884103　83885105
出版服务　(0516)83995789　83884920
网　　址　http://www.cumtp.com　**E-mail**:cumtpvip@cumtp.com
印　　刷　江苏凤凰数码印务有限公司
开　　本　787 mm×1092 mm　1/16　**印张** 14.75　**字数** 240千字
版次印次　2020年12月第1版　2020年12月第1次印刷
定　　价　56.00元

《连云港市历史典型暴雨洪水分析》

编委会

序

近年来，受厄尔尼诺和拉尼娜现象影响，极端天气频发，连云港市发生多次影响人民生产生活的暴雨洪水，对社会经济和人民生活造成了巨大的影响。分析历史暴雨成因、时空分布、暴雨强度对探索区域暴雨洪水的形成过程、变化特点、洪水组合及在水利工程调节下的变化规律有着重要意义，对指导区域内的综合治理、规划设计、防汛抗洪工作有极其重要的作用。

连云港市地处淮河流域沂沭泗水系最下游，存在上游水系河道坡降大、源短流急、洪水来得快、峰高量大且集中、预报期短等特点。受上游行洪、区域暴雨、城市内涝、外海风暴潮综合影响，历史上洪涝灾害频繁，给连云港市社会生产和人民生活带来了巨大损失，为了研究连云港市历年典型暴雨洪水的特点，总结暴雨洪水形成的原因及造成的灾害，提出进一步防洪减灾的措施，保障人民群众生命财产安全，江苏省水文水资源勘测局连云港分局联合连云港市水利规划设计院有限公司开展了连云港市历史典型暴雨洪水的研究工作。

连云港市历史典型暴雨洪水的研究主要包括暴雨分析、洪水特征分析、洪水比较、洪水调度、洪涝灾害与排涝调查分析等方面，前后持续近 2 a 时间，集中了江苏、山东等多位专家的建议，系统总结、分析研究形成《连云港市历史典型暴雨洪水分析》一书。该书全面总结分析了连云港市历年典型暴雨，基础资料翔实，数据准确可靠，分析科学合理，具有较强的科学性、实用性，全面准确地反映了连云港市历史暴雨洪水的成因、过程及造成的社会影响，是一部具有实际指导意义的书籍，难能可贵。

本书的编制集结了连云港水文分局、连云港市水利规划设计院众多技术人员的智慧和力量，编者在分析历年典型暴雨洪水特征的基础上，潜心研究分析，总结出版《连云港市历史典型暴雨洪水分析》一书，对防汛抗洪、水利规划、工程设计和运行管理以及水文情报预报等工作具有重要意义。我相信，该书不仅是从事防汛测报、水资源调度管理、水文科研人员的重要参考书，对交通、城建、应急以及自然科学等相关专业的技术人员也不失为值得参考的读本。我为这本书的出版感到由衷的高兴，并感谢江苏省水文水资源勘测局连云港分局、连云港市水利规划设计院有限公司的辛勤付出，向历年奋战在水文监测和水文情报预报工作第一线的广大水文、水利工作者以及水利设计院科研人员致以诚挚的谢意。

连云港市水利局党组书记、局长： 宋波

2020年10月18日

前　言

连云港市位于江苏省东北部，黄海之滨，淮河流域沂沭泗水系最下游，处于南北气候过渡带，降雨时空分布不均，洪涝、干旱灾害频发，水多、水少矛盾突出，民间流行谚语"头顶两盆水，腰缠三条河，脚蹬黄海潮，最怕三碰头"，十分形象地说明了连云港的地理位置，是著名的"洪水走廊"。中华人民共和国成立以来，连云港地区水利工程不断优化，工程建设如火如荼，防洪排涝、减灾体系不断完善，为连云港地区民生保障以及社会经济的可持续发展打下了坚实的基础。

连云港市是中国首批沿海开放城市、新亚欧大陆桥经济走廊首个节点城市、"一带一路"倡议江苏支点城市、江苏沿海开发战略中心城市、长三角区域经济一体化城市，也是中国(江苏)自由贸易试验区的组成部分。长三角一体化进程的加快以及自贸区的建成，为连云港地区社会经济的发展提供了长足的动力，同时也对直接关系民生的抗洪减灾提出了更高的要求。

1974年8月中旬，沂沭泗流域受第12号台风影响，普降暴雨至特大暴雨，由于此次降雨范围广，降雨总量及强度大，区域内河道受到内、外洪水叠加影响，新沭河、蔷薇河、青口河均出现历史最高水位，导致蔷薇河支流沭新河、马河漫决；2000年8月下旬，受12号台风外围与冷暖气流的共同影响，区域普降大暴雨至特大暴雨，特别是灌南县长茂镇1 d降雨量高达812.0 mm，灌南县受灾严重，各条河道全部超保证水位；2012年7月上旬，沂沭河流域发生了一次较大洪水，区域普降暴雨至特大暴雨，特别是连云港市市区，最大1 d降雨量凤凰嘴站达420.0 mm，造成城区严重积水；2019年受第9号台风"利奇马"及北方冷空气共同影响，8月10—11日沂沭泗流域大部分地区普降大暴雨，局地特大暴雨，最大1 d降雨量麦坡站达303.0 mm，造成东海中西部内涝。历年暴雨洪水给连云港市社会生产和人民生活造成了巨大损失。

为了全面、客观地描述连云港市历年典型暴雨洪水，分析评价洪水特性及防洪工程所发挥的作用，为防汛抗洪、水利规划、工程设计和运行管理以及水文情报预报等提供有价值的资料，江苏省水文水资源勘测局连云港分局联合连云港市水利规划设计院有限公司开展了连云港市历史典型暴雨洪水分析工作，主要包括连云港地区典型地区、典型年份、典型暴雨的时空分布及暴雨成因，洪水过程及组成，洪水重现期等，重点对连云港市历年暴雨洪水特性，历次洪水期间防洪工程的运用情况、排涝情况及洪水对连云港市社会经济产生的影响进行了分析。现将相关成果汇编成书，全书共六章，第一章区域概况，介绍了连云港地区自然地理、社会经济、水文气象、洪涝灾害、水利工程以及水文站网布设；第二章暴雨分析，介绍了典型暴雨的选取原则，分析了暴雨的成因、时空分布以及重现期，并对典型暴雨进行比较分析；第三章洪水分析，分析了洪水过程、组成、重现期、特点，并对典型洪水比较分析；第四章洪水调度，介绍了洪水调度原则、方案以及典型暴雨洪水调度，分析了水利工程运用对洪水的影响；第五章洪涝灾害与排涝调查分析，介绍了圩区排涝情况以及灾情，分析了致灾原因；第六章问题与建议，分析了现存问题，并提出针对性建议。

本书在大量实测和调查资料的基础上，全面分析了 1974 年、1991 年、2000 年、2003 年、2005 年、2007 年、2012 年、2019 年各场暴雨的时空分布及暴雨成因、洪水过程及组成、洪水重现期等，全面、准确地反映了连云港市历年暴雨洪水特性；对历次洪水期间防洪工程的运用情况、排涝情况及洪水对连云港市社会经济产生的影响进行了分析，并总结了所存在问题，提出了有针对性的建议。

该书结构合理、资料翔实、方法正确、内容全面、成果可靠、结论可信，对连云港地区洪水管理、防洪除涝规划设计、工程建设与管理等工作都具有重要价值，可供同行借鉴。因本书编写组成员技术水平有限，书中缺点和错误在所难免，殷切希望得到同行专家及读者的批评指正。

本书编写组

2020 年 10 月于连云港

目　录

第一章　区域概况

第一节　自然地理

一、地理位置

连云港市位于江苏省东北部，处于我国沿海中部的黄海之滨，介于东经118°24′～119°48′、北纬33°59′～35°07′之间，是亚欧大陆桥东桥头堡，是丝绸之路经济带海陆交汇枢纽，东临黄海，与韩国、日本隔海相望；西部与本省徐州市的新沂市、宿迁市的沭阳县相邻；南部与本省淮安市的涟水县、盐城市的响水县相连；西北部与山东省临沂市的郯城、临沭和莒南三县相邻；北部与山东省日照市的岚山区接壤。全市总面积7 615 km^2，占全省总面积的7.10%，包括东海县、灌云县、灌南县、海州区、连云区及赣榆区。

二、地形、地貌

连云港市地处淮河流域沂沭泗河下游，地势从西北向东南由高到低，属于低山丘陵和平原地貌。平原区面积5 760 km^2、占总面积的75.64%，主要为冲洪积倾斜平原和海积平原。地面高程一般为2.00～10.00 m，绝大多数在3.00～5.00 m之间，西高东低，地形坡降平缓，尤其是灌云、灌南一带海积平原变化更小，地面高程一般为3.00～4.00 m。山丘区面积1 855 km^2、占总面积的24.36%，主要由云台山脉、锦屏山脉、灌云南岗-龙苴一带岗岭区、东海县西部马陵山南缘低山丘陵和赣榆区西部山丘区等组成。西部、北部山丘山势低缓，一般海拔在200 m以下，东部云台山玉女峰高程625.00 m，为本市也是全省最高峰。

平原区主要由冲积平原、滨海沉积平原组成。沂沭河冲积平原分布于黄泛平原和低山丘陵、岗地之间，由沂沭河冲积物填积原来的湖荡形成，地势低平。滨海沉积平原分布在东部沿海一带，由淮河及其支流携带的泥沙受海水波浪作用沉积而成，地势低平。

岗地分布在赣榆中部、东海西部、灌云西部陡沟一带等地。岗地多在低山丘陵之外围，是古夷平面经长期侵蚀、剥蚀，再经流水切割而形成的岗、谷相间排列的地貌形态，其平面呈波浪起伏状。

山丘区主要是地壳垂直升降运动造成的。山区除马陵山为中生代红色砂砾岩和页岩外，其余主要为古老的寒武纪深度变质岩和花岗岩。

三、土壤、植被

连云港区域内西北部平原主要为黄潮土，质地疏松，肥力较差；平原的中、南部主要为砂姜黑土，其次为黄潮土、棕潮土等。下游的平原水网区为水稻土，土壤肥沃。东部的滨海平原多为滨海盐土。

连云港地处我国南北气候过渡带，植被分布由于受气候、地形、土壤等因素的影响，具有明显的过渡性特点。植被属落叶阔叶林与针叶混交林。栽培植被主要有小麦、玉米、水稻等作物。

四、河流水系

连云港市地处淮河流域沂沭河下游，辖区分属沂河水系、沭河水系和滨海诸小河水系。灌南、灌云县和市区东南部属沂河水系，东海县、市区大部和赣榆区西南部分地区属沭河水系，赣榆区其他大部地区属滨海诸小河水系，水系情况见附图 1。

连云港市地处淮河流域沂沭河的最下游，流域主要洪水入海通道新沂河、新沭河经连云港市入海，承担上游近 8 万 km^2 流域面积的泄洪任务，是著名的“洪水走廊”。市境内流域性河道 4 条，分别为新沂河、新沭河、沭河及通榆河北延段，除上述 4 条流域性河道外，还有灌河、蔷薇河、盐河、善后河、青口河和龙王河等区域性骨干河道 18 条，跨县及重要区域性河道 60 条。连云港市河流大部分发源地在市境以外，如沭河、新沭河、绣针河、青口河、龙王河等发源于山东省沂蒙山区；新沂河、蔷薇河、古泊善后河、柴米河、北六塘河、南六塘河、一帆河等发源于宿迁和淮安等市境内。全市河流大部分为东西走向，通榆河、盐河、龙梁河、石安河、蔷薇河(下游段)、沭新河(上段)、一帆河等为南北走向。连云港市主要河流特征值见表1-1。

表1-1　连云港市主要河流特征表

序号	河道名称	所在水利分区	起讫地点	长度/km	功能	等级
一、流域性骨干河道(4条)						
1	沭河	—	苏鲁界-新沂河(口头)	44.7	防洪、治涝、供水	1
2	新沭河	—	苏鲁界-黄海(三洋港)	53.1	防洪、治涝、供水	1
3	新沂河	—	嶂山闸-黄海(燕尾港)	146.7	防洪、治涝、供水	1
4	通榆河北延段	—	响水引水闸-柘汪临港产业区	163.0	供水(含调水)、治涝、航运	2
二、区域性骨干河道(18条)						
1	龙梁河	沂北区	大石埠水库-石梁河水库	65.5	防洪、治涝、供水(含调水)	4
2	石安河	沂北区	安峰山水库-石梁河水库	55.8	防洪、治涝、供水(含调水)	4
3	绣针河	沂北区	苏鲁界-黄海	7.6	防洪、供水	4
4	龙王河	沂北区	苏鲁界-黄海	24.3	防洪、治涝	4
5	青口河	沂北区	苏鲁界-黄海(青口河闸)	34.8	防洪、供水、航运	4
6	沭新河	沂北区	新沂河-蔷薇河	75.7	供水(含调水、饮用水源地)、防洪、治涝、航运	3
7	蔷薇河	沂北区	蔷薇河地涵-新沭河	53.7	防洪、供水(含调水、饮用水源地)、防洪、治涝、航运	3
8	古泊善后河	沂北区	沭新河-黄海善后河闸	89.9	防洪、治涝、供水(含饮用水源地)、航运	3
9	五灌河	沂北区	五图河-灌河(燕尾闸)	16.2	治涝、供水、航运	4
10	柴米河	沂南区	柴米河地涵-北六塘河	61.9	防洪、治涝、航运	3
11	柴南河	沂南区	十字-柴米河(孟兴庄)	44.8	治涝	4
12	北六塘河	沂南区	淮沭河(钱集闸)-义泽河	62.5	防洪、治涝、供水(含饮用水源地)、航运	3
13	南六塘河	沂南区	古寨-武障河闸	44.2	治涝、供水、航运	4
14	义泽河	沂南区	盐河(义泽河闸)-灌河(东三岔)	10.9	防洪、治涝	3
15	武障河	沂南区	盐河-灌河(东三岔)	12.4	防洪、治涝、航运	3
16	灌河	沂南区	东三岔-黄海(燕尾港)	62.5	防洪、治涝、航运	3
17	盐河	沂南区	盐河闸-大浦河	151.1	供水(含调水)、航运、治涝	4
18	一帆河	沂南区	徐集-灌河(一帆河闸)	61.4	治涝、供水	4

连云港市拥有167座大、中、小型水库：大(2)型水库3座，其中石梁河水库是江苏省最大的人工水库；中型水库8座；在册小型水库156座。尤其是东海县，大、中、小型水库星罗棋布，被誉为百"湖"之县。

沂、沭、泗河原属淮河水系，沂水、沭水入泗，泗水入淮。在南宋以前，沂沭泗河河道浚深，排水通畅。1194—1855年黄河夺泗夺淮，逐步淤废了淮河下游及泗水干流河道，逼淮入江，打乱了沂沭泗水系，洪水无出路而漫流的局面给该地区带来了频繁的水旱灾害。

中华人民共和国成立后，苏、鲁两省分别进行了"导沂整沭"和"导沭整沂"工程，为沂沭泗水系排洪入海打开了出路。在此基础上又进行了多次大规模的整治，并实施了沂沭泗洪水"东调南下"工程，开辟了新沂河、新沭河入海通道，整治河道，培修堤防，兴建控制性水闸，基本建成了防洪、排涝、挡潮、灌溉及航运等较为完整的水利工程体系，基本改变了洪水漫流、水旱灾害频繁的局面。

(一) 沂河水系

沂河水系由沂河、骆马湖、新沂河以及入河、入湖支流组成，流域总面积约1.480万km^2。

(1) 沂河发源于山东沂蒙山的鲁山南麓，向南流经沂源、沂水、沂南、兰山、河东、罗庄、苍山、郯城、邳州、新沂等县(市、区)，在江苏省新沂苗圩入骆马湖。较大支流有东汶河、蒙河、祊河、白马河等，大部分由右岸汇入。沂河源头至骆马湖湖口，河道全长333 km，流域面积1.182万km^2。沂河在彭家道口向东辟有分沂入沭水道，分沂河洪水入沭河；在江风口辟有邳苍分洪道，分沂河洪水入中运河。

(2) 骆马湖位于沂河末端，中运河东侧，跨新沂、宿豫两市(区)，上承沂河并接纳泗运水系和邳苍地区来水，集水面积约5.12万km^2，骆马湖湖口至嶂山闸之间汇水面积432 km^2。骆马湖来水由嶂山闸控制东泄经新沂河入海，由皂河闸及宿迁闸泄部分洪水入中运河。骆马湖在湖水位23.00 m时，湖面面积375 km^2，容积9.00亿m^3，是防洪、灌溉、航运、水产养殖等综合利用的平原湖泊，也是南水北调东线的调节湖泊。

(3) 新沂河自嶂山闸流经江苏省宿豫、新沂、沭阳、灌南、灌云等县(市、区)由灌河口入海，全长146 km，是沂沭泗流域主要排洪入海通道。新沂河两岸汇入支流较少，全部位于中上游段，不承担境内洪涝水排放。新沂河除老沭河、淮沭河支流外，还有北岸的新开河、南岸的柴沂河汇入，区间面积 2 543 km^2。新沂河按 50 a 一遇防洪标准除险加固完成，最大行洪流量嶂山闸至口头 7 500 m^3/s，口头至海口7 800 m^3/s。在设计洪水位下，河床可容蓄水量 10 亿多立方米，保护新沂河南北平原地区 53.5 万公顷(1 公顷＝10 000 m^2)耕地。1974 年沭阳站最大行洪流量 6 900 m^3/s，相应最高水位 10.76 m(废黄河高程，下同)。河道自嶂山闸至沭阳城关为上段，长 43 km，河床陡，河道比降较大，水流湍急，流势不稳，流态紊乱。沭阳城关至小潮河为中段，进入古沂沭河近海平原，南与灌河一堤相隔，长 67 km，河道比降减缓，滩地淤沙向东推进，河面逐渐展宽，风浪增高。小潮河至入海口为下段，长 34 km，河道比降平缓，至东友涵洞 1 km 处，河床高程降至最低点，东友涵洞以东至河口，河床淤积逐渐升高，河口则成倒比降，被称为“噘嘴唇”，为天然阻水段，河面开阔，两岸堤防常受风浪冲蚀和潮汐影响。两岸堤防除沭阳以西南岸部分地势高河段未筑堤外，其余河段两岸筑堤，漫滩行洪，南堤长 130 km，北堤长 146 km，堤距自西向东展宽，嶂山闸下 500 m，口头 920 m，沭阳 1 260 m，盐河 2 000 m，至小潮河闸以下展宽到 3 150 m。两岸汇入支流除沭河与淮沭河外，流域面积超过 100 km^2 的，北岸有新开河，南岸有柴沂河，沿线涵闸 24 座，总行洪规模 851.6 m^3/s。新沂河两岸地势自西向东渐低，嶂山附近地面高程 18.00～22.00 m，盐河东为 2.00 m，东友涵洞附近为 1.70～1.90 m，至入海口处又升高至 2.00～3.00 m。

历史上，沂河为泗水支流，由淮河入海，黄河夺泗淤塞泗水河道，泗沂洪水失去出路，逐渐潴积成骆马湖。汛期，骆马湖洪水由总六塘河入南北六塘河经灌河入海，部分经中运河入淮阴以下废黄河入海。1949 年夏，沂沭泗流域暴发洪水，沭阳县徐口以东一片汪洋，田庐尽成泽国。

1949 年冬，为安排洪水出路，苏北区党委根据党中央整治沂沭河的决定，确定“导沂整沭、沂沭合流”治理原则，选定自嶂山至滨海堆沟，采用“筑堤束水，漫滩行洪”方案，开挖新沂河，将沂沭泗河洪水排入黄海。设计标准：沂河临沂洪峰 6 000 m^3/s，泗河、中运河 500 m^3/s，经骆马湖和黄墩湖滞洪后，中运河控制下泄 1 360 m^3/s，开辟嶂山口门入新沂河 710 m^3/s，沭河来水 2 500 m^3/s，新沂河在口头以下按行洪 3 500 m^3/s 挖泓筑堤。同年 11 月，采取“以工代赈，治水结合救灾"，组织10县开挖新沂河土方2 882万m^3。1950年4月，小潮河打坝合龙。1951—1953年，新沂河全面复堤，培修加固。新沂河经历第一次洪水考验，1950年7月5日—8月21日先后5次行洪。第五次行洪，沭阳西关8月16日最高水位9.46 m，流量251 m^3/s，沿堤4万多干群历时47 d日夜抢护安全度汛。

1954年，淮河水利委员会提出《沂沭汶泗洪水处理意见》，口头以下新沂河最大泄量4 500 m^3/s。1957年7月，沂沭泗大水，黄墩湖滞洪，新沂河超标准行洪，沭阳站最大流量3 710 m^3/s，新沂河大堤出现多处严重渗漏，沭阳以西北堤坐湾迎溜段遭严重冲刷。同年，淮河水利委员会编制《沂沭泗流域规划》，提出新沂河按行洪6 000 m^3/s标准设计、7 000 m^3/s校核。1958年1月，江苏省人民委员会批准新沂河大堤按行洪6 000 m^3/s全面加固加高。1958年，淮阴专署动员泗阳、泗洪、沭阳、淮阴、涟水、灌云、灌南7县民工，历时3 a，在沭阳许口以下至海口两堤背水坡做戗台224 km，加固盐河南北闸，以适应新沂河行洪。1959年10月，兴建嶂山闸和嶂山切岭第二期扩挖。1960—1962年，在灌南县境内开挖东友引河，新沂河南堤兴建东友涵洞，使新沂河尾闾段洼地汛后积水得以较快排除，保证滩地种麦。1963年，新沂河北堤按行洪4 000 m^3/s、沭河行洪2 000 m^3/s复堤大马庄至邵曹路7.3 km，超高1.5 m，顶宽6 m，迎水坡比1∶2～1∶5，背水坡比1∶3，堤顶高程为口头20.10 m、邵店20.83 m，护坡1 km。1964年春，修复新沂河险工险段91 km，并实施滩地保麦圈圩工程，以盐河、小潮河、岑池河、南中泓为界圈成5个大圩。嶂山切岭历时3个春冬，完成土方724万m^3。1966年邵店至口头北堤培堤5.8 km、块石护坡1.5 km。1965—1973年，实施新沂河续办工程，新建涵闸16座、偏泓生产桥70座、电排站6座。

1974年汛期，沂沭泗流域发生特大洪水，新沂河超标准行洪，8月16日沭阳站最大流量6 900 m^3/s，灌云县叮当河涵洞上游水位8.04 m。沭阳、灌云、灌南三县组织数万民工上堤抗洪抢险，新沂河经受了建成以来最严峻的一次考验。同年冬，根据江苏省防汛指挥部下达的12项水毁修复工程任务，实施新沂河复堤加固、险工修复等9项工程并实施桃汛处理、保麦子埝整修、堤防绿化与铺设防汛道路等。1976年2月，江苏省水利厅会同有关地县实地查勘新沂河险工地段，提出行洪6 000 m^3/s急办工程18项，经江苏省计委批复，于1977年冬至1983年相继完成。

1983—1986年，按行洪流量7 000 m^3/s的标准，除险加固大马庄至口头段13.4 km，堤顶宽8 m，堤顶超高洪水位3.00 m，前戗台顶宽8.00 m，超高洪水位1.00 m，边坡比1∶3；块石护坡12.9 km。接长和新建桥涵9座、漫水路面15条，新修防汛公路12.9 km。

截至1988年，新沂河除险加固工程灌云境内完成新沂河北堤灌云段68.6 km复堤加固，部分堤段块石护坡及铺设防汛石子路面，淮高灌公路交叉工程，盐河老北闸改涵洞，新建盐西节制闸及挡水坝、盐东滚水坝，打建团结涵洞，增建北偏泓生产桥28座。灌南县境内，1984年冬实施东友涵洞西至堆沟挡潮坝东15.1 km堤段复堤加固；1985年完成接长、新建、加固生产桥45座，建成保麦子埝涵洞33座；1985年实施小潮河滚水坝工程，同时加固新沂河南堤海口段大堤2.3 km；1987—1988年，实施叮当河南闸拆建工程；1988年5月，为保证新沂河南偏泓排桃汛时滩地麦熟稳收和向北偏泓补充灌溉水源，兴建叮当河节制闸；为加速滩地退水种麦和麦作期排涝，开挖南北向中沟，建简易排涵。

1991年开始，在治淮工程中，按20 a一遇防洪标准对新沂河进行续建，设计行洪流量为7 000 m^3/s。主要建设内容：兴建海口控制工程（包括南深泓闸、北深泓闸以及橡胶坝工程等）；修筑南北堤堤顶防汛道路，共长63.4 km，南北堤块石护坡，共长17.2 km；干河及岔流新开河险工段处理；南堤大小陆湖险工段防渗处理，小潮河坝段防渗处理及小潮河闸加固；新团结涵洞、老团结涵洞、盐河南闸、盐河北闸、沭新闸、东友涵洞、叮当河涵洞、宋营涵洞、陆宋涵洞、侍岭涵洞、沂北闸加固，宿豫境内南堤复堤等。至1998年，新沂河20 a一遇防洪标准工程共完成主要工程量土方559万m^3、砌石12.8万m^3、混凝土及钢筋混凝土7.5万m^3，工程投资26 142万元。

新沂河虽实施了一些治理工程，但沿线堤防险工隐患仍没有得到彻底处理。为争取省内沂沭泗地区在防洪上处于安全度汛主动位置，确保新沂河沿线堤防安全，在沂沭泗河洪水“东调南下”续建工程未能实施前，1999年开始省政府安排实施新沂河堤防消险加固工程。根据1998年汛期出现的险情，安排堤防防渗处理、险工段除险加固、滩面及泓道清障、防汛道路修建，穿堤建筑物拆除重建5座，除险加固11座，工程总投资13 010万元。

按 20 a 一遇防洪标准实施复工工程和堤防消险工程后，从历次行洪情况看，新沂河行洪流量仍未达到 7 000 m^3/s 的设计标准，且暴露出来的问题很多，主要表现为中流量、高水位，防汛压力大。2006 年 9 月开始，按 50 a 一遇防洪标准实施新沂河整治工程，干流按 50 a 一遇防洪标准、支流按 20 a 一遇防洪标准治理。河道整治采用半抬高水位方案，海口控制枢纽扩建。主体工程于 2006 年 9 月开工，2008 年 5 月完工，共完成主要工程量土方 5 213 万 m^3、石方 22 万 m^3、混凝土及钢筋混凝土 19 万 m^3，工程投资 15.2 亿元。2008 年汛期，嶂山闸行洪最大流量达 5 000 m^3/s，这是嶂山闸建闸以来仅次于 1974 年的下泄流量，但大堤未发现异常情况。

2010 年 12 月 10 日，沂沭泗河洪水“东调南下”续建工程——新沂河整治工程通过水利部淮河水利委员会与省水利厅组织的竣工验收。

新沂河出嶂山闸，经嶂山切岭循新沂、宿迁边界东行 5.5 km，北有湖东自排河汇入。嶂山闸坐落于马陵山麓的嶂山切岭处，是控制骆马湖水位的重要防洪工程。嶂山切岭是为嶂山闸排洪与蓄水，相应扩大嶂山闸上游引河，将南北走向的马陵山麓嶂山拦腰斩断的切岭工程。

新沂河自大马庄涵洞向东流经 12 km 至口头，入宿迁市境。沭河自北汇入，北堤有 1965 年兴建的口头涵洞。在宿迁市境内，新沂河北岸有岔流新开河汇入，南岸有山东河、路北河、柴沂河汇入。在沭阳县城西北，新沂河与南岸淮沭河北岸沭新河平交。沭阳县城濒临新沂河南岸，历史上因位于沭水之阳而得名。沭阳文化遗产有新石器时代的臧墩和六朝葬，西周时的孟墩、殷墩，西汉时的厚丘、阴平方城遗址，宋朝大科学家沈括留下的治水功业，与虞姬诞生地有关的虞姬沟、虞姬庙、九龙口、霸王桥等，明代抗倭将领刘綎筑的营垒，清代诗人袁枚留下的袁公藤和古典雅秀的逍遥厅。

新沂河至肖胡村西为宿迁和连云港两市交界处，东流南岸入灌南县，北岸入灌云县。新沂河在连云港市境内，南堤有盐河南套闸、新沂河沂南船闸、小潮河闸、小潮河闸新老涵洞、新沂河南堤涵洞、东友涵洞等穿堤建筑物，北堤有叮当河涵洞、新沂河北堤涵洞、盐河北闸、盐河北船闸和团结新老涵洞等穿堤建筑物。入海口处建有海口控制枢纽。

新沂河建成后小湖河通大湖河（灌河）水道被切断，改经东门五图河向下游排水，形成了现在新沂河北岸的潮河湾。

（二）沭河水系

沭河水系由沭河、老沭河、新沭河组成，流域面积约 9 260 km²。

（1）沭河发源于沂蒙山区的沂山南麓，与沂河平行南下，流经沂水、莒县、莒南、临沂河东区、临沭、东海、郯城、新沂等县（市、区），河道全长 300 km。沭河自源头至临沭大官庄河道长 196.3 km，区间面积 4 529 km²。较大支流有左岸的袁公河、浔河、高榆河和右岸的汤河、分沂入沭水道等。沭河在大官庄分两支，一支南下为老沭河（江苏境内称总沭河），另一支东行称新沭河。

（2）老沭河流经临沭、东海、郯城和新沂市，在新沂市口头入新沂河，河道长度 104 km，区间面积 1 881 km²。

（3）新沭河西起山东省临沭县沭河左岸大官庄枢纽新沭河泄洪闸，东穿马陵山麓，经山东省临沭县大兴镇流过石梁河水库，继续向东南汇蔷薇河，至临洪口入海，全长 80 km（山东境内 20 km，石梁河水库库区段 15 km），区间面积2 850 km²，石梁河水库以上区间面积 880 km²，主要支流有蔷薇河、夏庄河、朱范河。新沭河是沂沭泗地区沂沭河洪水“东调入海”的主要河道，不仅承泄沭河及区间全部来水，而且还分泄“分沂入沭”水道调尾后部分沂河洪水。新沭河是中华人民共和国成立后，为解除沂沭泗河洪水灾害而新开的“导沭经沙入海”工程。新沭河河道分段设计行洪流量：上段按新沭河泄洪闸分泄 6 000 m³/s 洪水加区间入流量确定，中段为 6 000 m³/s，下段为 6 000～6 400 m³/s。1974 年 8 月 15 日，石梁河水库站最高水位 26.82 m，河道最大行洪流量 3 510 m³/s。新沭河沿线涵闸 16 座，总过闸流量 392 m³/s；沿线泵站 6 座，总抽排流量 15.0 m³/s。

江苏境内新沭河是利用赣榆区大沙河修建的，河道比降大、弯曲多、土质沙性。

南宋绍熙五年（1194 年），黄河南流夺淮河入海以后，沭河、沂河等同时失去入海通道，苏北、鲁南地区形成大面积洪涝灾区。明清时期，地方官吏曾多次疏浚河道，清乾隆十年（1745 年），巡抚陈大受提出在马陵山凿岗开河导沭水入江苏省赣榆县（现赣榆区）大沙河，后因朝野意见不一未能实施，致使处于中下游的江苏省海州“无岁不灾，无灾不酷”。

1947 年 6 月 30 日至 7 月 7 日连日大雨，上游大水倾注，下游与蔷薇河水相侵，加之入海通道不畅，平地水深数尺，赣榆县墩尚以东一片汪洋，前后持续十余日之久，致灾 4 万公顷，灾民达 10 万余人。

1948 年，中共中央华北局采纳 1947 年由山东省实业厅拟订的"导沭经沙（沙河）入海"方案，确定开挖新沭河，使沭河洪水主要从大官庄分流经沙入海。1949—1953 年，在山东省临沭县大官庄拦沭河建人民胜利堰，在人民胜利堰以上大官庄村北沭河左岸，向东南开挖新沭河，沿途劈开马陵山，拓挖沙河，分泄沭河洪水和沙河区间来水 3 800 m^3/s 出临洪口汇入黄海。

1962 年，在新沭河中游与山东省临沭县接壤处，开工兴建石梁河水库，石梁河水库是新沭河调洪、蓄水灌溉、综合开发利用的重要控制工程，使新沭河形成"一河一库控制"的防洪格局。

1971 年 2 月，为使沂河、沭河洪水尽量就近由新沭河东调入海腾出骆马湖、新沂河接纳南四湖南下洪水，水电部提出《治淮战略性骨干工程说明》，要求新沭河行洪能力从 3 800 m^3/s 扩大到 6 000 m^3/s 设计、7 000 m^3/s 校核。1972—1981 年，实施新沭河扩大工程，按泄洪流量超 7 000 m^3/s、洪水位 2.50 m、堤顶宽 8.0～16.0 m，培修加固石梁河水库以下两岸堤防 91.2 km，块石护坡 34 km；开挖石梁河水库以下至太平闸段中泓 30.8 km；建成蒋庄漫水桥闸、朱圈漫水桥（310 公路）、墩尚公路桥、太平庄挡潮闸、太平庄闸上沭南和沭北通航闸、临洪西抽水站等沿途各类建筑物 23 座。通过采取截走高水、中游改道、低水调尾的措施，解决沭北 613 km^2 排涝问题。

1991 年开始，在治淮工程中按 20 a 一遇防洪标准实施新沭河复工，设计行洪流量为 5 000 m^3/s。主要建设内容包括：西赤金退堤，鲁兰河二期工程，海口段新筑 5.3 km 右堤堤防及左右堤复堤约 29 km，临洪东抽水站续建，范河新闸续建及范河调尾河道拓宽。罗阳涵洞和无名涵洞拆除合建，新建朱稽河口排涝通航闸、张庄涵洞，公兴港闸、元宝港闸、海孚涵洞加固，太平庄闸上左右堤防干砌块石护坡 19.1 km，毛园险工段处理，西赤金、墩尚段堤身灌浆 11 km，大浦抽水站续建，堤顶防汛道路恢复，太平庄闸下滩地灭苇等。至 2002 年 5 月，新沭河复工工程共完成主要工程量土方 362 万 m^3、石方 4.5 万 m^3、混凝土及钢筋混凝土 1.9 万 m^3，工程投资 11 507 万元。

新沭河按 20 a 一遇防洪标准实施了部分工程，但沿线河道堤防渗流隐患、河道中泓不稳定及冲淤变化造成岸坡险工、病险涵闸混凝土碳化及钢结构锈蚀严重等问题仍未得到彻底处理。1999 年开始，省政府安排实施新沭河堤防消险加固工程，主要内容为堤防防渗处理、险工段除险加固、防汛道路拆除重建，以及加固穿堤建筑物 3 座、除险加固 2 座，工程总投资 6 419 万元。

2008 年，实施新沭河 50 a 一遇治理工程，总投资 87 278 万元，其中新沭河治理工程(江苏段)河道治理及建筑物工程总投资为 32 062 万元，三洋港挡潮闸工程总投资为 55 216 万元。治理工程的主要措施为河道中段消险、下段疏浚，改建山岭房退水涵洞、磨山河桥闸，加固范河闸，新建富安调度闸、大浦第二抽水站和临洪东抽水站、自排闸，在入海口新建三洋港枢纽。

新沭河治理工程的实施不仅将新沭河防洪标准提高到 50 a 一遇，而且提高了连云港市区的排涝能力，改善了连云港新区的生态环境，提供了 200 万 m^3 淡水和 1 267 公顷耕地灌溉用水。

在江苏山东两省边界处，新沭河右岸有观堂河汇入，偏东北行 1.84 km 流入石梁河水库。朱范河从临沭县东山丘区流入石梁河水库，两岸山村为抗战时期根据地，1942 年刘少奇曾在此留住半年之久，并写有指导革命斗争的论著。当代作家王宗富的《沭河那边红一角》《沭河帆影》《沭河两岸的那些事儿》等文学作品描述了新沭河沿岸的风土人情。

新沭河自石梁河水库泄洪闸东南 8.1 km 处建有蒋庄漫水闸。在石梁河水库与蒋庄漫水闸之间，新沭河左岸有连接石梁河灌区的沭北干渠，右岸有磨山河汇入。新沭河自蒋庄漫水闸下呈“S”形东流 11.7 km 至墩尚公路桥，东流4.77 km 有新沭河大桥，再东流 0.7 km 建有朱圈漫水桥，继续东流 0.9 km 有 204 国道新沭河特大桥，长 1 618 m。新沭河自新沭河特大桥向东 3.78 km 处建有 12 孔太平庄挡潮闸。新沭河过太平庄挡潮闸东流 2.78 km，右岸有蔷薇河、大浦河汇入。大浦河长 7.57 km，流域面积 122 km^2，是连云港市主城区防洪排涝骨干河道和排污专道。

新沭河右堤临洪东站与大浦站之间，建有临洪东站自排闸。新沭河自太平庄挡潮闸经临洪河东北流 1.3 km 穿临连高速临洪河特大桥。该桥长 4.3 km，主线桥 3 跨总长 155 m，与范河大桥、大浦互通相接形成长 12.5 km 的高架桥。

范河入临洪河处建有范河闸，保护其下游河床免受潮渍淤塞。

新沭河东北流 10 km，有 242 省道临洪河特大桥，长 2.34 km。新沭河自临洪河特大桥东北流 1.5 km，建有三洋港挡潮闸，三洋港挡潮闸具有挡潮、减淤、排水、泄洪等功能。新沭河在三洋港挡潮闸外 1.32 km 处汇入黄海。

新沭河水系连云港境内建有石梁河和安峰山等 2 座大(2)型水库和 6 座中型水库。

蔷薇河属新沭河支流，是东海县、市区暴雨洪水分析的代表河道，蔷薇河详细情况如下：

蔷薇河地跨宿迁与连云港两市，具有饮用水源地、引水供水、防洪和灌溉等功能。其上段为黄泥河，源于新沂市高流镇淋头河畔的耀南村一带，流经沭阳县，右纳赶埠大沟，左纳黑泥河，东流至东海县吴场村通过倒虹吸过沭新河称蔷薇河，经临洪闸入新沭河。长 53.4 km，河底宽 25～100 m，河底高程 −3.70～0.90 m，河口宽 80 m，集水面积 1 839 km²(包括鲁兰河、乌龙河、石安河)。自 2012 年富安调度闸工程建成后，蔷薇河的主要支流鲁兰河水系洪水拥有独立排洪通道，即从临洪闸直接排入临洪河，在临洪闸以上鲁兰河与蔷薇河形成两个不同的流域，边界清楚，各自独立，自此蔷薇河实际流域面积为 1 144 km²。蔷薇河流域内建有 1 座大(2)型水库(安峰山水库)和 2 座中型水库(西双湖水库和房山水库)。其中，西双湖水库位于安峰山水库的汇水区内，洪水进入安峰山水库以后流向黄泥河、蔷薇河，房山水库位于蔷北截水沟支流，洪水直接进入蔷北截水沟入蔷薇河下游段。蔷薇河排涝标准为 10 a 一遇；市区段右侧堤防防洪标准为蔷薇河 20 a 一遇洪水遭遇新沭河 50 a 一遇洪水，市区段左侧堤防、蔷薇岛两侧堤防和东海段堤防(含沭阳段)防洪标准为蔷薇河 20 a 一遇与新沭河 20 a一遇同频率洪水组合，20 a 一遇设计流量 861 m³/s。

蔷薇河是连云港市区主要饮用水源地，年调引长江淮河水约 5 亿 m³。

蔷薇河两岸地势西高东低、北高南低，地面高程 2.80～27.00 m，属平原湖荡区。蔷北干渠、蔷薇河、沭新河、友谊河在吴场村相汇；建有蔷薇河地下涵洞、沭新退水闸、蔷北进水闸、沭新北船闸、桑墟水电站等工程；主要支流，左岸有黑泥河、民主河、马河、沭新河、鲁兰河、乌龙河等，右岸有前蔷薇河、玉带河；在汇入临洪河处建有临洪挡潮闸。

明朝至民国期间，蔷薇河曾十数次疏浚。明嘉靖年间海州知州王同用以工代赈法在蔷薇河入海口筑5道堤坝挡海潮。清海州知州孙明忠、马会云、李永书、何廷谟等均征工挑浚蔷薇河。民国时期，南城人武同举作《吁兴江北水利文》，指出苏北沂沭洪水灾害的主因是下游不畅，应在治理沂沭同时挑浚蔷薇河，并在临洪河建闸坝挡潮防淤，控制蓄泄。1931年春夏间疏浚蔷薇河，1932年春，续浚蔷薇河张渡口至张湾段。1945年后连续5年大水，1947年蔷薇河两岸农田受灾达97%。

1956年，江苏省治淮指挥部编制《沂北排涝工程规划》，确定在蔷薇河上游开挖新开河，截西部896 km^2 高水入新沂河，蔷薇河仍由临洪河口入海，是年3—5月，疏浚、复堤蔷薇河小许庄至大夫亭段，兴建引排涵洞11座。

1958年起，蔷薇河以北流域地区实施“拦蓄山水，分级截水，河道蓄泄，洼地抽排，改善入海通道”治理规划。是年，建成安峰山、昌梨、贺庄、横沟、房山等大中型水库拦蓄山水；在蔷薇河下游建临洪闸，闸长136.5 m，设计流量1 380 m^3/s，挡潮防淤，控制蓄泄。1959年疏浚拓宽蔷薇河沙板桥至临洪闸段，兴建洪门桥。1960年疏浚开挖富安至临洪闸段。20世纪60—70年代，先后开挖沭新河、石安河、龙梁河等，截高水分流。1961—1967年，疏浚开挖引河和复堤工程。1969—1970年，临洪闸上游疏浚4 km，下游河道取直3 km（至新沭河）。

1970年7月中下旬，沂沭河中下游地区连日暴雨，蔷薇河右堤、临洪河右堤分段决口14处，新浦、大浦、台北盐场被淹。

1970年11月—1971年3月，疏浚复堤友谊河口至临洪闸51 km，兴建桥、涵5座，接长加固涵洞64座。1971年4—5月，按堤顶高程7.00 m、顶宽4 m，复堤洪门桥至临洪闸9.24 km。1974—1975年春，块石护坡张湾段13处险工4.45 km。

1974年8月，受台风倒槽与冷空气结合影响，沂沭河流域平均降雨300 mm，蔷薇河3 d平均暴雨量293 mm，蔷薇河支流乌龙河、马河等均出现历史最高水位，东海县境内沭新河、马河漫决，大面积农田受淹。

1976年12月—1979年7月，兴建临洪西翻水站，装机3台套9 000 kW，设计流量90.0 m^3/s，以抽排乌龙河流坡197 km^2 内涝。

1983年7月，连云港境内连降暴雨，平均雨量242 mm，其中市区239 mm。

是年12月至1984年2月，按防洪20 a一遇防洪标准，复堤洪门桥至临洪闸段。1987年12月至1988年5月，加高培厚田水河至洪门桥段东堤6.8 km。1996年，江苏省结合淮河水污染治理和环境保护，实施蔷薇河"送清水"工程，截污水入新沂河，建排污通道145 km，最大排污能力50.0 m^3/s，使近5 000 km^2范围内的供水水质得到根本改善。

2000年8月28—31日，受12号台风外围与冷暖气流共同影响，连云港市普降大暴雨，局部特大暴雨，加上正值天文大潮和石梁河水库客水压境，出现大风、暴雨、高潮、新沭河行洪碰头，全市直接经济损失达48.18亿元。当年"8·30"大水后，复建1978年始建的临洪东排涝泵站，设计装机12台套3.6万kW，抽排流量360 m^3/s，以供蔷薇河失去自排条件时抽排洪涝入临洪河。同年11月27日，复建1981年1月缓建的大浦抽水站，装机6台套4 800 kW，抽水流量40.0 m^3/s，2004年1月建成，供蔷薇河支流大浦河失去自排条件时抽排大浦河洪涝入新沭河。2008年疏浚蔷薇河12.7 km，疏浚后的下游出口段排涝标准由5 a一遇提高到10 a一遇。

蔷薇河以其沿岸盛植蔷薇花而得名。流经的桑墟镇，明清时期，水运到海州府的客船曾将其作为驿站，舟车过往，商贾云集。民国初年，在今桑墟南首曾建有天启庙、大虹桥，盛极一时。境内古有桑墟湖，与青伊湖、硕项湖相通，水运便利，文人雅士常于此泛舟，吟诗作对。清康熙以前，该湖在汤沟与硕项湖相通，上承沭水下泄入海；清代中期，淤淀为季节性湖泊，夏季积水为湖，秋冬则涸为陆地。

蔷薇河经锦屏山西，左岸有马河、沭新河汇入，右岸有电厂闸与玉带河相连；再过海州东北流3.5 km，鲁兰河从左岸汇入；复行3.5 km，右岸是供连云港市区生活、生产用水的茅口水厂，日产水量12.5万t。连云港市海州区有定名于东魏武定七年(549年)的海州古城。梁天监十一年(512年)筑海州土城，宋明时期加以修筑。紧邻海州锦屏山麓，有旧石器桃花洞文化遗址和新石器二涧遗址，有距今500多年的"东方天书"将军崖岩画。秦始皇帝三十五年(公元前212年)曾在此山立石为"秦东门"，山南有筑于北宋天禧四年(1020年)的集农田水利、交通军事关隘等功能于一体的石湫堰，有"全国化工矿山摇篮"之称的锦屏磷矿。锦屏山北、海州古城西有白虎山，山上有海州知州张叔夜的题名碑。

（三）滨海诸小河水系

滨海诸小河水系为独立入海河道的统称，连云港市境内自赣榆区至灌南县主要河道有绣针河、龙王河、兴庄河、青口河、朱稽副河、范河、排淡河、烧香河、古泊善后河、五灌河、灌河等。

滨海诸小河水系内建有大(2)型水库小塔山、中型水库八条路各1座。

本次暴雨洪水分析代表河道青口河、古泊善后河、北六塘河详细情况如下：

(1) 青口河，源自山东省，自苏鲁省界进入赣榆区黑林镇埠地村至入海口，长34.8 km，河底宽50.0～140.0 m，河底高程0.00～20.50 m，河口宽100.0～300.0 m，集水面积267 km^2。沿线涵闸92座，总过闸流量476 m^3/s；沿线泵站17座，总抽排流量250 m^3/s。

青口河为赣榆区境内主要防洪河道，是小塔山水库唯一的防洪泄洪通道，设计与实际防洪标准50 a一遇。

青口河在小塔山水库以上称黑林河，即自源头东南流至洙边乡西北。右岸有临沭县境内马家峪河汇入，再经山东省临沭县三界首村入江苏省赣榆区，至黑林镇汇入小塔山水库。此段地处低山丘陵，左岸有旦头河，自小塔山水库主坝溢洪闸以东称青口河，向东地势逐渐平缓。

1915年，邑人许鼎霖募集钱款及人工修筑青口西门外青口河石坝80丈(1丈=3.45 m，清代量地尺标准)，自朱村店以上筑堤1 698丈，填冲沟41丈。1919年，知县王佐良筑青口以上堤防500余丈，以下755丈，疏浚下游河道620余丈。

1951年，在入海口处开挖导流河1 000 m，因淤塞严重，低潮仍循旧道涨落。1952年，在大新庄至青口间筑条石丁坝5座。1953年大水，青口河决堤17处，青口地区倒塌房屋200多间，冲毁鱼塘4 000多公顷。1954年，在青口河左岸孙园处开挖临时分洪道，计划分洪500 m^3/s。1956年，在上游山丘区兴建小型水库45座。1959年在中游建成小塔山水库，以调控上游来水。1962年洪水，赣榆县城西段大堤决口。1963年2月，在青口河距入海口6.6 km处中泓兴建漫水闸，作为青口河梯级控制工程，发挥防洪、排涝、灌溉等作用。1971—1976年，开挖塔山、沭北一级和二级等截洪沟。1973—1977年，在小塔山水库下兴建邵庄跌水、沙河子和青口漫水闸以及下口挡潮闸，实现了青口河4级控制，青口河内的蓄水量达到 1 500 万 m^3。1983 年冬，将青口河与通榆运河接通。1985 年，在青口漫水闸下游兴建码头通航。2001 年，淮河水利委员会批复青口河整治小塔山水库主坝溢洪闸至入海口 28.2 km，第一期工程，整治下游赣榆大桥到入海口 9 km，第二期工程，2004 年 2—5 月，上中游主坝溢洪闸到赣榆大桥 19.2 km 实施河道拓浚、堤防滩面修整、上游筑堤、局部裁弯取直。2005 年 11 月至 2006 年 8 月，在青口河上游兴建瞿沟陡坡。翟沟陡坡工程是青口河控制性 3 级水工建筑物，有效改善了该河段的水流条件，增加了河床蓄水量 500 万 m^3。

2002 年 3 月，在海堤达标工程中省水利厅批复赣榆县对青口河挡潮闸进行加固处理，2003 年完工。2009 年，在青口镇丁庄村南建控制闸，2010 年 12 月完工，总投资 2 352 万元。青口河引水闸为沭北航道改道段河道上的控制性建筑物，于 2008 年 12 月 6 日开工，2009 年 11 月 20 日完工，设计流量 30 m^3/s。青口河控制闸为通榆河北延送水工程青口河上的控制性建筑物，主要功能是排洪、通航、挡水，设计流量 500 m^3/s，校核流量 600 m^3/s。2010 年 12 月完工。

青口河自山东省临沭县三界首村流入江苏省赣榆区黑林镇，镇西 1 000 m 处的河西村西北有西周文化遗址，出土西周灰砂绳纹鬲足、兽骨、人头盖骨亚化石等文物。青口河出小塔山水库东南流 2 000 余 m，左岸塔山镇大小莒城村是春秋时莒国都城遗址，有古墓群，出土文物有晚周陶器残片，镇驻地汉代土城占地 11 km^2；右岸城头镇苏青墩、青墩庙村有新石器时代遗址。青口河蜿蜒东南流至城西、赣马两镇之间，左岸赣马镇原为宋、元、明、清和民国县治，境内城里村有后大堂龙山文化遗址、清代建筑文峰塔。

青口河穿流入赣榆区青口镇，清末状元张謇曾被聘为青口选青书院山长，中国近代著名实业家、青口人许鼎霖曾与张春、严信厚等合伙经营赣榆海赣垦牧公司，创赣榆县实业之先。

青口镇东邻海州湾，有渔盐航运之利。清乾隆五年(1740 年)，沿青口河开港，青口港逐渐成为苏北、鲁南的商品集散地。清光绪年间(1875—1908 年)，青口作为开放口岸即设常关管理。1985 年在 204 国道东 1 000 m 处新建青口内河码头。随着城市建设“南伸东延”战略的实施，2003 年青口港东迁至入海口，被列为“国家一级渔港”。港区集航运、捕捞、海产品交易于一体，为连云港市“一体两翼”的北翼港口群之一。

（2）古泊善后河位于新沂河以北，地跨宿迁与连云港两市，是排涝、灌溉的骨干河道和七级航道，集水面积 1 471 km^2。设计防洪标准 20 a 一遇至 50 a 一遇、保护面积 342.2 km^2；设计排涝标准 5 a 一遇至 10 a 一遇；设计灌溉面积 3 333公顷，沿线涵闸 15 座，总过闸流量 2 374 m^3/s；沿线泵站 3 座，总抽排流量 3.00 m^3/s。

河道西起沭阳县沭新河上元兴闸南侧过船水坡，经沭阳、东海、灌云三县和海州区，东至灌云县东陬山善后新闸。河底宽 14～124 m，河底高程－3.00～0.80 m，河口宽 80～150 m。

古泊善后河，即古泊河与善后河上下相连后的统称。自沭阳县高墟镇东流 49.42 km 与盐河交汇，此段称古泊河。在沭阳县境内，古泊善后河自沭新河起，与古泊灌区送水主渠道古泊干渠平行向东，两岸有西万公河、万西大沟、万东大沟、生疏沟、左洪沟、官沟河、韩西沟、韩东河等支河汇入。在灌云县境内，古泊善后河南岸有新老滂沟河、西护岭河、叮当河、新老千斤沟、徐大沟汇入，北岸有卓王河汇入。在板浦镇，古泊善后河与盐河十字相交，向东 27.73 km 至东陬山善后新闸称善后河，南岸有相机排水的大新河汇入，北岸有相机排水的云善河、埃字河和东辛农场诸干河汇入。古泊善后河为高水位排涝河道，汛期两岸支河关闸封闭，沿线低洼地强排除涝，非汛期储蓄上游回归水，供两岸农田灌溉。丰水年可供水 2 亿～3 亿 m^3。沿岸自来水厂均取该河淡水供人畜饮用。古泊善后河自淮沭新河东北流，先后穿流汾灌和宁连高速公路桥。

善后河前身为鲁河，西起盐河，东至埒子口，是盐场运盐至板浦集散的主航道之一，后因大新口上段失修而淤塞。1936 年疏浚盐河至大新河段，使盐河与鲁河复通，命名善后河。古泊河原为古涟河，起于沭阳县高墟镇已废的港河陆口东，尾闾入卓王河后分两股：一股沿卓王河向北入前蔷薇河，再北入后蔷薇河，由临洪口入海；一股沿卓王河向东入泊阳河，再东入善后河，由埒子口入海。临洪口被新沭河所占后，该股泄水不畅，导致沭阳县境内司家荡、青伊湖等洼地内涝。

1952 年，将古涟河起点西移至沭阳高墟湖东口接生疏沟，灌云县穆圩（龙苴镇）以下改道向东北至小李庄接泊阳河，东至板浦南汇盐河。此时，古链河与泊阳河合称古泊河。古（涟）泊（阳）河穿盐河后直通善后河出海。1952—1953 年，疏通古泊善后河，在善后河终点东陬山兴建善后河节制闸，8 孔，其中 1 孔为通航孔，每孔净宽 6 m，设计过闸流量 280 m^3/s。由于鲁后河断面及节制闸偏小，不能解决排涝问题，1957 年冬，调整盐河以东出海水系，将善后河节制闸让给车轴河入埒子口，其北侧另建新闸，共 10 孔，每孔净宽 10 m，设计过闸流量 1 050 m^3/s，排泄善后河涝水并挡潮。1958 年，疏浚善后河，河底宽扩至 64 m，河底高程由－1.60～－2.00 m 加深至－3.00 m。1959 年 2 月，将古涟河起点向西延伸，穿过司家荡洼地，再向西切断后沭河、西万公河直到沭新河东。1960 年冬，扩浚上游新开段，出土结合在北岸兴建沭新二干渠（古泊分干渠）上段，堵闭西万公河、后沭河北口。挖河加固司家荡圩堤，疏浚老滂沟口至泊阳河口段。1963 年，疏浚古泊善后河上段，将河底扩宽至 66 m。20 世纪 60 年代中后期，上游沭阳沂北地区年年受涝成灾，为了彻底解决古泊善后河排涝问题，淮阴地区（现淮安市）将善后新闸上游水位提高为 3.0 m，盐河板浦处水位提高至 3.5 m。在易涝成灾洼地兴建排涝站。1975 年冬，沭阳、灌云、灌南、涟水等县 10 万人，疏浚盐河至善后新闸 27 km，河底宽 124 m，河底高程－3.00～－3.50 m。1976 年春，灌云、沭阳、淮阴、涟水等县 10 万人，开挖古泊河盐河至西万公河49.42 km。

2008 年 6 月，实施江苏省通榆河北延送水工程，灌云县境内新建善后河南泵站，为三等中型工程，设计调水流量 30 m^3/s，设计扬程 1.5 m。选用 3 台套直径约 2 000 mm 的潜水贯流泵机组，单机设计流量 10 m^3/s。采用平、直管进出水流道，进出水侧各设 3 扇快速工作闸门，配液压启闭机控制。泵站进水流道入口设回转式清污机，配皮带输送机。善后河北建相应同标准地涵。2010 年 6 月竣工，总投资 4 160 万元，

按原标准加固水利部门管理的善后河南套闸及云善河套闸，在善后河南北分别新建 2 座套闸，由连云港善后河枢纽船闸管理所管理，闸宽 23 m，河道标准定为三级航道。

古泊善后河和沭新河在沭阳县桑墟镇境内交汇，在交汇处古泊河内建有沭阳水坡，是我国第一座过船水坡，为世界第三座过船水坡，也称水坡升船机工程。沭阳水坡由坡槽、上坡首、下坡首、上游引航道和下游引航道等组成，通过水槽、控制室和推进机等大型设备，使船舶从水位落差很大的低处爬上高坡，直接进入上游河道。工程于 1985 年兴建，1990 年 3 月投入运行。

古泊善后河南岸的龙苴镇为“楚将龙苴所筑”(《史记》),东魏武定七年(549年),在龙苴建立海州府,东彭城郡治曾设于此。龙苴有新石器遗址、古城遗址、汉墓群、古汉井等。

古泊善后河与盐河在板浦镇相交。板浦镇建于隋末唐初,因“得山海之势,具鱼盐之利”,两淮盐商大都云集于此。明代作家吴承恩及清代乾嘉时期经学大师凌廷堪、大学士阮元等曾游学板浦。文学巨匠李汝珍寓居板浦30 a,并在此写出《镜花缘》。古泊善后河自盐河向东8 km有伊芦山紧依善后河下游右岸,传说商初宰相伊尹曾在此山隐居故名伊芦山。山北麓有星相图,山西坡有“飞人”岩画,山上有藏军洞360个,是吴越时期的军事设施,大洞可排盛宴,小洞可供三五人藏身。山下的伊芦乡是项羽麾下名将钟离昧故里。伊芦山中庵后院山崖下有奇泉,两泉并排相通,一泉清澈,一泉浑浊,二泉泾渭分明,终年不涸。

(3) 北六塘河为灌河支流,该河道地跨淮安、宿迁和连云港三市,西起淮沭河,流经淮安市淮阴区以及沭阳、涟水和灌南三县,过盐河,经龙沟河入灌河,自六塘河地下涵洞至盐河,长66 km。新沂河建成后,北六塘河不再承泄沂沭泗洪水,成为区域性防洪、排涝、饮用水源地和六至七级航道。河底宽20～60 m,河底高程0.00～2.90 m,河口宽55～100 m。设计与实际防洪标准5 a一遇、保护面积794 km^2、排涝面积1878.5 km^2。沿线涵闸16座,总过闸流量87 m^3/s;沿线泵站13座,总抽排流量7.48 m^3/s。

北六塘河通过六塘河地下涵洞承接淮沭河以西渠西河、跃进河、淮泗河等来水。在淮沭河以东,北六塘河左与柴南河为邻,接纳庄东河、塘沟河等来水,并有11条大沟汇入,右与南六塘河为邻,并有8条大沟汇入,在盐河东西两侧分别与新张公路和宁连高速交叉。

北六塘河地处平原区,西高东低,地面高差相差8.0 m左右。

北六塘河形成于清康熙二十四年(1685年)。原北六塘河以上为总六塘河,宣泄黄河、骆马湖涨水经古硕项湖分泄入海。康熙十七年(1678年),古硕项湖被黄河所挟泥沙淤塞,河道总督靳辅在湖南北开挖泄水河道,分别称南北六塘河。至清代前期,北六塘河逐步成为排泄黄河涨水和沂泗洪水的主要入海通道。

清康熙至民国的200多年间,曾对北六塘河实施治理。雍正九年(1731

年)，挑浚北六塘河浅狭地段 22.6 km，以挑出之土筑子堰拦束水势；修北岸堰 13.04 km、南岸堰 11.6 km。乾隆二年至五十一年(1737～1786 年)，50 a 间 9 次疏浚、筑堰坝、复堤、培修、挑切滩淤和岁修。道光九年(1829 年)二月，疏浚北六塘河，二十六年(1846 年)奏准挑浚海沭等五州县六塘河，增培北堤，修南堤鸡心滩。

清咸丰五年(1855 年)黄河北徙，北六塘河成为沂沭泗洪水入海尾闾。同治十二年(1873 年)，山东侯家林民堰溃决，北六塘河受害尤重，总督李宗羲发帑修浚，迄无成功，惟间次疏通北六塘河下游，草草而罢。是年，沭阳知县万叶封挑通叮当河头宣泄柴米河涨水，以减轻北六塘河下游排水负担。光绪三十二年(1906 年)夏秋，徐、淮、海等地淫雨成灾，两江总督端方筹办工账，淮海境内修筑北六塘河 4 道土工。是年，北六塘河堤决口，水漫上滩，是年冬，赣榆绅士许鼎霖募集工赈，修北六塘河北堤，并间段修补内堤。1933 年 12 月，江苏省建设厅试办征工大修总六塘河、北六塘河堤防。挑浚新集至龙沟河段。1936 年 3 月，兴办淮北黄灾善后工程，堵筑北六塘河决口 6 处，修筑周集至汤沟北岸遥堤和宿迁、泗阳、淮阴、涟水、灌云六塘河堤防。

中华人民共和国成立后，为提高北六塘河防洪、排涝能力，采取洪涝分治、下游调尾、拓宽浚深河道、加固两岸堤防和兴建控制性建筑物等工程措施。1950 年夏，新沂河第一期工程完成后，南六塘河上游打坝封闭，不再分泄总六塘河洪水，北六塘河排泄总六塘河 600 m^3/s 洪水。1950—1951 年冬，沭阳、宿迁泗阳、新安(今新沂市)13.6 万人实施北六塘河下游调尾，自王行向东，穿过盐河至大相湾，直线入龙沟河，平地开挖 15.8 km。1952—1956 年，维修加固北六塘河多处历史险工地段。1957 年冬泗阳、沭阳、淮云三县 3.6 万人疏浚下段杨口至盐河 21 km。1959 年 5 月，在北六塘河上端建成六塘河穿淮沭河地下涵洞，纳淮沭河以西跃进河、渠西河、淮泗河等来水入北六塘河。1961 年冬，在地下涵洞北侧建成钱集节制闸，排泄新沂河沭阳以上流域部分桃汛经北六塘河入灌河，以确保新沂河及淮沭河泓道两岸 2.67 万公顷滩地麦收。1971 年，疏浚北六塘河钱集闸至涟水县杨口 36 km，沭阳县 2.46 万人疏浚钱集闸闸下引河与六塘河地涵下游引河交汇处至涟水县杨口 36 km。1974—1975 年，在钱集节制闸北侧建成北六塘河船闸，以沟通盐河经北六塘河与淮沭河航运。1999 年冬，复堤加固灌南县境内堤防。

北六塘河治理工程为全国中小河流治理项目，工程总投资 2 689 万元，工程由沭阳县组织实施，工程内容主要是对张圩乡境内的 8.13 km 河道进行治理，拆建 5 座泵站，新建长 200 m 的防护挡墙 1 处，拆建生产桥 1 座。

北六塘河闸位于盐河东侧 500 m 处，建于 1969—1970 年，其功能为挡潮御卤、排涝防渍、蓄淡灌溉以及便利航运，是盐东控制梯级建筑物之一，9 孔，每孔净宽 6 m，设计标准 20 a 一遇、流量 559 m^3/s，闸上最高蓄水位 3.00 m、最低蓄水位 1.50 m。1982 年 2 月，4 台 10 t 螺杆启闭机更换为 QPQ2×16 t。1996 年 6 月，8 扇钢丝网水泥波型板闸门更新为平板钢闸门，2001 年 11 月拆建。2007 年列入江苏省海堤达标建设工程项目，对水上部位除险加固，增设自动化监控系统。同年北六塘河闸加固工程开工，2008 年，北六塘河闸加固工程已完成主体工程并通过验收。

2009 年，地表水源工程建设取得突破性进展，4 月 3 日省政府办公厅正式批复，同意北六塘河为灌南饮用水源地。4 月 16 日，省水利厅发给取水许可证。同时，与上游市县水利部门达成上下游流域协作管理的意向，全面开展治污确保水源安全。2010 年，完成北六塘河地表饮用水源地建设，5 月正式投入运行。同时，制定北六塘河水源地保护应急预案，严格执行水资源管理“三条红线”，确保水源和水质安全。2011 年，完成《北六塘河水源地保护方案研究》，完善应急预案。2012 年，开展北六塘河上下游治污及河道上游水系勘查工作，开展灌南饮用水备用水源方案专题研究，编制并获批硕项湖备用水源工程建设建议书及可行性研究报告。实施硕项湖东中湖区的开挖，完成土方 270 万 m^3。硕项湖备用水源可解决城区 40 万人 20 d 应急供水需求，实现“一用一备、蓄用结合”的供水目标。

北六塘河左岸沭阳县钱集镇，历史上商贸业较为发达，素有“水旱码头钱家集”之称和“六塘河畔小南京”之誉。钱集原是湖群村落，元末已有人在此劳作、繁衍、生息。康熙四十二年(1703 年)，由奉政大夫钱敏发起兴集。故名“水旱码头钱家集”，后称钱集。钱集镇东北部是一片碧波荡漾的金湖，每到秋冬季节，这里便落满南飞的大雁，“金湖落雁”是“沭阳八景”之一。清朝初期，因六塘河决口，湖渐淤平。晚清女文学家刘清韵就居住生活于钱集镇钱东村六塘组。刘清韵生于道光二十二年(1842年),出身于江苏东海一个盐商之家,工书画、善诗词。目前,钱集镇开发了荷花池景区,建造了清韵公园,铺设了清韵路。

北六塘河右岸淮阴区古寨镇,12世纪前后,宋与金人交战,在此安营扎寨,后世遂名古寨,自然镇亦逐年形成。近现代,尤其是20世纪90年代古寨经济发展,开拓了新的局面。古寨土地肥沃、物产丰富,是江苏省无公害粮油产地、平原绿化先进乡镇。

北六塘河右岸灌南县李集镇,清代有李姓地主在此兴集,故名李集。据史料载,明时该区皆在硕项湖内,至清康熙年间(1662—1722年)渐淤成陆,清中叶以后,方有人还。李集镇农副产品资源丰富,农业水利设施配套齐全,林网覆盖率89%。

(四)通榆河

通榆河在连云港市境内的主要作用为供水、航运。分段隶属于沂河、沭河及滨海诸小河水系。

通榆河南起南通市海安县新通扬运河河口,北至连云港赣榆区柘汪临港产业区,流经南通市的海安县以及盐城市的东台市、大丰区、市区、建湖县、阜宁县、滨海县、响水县和连云港市的灌南县、灌云县、市区和赣榆区,长376 km,是苏北东部沿海地区人工开挖的调水、航运流域性河道。通榆河设计引水流量:东台至废黄河南100 m^3/s,废黄河南至响水50.0 m^3/s,结合渠北和里下河排涝设计流量100 m^3/s,新沂河以南50.0 m^3/s,沿线通水后,进入蔷薇河30 m^3/s,向赣榆区相机送水30～60 m^3/s。沿线涵闸135座,总过闸流量268 m^3/s;沿线泵站76座,总抽排流量199 m^3/s。通榆河沿岸为南通、盐城、连云港三市以及淮安市涟水县一帆河以东地区,沿岸除北部苏鲁边界有小面积低山、丘陵外,其余为平原,地势平坦,大部地面高程2.00～5.00 m,废黄河滩地最高7.00～8.00 m,射阳河附近最低1.00 m左右。土壤和浅层地下水普遍含有盐分,土质大部分为粉质沙壤土。

通榆河工程是苏北东部沿海地区的一项以水利为主,立足农业,综合开发的基础设施工程,也是"江水东引北调"既定工程项目的一部分。目标是建成一条南北水利水运骨干河道,引调长江水,改造中低产田,开发沿海滩涂,结合通航冲淤保港、调度排涝、改善水质和生态环境,为建设港口和港口电站提供淡水资源。

1958年，通榆河由江苏省统一规划，同年冬，开挖海安至阜宁157.7 km。河线位于串场河以东2～3 km，走向大致与串场河平行，设计河底高程－3.00 m，河底宽60 m，完成土方1 800万m^3。1959年停工，除海安陈家圩至东台泰东河口30.7 km河底宽30 m、河底高程－2.00 m外，其余均未成河。1963年，疏浚沟墩至阜宁11.6 km。1966年，疏浚白驹至大团段19.5 km。1978年整治海安县境内新通扬运河至陈家圩9.0 km。

1985年，确定江苏省通榆河全线统一规划，在原老通榆河海安至阜宁段河槽、盐河、沭北航道的基础上，增设部分新河为基本河线，长415 km，分南、中、北三段实施。1991年编制完成《江苏省通榆河中段工程盐城段河道工程初步设计》，1992年冬季开始试验性挖掘，1993年9月正式开工，2002年建成通水。其中东台泰东河口至废黄河南段长147 km，河底宽50 m，河底高程－4.00 m；废黄河船闸以北至响水段长30.7 km，河底宽50 m，河底高程－1.00 m。青坎宽度及高程：射阳河至套坎河段，青坎高程2.50～3.50 m，宽15～20 m；废黄河至灌河段，青坎高程4.50～60.00 m，宽15 m；射阳河至新洋港段，青坎高程1.50～3.80 m，宽15～20 m；新洋港至斗龙港段，青坎高程2.50 m，宽15 m；斗龙港至泰东河接口段，青坎高程1.50～3.80 m，宽15～20 m。防洪圩堤等级四级，堤顶超高约1.0 m，堤顶宽度4.0～5.0 m，圩堤边坡比1∶2.5，堤顶高程分段设计为：射阳河至斗龙港段4.00 m，废黄河南船闸至响水船闸段6.00 m，工程总投资15.5亿元。

2007年5月10日，江苏省省政府常务会议决定将通榆河北延送水工程列为支持苏北沿海开发的重点项目，同年12月9日开始实施通榆河北延送水工程，概算投资14.5亿元，工程全长190.1 km，自盐城市滨海县境内的大套三站引水至赣榆区。工程建设后，将向连云港市供水30～50 m^3/s，为连云港市区应急水源及沿海开发提供水源保障。完成八一河扩浚7.1 km、盐河扩浚4.9 km、沭北航道改道1.0 km，新建、改建、加固新沂河北堤涵洞、东门河闸、界圩河闸、善后河南泵站、善南套闸、云善套闸、八一河闸、青口河引水闸、大温庄泵站等9座建筑物。

通榆河在海安境内南与新通扬运河相接，向北东侧与北凌河相通，北凌河向东流经北凌新闸入海。在通榆河与北凌河交汇处北侧建有贲家集泵站，承担里下河腹部东南区域的排涝，兼顾河东滨海新区水源补给。

通榆河自海安北入东台市，境内富安、安丰、东台3座翻水站常年从通榆河抽水，通过方塘、三仓、东台等河道输水直达海边。境内建有海春轩塔，共7层8面，传为唐时尉迟敬德监造，当时建塔是为镇海和导航，故又称镇海塔。古塔历经千年，现依然屹立于沃野。

通榆河过泰东河口向北入大丰区，境内斗龙洮、新团河、王港河、爱界河、川东港等河道从通榆河引水至海边。境内草堰镇有“古盐城”之称，经过千百年世事演变，形成了具有鲜明地域特色的历史文化：北极殿遗址、王姑墓、御墓、张王坟等揭示了吴王张士诚揭竿起义的历史；古盐河两侧的青石板路、古桥、古民居、老字号商店、数十口井、竹溪碑廊、大量古刻艺术品、古石码头和古河等体现了古建筑风貌；范公堤、鸳鸯闸、西溪闸等组成了闸坝文化。明代理学家朱恕墓坐落在草堰金水门公园内，清代文学家李汝珍曾用草堰宋代义井的水磨墨撰写《镜花缘》的前半部分。

通榆河至大丰白驹镇，唐宋时在此置盐场，元代建白驹场，清乾隆元年(1736年)撤并于草堰场。这里有元末明初《水浒传》作者施耐庵的故居、施氏遗址宗祠及施耐庵纪念馆；有清代文学家孔尚任留诗寄怀的北宝禅寺；有“神祠晓月”“岱岳春云”“东郊牧唱”“南浦渔歌”“苏桥晚笛”“梵寺晨钟”“范堤烟柳”“牛闸寒潮”等古八景。通榆河继续向北经盐城市区，为市区第二饮用水源地，与新洋港交汇调度洪水入海。地处市郊的便仓镇是见诸宋史的千年古镇，是著名的枯枝牡丹之乡。枯枝牡丹从宋末流传至今，以奇、特、怪、灵著称于世。

通榆河继续向北经建湖县。此地处里下河腹部洼地，是江苏省水产养殖十强县、全省最大的螃蟹养殖基地。境内主要排水入海河道为黄沙港，部分洪水从射阳河入海。通榆河继续向北流经阜宁县，与射阳河交汇。阜宁县沟墩位于通榆河东岸，宋代修筑范公堤，明代筑大墩以备海啸侵扰，故始名沟安墩。清光绪年间(1875—1908年)更名沟墩，故民间传“先有沟安墩，后有阜宁城”。

通榆河向北流经滨海县，通榆河航道与苏北灌溉总渠淮河入海水道和废黄河立体交叉，形成了“低水走在高水上”的奇观，现已成为国家水利风景区。

通榆河出滨海，跨越废黄河，至响水县城北，经灌河地涵进入连云港市，称通榆河北延送水工程，为连云港市市区饮用水源地“双源、双线、双湖”总体布局中的东线备用水源，旨在蔷薇河送水线遭遇突发污染事故时向连云港城区提供应急备用水源，增加连云港城乡生活生态、港口及临港产业供水量，保证疏港航道通航水位，适当补充农业灌溉缺水。

通榆河自滨海县大套三站抽水北上，在灌南县境内新开 6.27 km 河道，通过新沂河南堤穿堤涵洞进入新沂河南偏泓，沿泓道向西 22 km 至盐河南闸折向北行，通过新沂河北堤涵洞沿盐河北上，经灌云县城到善后河南泵站，经善后河地涵立交跨过善后河，流经板浦古镇。板浦古镇建于隋末，是古海州地区政治、经济、文化重镇，区位优越，水陆交通便捷，自古即为南北交通要衢、东西集散枢纽。

通榆河穿越板浦古镇继续沿盐河北上，经八一河、引水河进入蔷薇河，利用沭南、沭北航道及青龙大沟、龙北干渠送水至赣榆区柘汪临港产业区。

第二节 社会经济

一、行政区划和人口

连云港市下辖三区三县，分别为海州区、连云区、赣榆区、东海县、灌云县和灌南县。2019 年户籍人口 534.4 万人，比上年末增加 0.07 万人，增长 0.01%。年末常住人口 451.1 万人，其中，城镇常住人口 286.89 万人，比上年末增加 3.95 万人，增长 1.4%。常住人口城镇化率 63.6%，比上年提高 1 个百分点。

2019 年，全体居民人均可支配收入 28 094 元，增长 8.6%。其中农村居民人均可支配收入 18 061 元，增长 8.8%；城镇居民人均可支配收入 35 390 元，增长 8.1%。农村、城镇居民可支配收入增速均高于 GDP 增速。全年城镇居民人均生活消费支出 21 762 元，比上年增长 6.4%。农村居民人均生活消费支出 12 357元，增长 7.0%。

2019 年，全年城市居民消费价格比上年上涨 3.0%。分类别看，食品烟酒类上涨 9.9%，衣着类上涨1.3%，居住类上涨 1.6%，生活用品及服务类上涨 1.3%，教育文化和娱乐类上涨 2.9%，医疗保健类持平，其他用品和服务类上涨 2.7%。

交通和通信类下跌0.2%。食品中,粮食上涨0.8%,食用油上涨3.2%,鲜菜上涨7.9%,畜肉类上涨28.4%,水产品上涨1.3%,蛋类上涨6.9%,鲜瓜果上涨12.0%。全年工业生产者出厂价格下降3.4%,工业生产者购进价格上升0.1%。

二、工农业

2019年,全市实现农林牧渔业总产值656.90亿元,按可比价格计算增长3.6%。其中,农业产值291.91亿元,增长1.3%;林业产值12.09亿元,增长4.9%;牧业产值105.90亿元,增长8.8%;渔业产值195.88亿元,增长4.3%;农林牧渔服务业产值51.07亿元,增长4.7%。粮食生产稳中有增。全市粮食作物播种面积为758.84万亩,比上年微增0.18万亩,增长0.02%。粮食总产量366.56万t,增长0.7%。其中,夏粮总产为143.20万t,比上年增加2.08万t,增长1.5%;秋粮总产为223.36万t,比上年增加0.45万t,增长0.2%。粮食作物亩产为483.06公斤(1公斤=1 kg),比上年增加3.22公斤,增长0.7%。其中,夏粮亩产为391.235公斤,比上年增加3.57公斤,增长0.9%;秋粮亩产为568.6公斤,比上年增加3.76公斤,增长0.7%。棉花、油料产量增幅均在20%以上。高效设施农业占比提高到20.9%。新增国家级农业龙头企业2家、省级农业龙头企业9家,创历年新高。省级农产品质量安全县实现全覆盖。稻渔综合种养,优质葡萄、淮山药、食用菌等特色产业发展向好,种养效益和农产品质量显著提升。

2019年,全市规模以上工业完成增加值755.90亿元,增长9.5%,增幅居全省设区市第一位。全市纳入统计的33个行业大类中,20个行业产值实现正增长,增长面为60.6%。六大主导行业完成产值2 028.31亿元,增长9.7%,增速高于全市平均水平0.5个百分点。全市规模以上工业战略性新兴产业产值增长9.3%,高于全市平均水平,战略性新兴产业占全部规模以上工业产值比重为37.6%。启动建设“中华药港”,一大批医药产业项目加速集聚,成功举办第三届国际医药技术大会,恒瑞、豪森、天晴、康缘四大药企跻身中国医药创新力前五强,恒瑞医药成为国内医药第一股,市值接近4 000亿元。新材料产业提质上量,太平洋石英高纯石英砂产能进入全球前3强,中复神鹰T1000超高强度碳纤维初步具备量产条件。精品钢基地扎实建设,亚新、镔鑫等冶炼企业规范运行，基本完成超低排放改造工程。

全市规模以上工业企业实现利润总额 245.31 亿元，增长 18.0%，增速位列全省第二。全市规模以上工业利润总额占全省比重达到 3.6%，高于营业收入占全省比重 1.4 个百分点。资产规模稳步扩大。全市规模以上工业企业资产总值达 3 499.40 亿元，增长 6.3%，高于全省平均增速 0.9 个百分点。通过深化供给侧结构性改革和加快国家一系列减税降费政策的落地实施，全市工业企业的内部质态进一步提高。企业盈利能力增强，全市规模以上工业企业营业收入利润率达到 9.2%；规模以上工业企业资产负债率为 57.2%，较同期下降 1.3 个百分点；每百元营业收入中的成本为 74.5 元，较同期下降 1.9 元。

三、经济发展

2019 年，连云港市实现地区生产总值 3 139.29 亿元，按可比价格计算，增长 6.0%。其中，第一产业增加 362.70 亿元，增长 3.6%；第二产业增加 1 363.15 亿元，增长 8.0%；第三产业增加 1 413.44 亿元，增长 4.7%。人均地区生产总值 69 523元，增长 6.0%。2019 年，全市高质量发展步伐加快：一是产业结构优化，三次产业结构调整为 11.6∶43.4∶45.0；二是消费是拉动经济增长“三驾马车”中的首要因素，消费贡献率为 51.0%；三是创新成效显现，高新技术产业产值占规模以上工业比重达 40.5%；四是绿色发展不断深化，全年规模以上工业综合能耗下降 1.2%。

2019 年，全市固定资产投资 1 986.39 亿元，增长 6.8%，增幅居全省第四。其中工业投资完成 1 216.21 亿元，增长 15.0%，增幅居全省第一位。投资结构持续优化，全市第一、二、三产业分别完成投资 39.88 亿元、1 214.63 亿元、731.88 亿元，三次产业占比结构为 2.0∶61.2∶36.8。高新技术产业完成投资 323.02 亿元，增长 15.3%，增速高于全部投资 8.5 个百分点；高新技术产业投资占全部投资额的 16.3%，较上年提高 1.2 个百分点。民间投资完成 1 240.70 亿元，增长 15.4%；民间投资占全市投资的比重为 62.5%，较上年提高 4.7 个百分点。

2019 年，全市一般公共预算收入完成 242.4 亿元，增长 3.5%，居全省第 5 位。剔除减税降费因素，同口径增长 9.4%。其中：市区收入累计完成 172.2 亿元，增幅 3.5%；三县收入完成 70.2 亿元，增幅 3.5%。完成一般公共预算支出

465.9 亿元，增长 11.1%，增幅比上年提高 2 个百分点。

四、交通运输

连云港市公路、铁路纵横交错，交通发达。G15、G25 纵贯南北，G30 连接东西，构筑了连云港市快速、便捷的高速交通网。

连云港铁路综合客运枢纽投入使用，连青、连盐铁路实现通车运营，动车直达首都北京，连镇、连徐铁路加快建设，港城阔步跨入高铁时代。

连云港白塔埠机场在运航线 40 条，通达北京、上海、广州、徐州、厦门、哈尔滨等 27 个国内城市，以及泰国、日本。花果山国际机场开工，千万人次级别的航空枢纽建设拉开序幕。

连云港港是新亚欧大陆桥的东桥头堡。经过多年建设和发展，已经成为我国综合运输体系的重要枢纽，是全国沿海 25 个主要港口、12 个区域性中心港口之一。

（一）铁路

连云港是陇海铁路、沿海铁路两大国家干线铁路的交汇点，更是“八横八纵”高铁网中陆桥通道、沿海通道的交汇点。境内铁路全长 99 248 m，可直达全国各大中城市，并开通至郑州、西安、成都、兰州、阿拉山口和绵阳等地的集装箱运输“五定”班列，以及至阿拉木图、塔什干的中亚班列和至伊斯坦布尔的中欧班列，承担新亚欧大陆桥 90%以上的过境集装箱运输。依托陇海铁路，连云港铁路客运和货运列车可直通北京、上海、南京、杭州、成都、武汉、西安、宝鸡、兰州、乌鲁木齐等大中城市，并通过京沪线、京九线、陇海线等连接中国各地。连云港通过青盐铁路连接济青高铁、京沪高铁，开通直达济南、石家庄、沈阳方向的动车。2019 年，伴随着灌云和灌南铁路开通运营，全市铁路客运迈入“高速时代”，总体实现爆发式增长。全市境内铁路客运总量达到 654.6 万人次，增长 61.8%。铁路货运总量达到 5 885.8 万 t，增长 7.5%。铁路货运总量占同期全省铁路货运总量比重达 36.4%，占整个上海路局铁路货运比重为 14.3%。

（二）公路

连云港市公路对外交通已实现高速化，密度在全国、全省名列前茅，204

国道穿境而过，是全国 45 个公路主枢纽之一。高速公路通车总里程达 336 km，密度达 4.51 km/ km^2。沈海、连霍、长深三条高速公路在境内交会，同时也是中国南北、东西最长的两条高速公路——同三高速和连霍高速的唯一交会点。

（三）机场

连云港市现有白塔埠机场，为军民合用机场，是江苏省地级市中第一个、全国沿海地区第八个通航的机场。2019 年，连云港民航主要指标全部达到历史新高，机场航线达到 40 条，较年初新增 8 条，成功开通两条至日本的国际航线。全年飞机起降 18 118 架次，增长 21.0%。全年旅客吞吐量 192.3 万人次，增长 26.8%。在建连云港花果山国际机场，是江苏“两枢纽一大六中”规划的“一大”——省内大型机场（干线机场），为江苏省第三大国际机场，仅次于南京禄口国际机场和苏南硕放国际机场。机场定位为江苏沿海中心机场，坚持发挥独特区位优势，以建设服务苏北鲁南地区，面向亚太的国际航空港为目标，着力打造东方物流中心。

（四）港口

连云港港地处中国沿海中部的海州湾西南岸、江苏省的东北端，主要港区位于北纬 34°44′，东经 119°27′。连云港港是中国沿海十大海港、全球百强集装箱运输港口之一，开通了 50 条远近洋航线，可到达世界主要港口。港口北倚长 6 km 的东西连岛天然屏障，南靠巍峨的云台山东麓，人工筑起的长达 6.7 km 的西大堤，从连岛的西首将相距约 2.5 km 的岛陆相连，使之形成约 30 km^2 的优良港湾，为横贯中国东西的铁路大动脉——陇海、兰新铁路的东部终点港，被誉为新亚欧大陆桥东桥头堡和新丝绸之路东端起点，与韩国、日本等国家主要港口相距在 500 海里的近洋扇面内，是江苏最大海港、苏北和中西部最经济便捷的出海口，形成以腹地内集装箱运输为主并承担亚欧大陆间国际集装箱水陆联运的重要中转港口，是集商贸、仓储、保税、信息等服务于一体的综合性大型沿海商港。2019 年，连云港港货物吞吐量达到 24 432 万 t，较 2018 增长 3.7%，为近三年最高增长。完成外贸吞吐量达 12 923 万 t，较 2018 增长 8.7%。集装箱吞吐量完成 478.1 万标箱，较 2018 增长 0.8%。客运总量首次跨上 20 万台阶，达 20.74 万人次，较 2018 增长 7.5%。

第三节　水 文 气 象

一、气候概况

连云港市属暖温带半湿润季风气候区，具有大陆性气候特征。夏热多雨，冬寒干燥，春旱多风，秋旱少雨，冷暖和旱涝较为突出。

区域内多年平均气温 14.0 ℃，由北向南、由内陆向沿海递增，年内最高气温达 40.0 ℃(1959 年)，最低气温为－18.1 ℃(1969 年)。平均 1 a 无霜期为 220 d，为 3 月下旬至 10 月底。年平均日照时数 2 345.6 h，日照百分率 55%。日照时数最多在 5 月(237.2 h)，最少在 2 月(164.4 h)。区域季风随季节而转移，冬季盛行东北与西北风，夏季盛行东南与西南风，年平均风速 3.0 m/s。

二、降雨、径流和蒸发

连云港市多年平均雨量为 897.8 mm，其中沂南区 920.6 mm、沂北区 895.5 mm、赣榆区 889.6 mm，全市面雨量年最大值为 1 312.7 mm(2005 年)，最小值为 586.7 mm(1988 年)。

连云港市多年平均年径流深为 266.2 mm，其中沂南区多年平均年径流深为 247.4 mm，径流系数为 0.27；沂北区多年平均径流深为 264.3 mm，径流系数为 0.30；赣榆区多年平均径流深为 286.1 mm，径流系数为 0.32。

连云港市多年平均水面蒸发量为 849.0 mm。年水面蒸发最大值为 969 mm(1988 年)，最小值为 726.4 mm(2003 年)，最大、最小值的比值约为 1.33。

三、水资源

全市水资源总量(地表水资源量和地下水资源量之和扣除二者之间的重复计算水量，矿化度小于或等于 2 g/L 的地下水资源量参加水资源总量计算)为 23.14 亿 m^3，其中沂南区 3.43 亿 m^3，占全市 14.82 %；沂北区 14.91 亿 m^3，占全市 64.43 %；赣榆区 4.80 亿 m^3，占全市 20.75 %。连云港市水资源丰枯变化较大，水资源量最丰的 2000 年水资源量达到 54.05 亿 m^3，而最枯的 1966 年水资源量仅 7.56 亿 m^3，丰水年的水资源量约为枯水年的 7.15 倍。

四、暴雨与洪水

（一）暴雨

连云港市暴雨成因主要是气旋、台风及南北切变。长历时降雨多数由切变线和低涡接连出现所造成；范围小、强度大、历时短的降雨主要由台风所造成。全市雨量等值线的范围在 860～940 mm 之间，且大致自南向北、自东南向西北方向递减。最大等值线 940 mm，位于灌云县南部和灌南县中部；最小等值线 860 mm，位于赣榆区北部、东海县西部、灌南县东部。该系列全市面雨量均值为 897.8 mm，其中沂南区 920.6 mm、沂北区 895.5 mm、赣榆区 889.6 mm，全市面雨量年最大值为 1 312.7 mm(2005 年)，最小值为 586.7 mm(1988 年)，最大、最小面雨量的比值约为 2.24，沂南、沂北和赣榆区年最大、最小面雨量的比值分别是 2.53、2.32、2.61，从行政分区来看，比值最大为赣榆区的 2.61，最小为东海县的 2.22。就单站而言，最大、最小年面雨量比值最大的是夹谷山站为 3.91，比值最小的临洪站为 2.48。由于连云港市地处南北气候过渡地带，暴雨兼有南北地区的特性。主要的暴雨特性为雨强大、历时短、突发性强、天气变化剧烈、降雨集中，例如 1957 年、1974 年等。但当江淮雨区偏北时，也可能造成历时长、强度大、时空分布均匀的强降雨，例如 1970 年、1971 年。

（二）洪水

连云港市区域内洪水一般多发生在 7—8 月份，区域内河道一般每年出现 3～6 次洪水过程。由于区域西北部为丘陵山区，洪水陡涨陡落，往往暴雨过后几小时，主要控制站便可出现洪峰；区域东南部为平原区，河道比降小，行洪不畅，洪水过程缓慢。最具代表性的暴雨洪水有 1957 年 7 月、1970 年 7 月、1974 年 8 月、2000 年 8 月、2005 年 7 月、2012 年 7 月、2018 年 8 月及 2019 年 8 月次洪水，最突出的是 1974 年 8 月及 2000 年 8 月次洪水形成了我市主要河道、水库水位及洪峰流量的最大值。各场洪水情况如下：

(1) 1957 年 7 月由于西太平洋副热带高压(简称副高)位置偏北，副高西南侧偏南温湿气流与北侧的西风带偏西气流在淮河流域北部长期维持交汇，连续出现 3 次低空涡切变造成沂沭泗流域上游大范围连续降雨，连云港也在受灾范围内。7 月中旬，市区及赣榆区、东海县连降暴雨，7 月 10—21 日，赣榆降雨 311.9 mm，东海县最大雨量 189.3 mm，市区总雨量 150.5 mm。7 月 21 日，新沂河洪峰流量 3 710 m^3/s。

(2) 1970 年 7 月中下旬，沂沭河中下游地区连日暴雨，7 月 21—23 日全市降雨 157.7 mm，其中赣榆降雨 247.5 mm、东海 167.7 mm、市区 148.5 mm。7 月 22 日临洪水文站、石梁河水库以及小塔山水库水位达到最大值，临洪水位 5.09 m，石梁河水库水位 24.70 m，小塔山水库 32.87 m，大兴镇 25.25 m。23 日石梁河水库泄洪 2 430 m^3/s，加上新沭河以下沭南、沭北来水，新沭河流量达 3 500 m/s，新沭河堤防出现险情，有部分堤防决口。

(3) 1974 年 7 月下旬至 8 月中旬连续发生了三次大的暴雨过程，7 月 23 日—8 月 7 日几乎发生了连续降雨，区域平均雨量达 192.1 mm，最大 1 d 点雨量大兴镇水文站达 162.7 mm，8 月 10—13 日区域平均雨量达 260.8 mm，最大 1 d 点雨量小许庄站达 209.9 mm。流域性河道新沭河大兴镇水文站发生了三次大的洪水过程，分别为：7 月 24 日 12 时—7 月 30 日 8 时，断面径流量为 1.987 亿 m^3，洪峰流量达 1 200 m^3/s，最高水位为 25.20 m；8 月 1 日零时—8 月 8 日 10 时，断面径流量为 3.039 亿 m^3，洪峰流量达 1 600 m^3/s，最高水位为 25.75 m；8 月 11 日 20 时—8 月 19 日 8 时，断面径流量为 8.698 亿 m^3，洪峰流量达 3 870 m^3/s，最高水位为 27.21 m；新沭河石梁河水库于 8 月 15 日 2 时达最大泄洪流量 3 510 m^3/s，同时达最高水位 26.82 m，超设计水位 0.01 m。区域河道蔷薇河临洪水文站发生两次大的洪水过程，分别为：7 月 17 日 20 时—8 月 7 日 16 时，断面径流量为 3.912 亿 m^3，洪峰流量达，357 m^3/s，最高水位为 4.64 m；8 月 11 日 11 时—8 月 26 日 18 时，断面径流量为 4.097 亿 m^3，洪峰流量达 565 m^3/s，最高水位为5.93 m；青口河小塔山水库水文站 8 月 14 日泄洪 355 m^3/s（接近设计泄洪流量 400 m^3/s），最高水位达 34.00 m。

(4) 2000 年 8 月 27—31 日区域内发生了特大暴雨，1 d 最大面雨量达228.6 mm；3 d 最大面雨量达 356.6 mm。暴雨中心位于灌南县长茂镇，最大 1 d 点雨量达 812.0 mm。本次特大暴雨致使大兴镇水文站产生大的洪水过程，8 月 28 日 20 时—9 月 4 日 8 时，断面径流量 3.127 亿 m^3，洪峰流量达 1 650 m^3/s，最高水位 25.58 m；临洪水文站 8 月 28 日 8 时—9 月 6 日 24 时，断面径流量 2.616 亿

m^3,洪峰流量达 760 m^3/s,最高水位 5.87 m;龙沟闸水位站 8 月 31 日最高水位达 4.60 m。

(5) 2005 年 7 月,受暖湿气流交汇影响,连云港市 7 月 31 日—8 月 5 日普降大暴雨,局部特大暴雨,全市面雨量 259.0 mm,暴雨中心在灌云县,降雨主要集中在 7 月 31 日,8 月 1—5 日开始逐渐变小。连云港市西部东海县和南部灌云县、灌南县降雨较大,大部分面积降雨 200 mm 以上,北部赣榆区、东部城区降雨相对较小,基本上在 100 mm 左右,此次降雨造成了连云港市城市内涝。

(6) 2012 年 7 月 8 日,受副热带高压外围强盛的西南暖湿气流和北方冷空气持续交汇的影响,"7·08"暴雨洪水造成连云港市全面成灾。

2012 年石梁河水库共发生 2 次明显的洪水过程。第 1 次,洪水出现在 2012 年 7 月 6—16 日,10 日 17 时最大入库流量 2 290 m^3/s,居历史第 3 位,泄洪流量 2 240 m^3/s,21 时 40 分库内最高水位 24.52 m,超汛限水位(23.5 m)1.02 m。7 月 10 日 10 时—11 日 18 时石梁河水库开始溢洪,总溢洪量 28 355 万 m^3,最大溢洪流量 2 430 m^3/s,主要溢洪时段集中在 7 月 10 日 10 时—11 日 18 时。第 2 次洪水出现在 7 月 20—31 日,24 日 18 时入库流量 834 m^3/s,泄洪流量 834 m^3/s,7 月 26 日 8 时最高水位 24.08 m,超汛限水位(23.5 m)0.58 m。

新沭河太平庄闸上约 1 000 m 处设有太平庄闸水位站,2012 年 7 月 11 日 19 时 15 分达最高水位 5.73 m。

连云港市城区市政管网排水标准一般为 1~2 a 一遇,本次"7·08"暴雨最大 3 h 降雨达 28 a 一遇,造成市区严重积水,积水面积基本涵盖了全部平原区,积水深一般在 0.3~0.5 m,调查到的最大积水深出现在海州区啤酒厂宿舍,积水深达 1.5 m,一楼居民家中全部进水。连云港市海州水厂泵房进水,涝水淹没了水厂沉淀池,水厂停产达 3 d 之久,导致西部城区供水中断,影响到辖区内 5 万户居民的日常生活,居民生活用水靠消防车送水供给。

(7) 2018 年,受上游持续来水影响,石梁河水库水位迅速上涨,8 月 19 日 8 时,石梁河水库泄洪流量 407 m^3/s,坝上水位 24.59 m;19 日 21 时,泄洪流量加大至 723 m^3/s,水位 24.75 m;20 日 8 时,水位 24.84 m,泄洪流量 727 m^3/s;9 时最高水位 24.85 m,超汛限水位 0.35 m,低于警戒水位 0.15 m;10 时,泄洪流量 1 060 m^3/s,水位 24.85 m;20 日 11 时 15 分,泄洪流量加大至 2 570 m^3/s,水位

24.85 m；12 时 30 分，泄洪流量增加至 3 570 m^3/s（超历史），水位 24.85 m；20 日 17 时，泄洪流量 4 080 m^3/s，水位 24.77 m（以上流量均为查线流量）；17 时 50 分，石梁河水库溢洪闸最大泄洪流量 3 890 m^3/s。

太平庄闸水位站位于新沭河下游，为太平庄闸水位控制站。受石梁河水库泄洪影响，太平庄闸（闸上）水位快速上涨，8 月 20 日 8 时，新沭河太平庄闸（闸上）水位 2.92 m；8 月 20 日 15 时，太平庄闸（闸上）水位 3.36 m；8 月 20 日 22 时，水位达警戒水位 5.50 m；21 日 6 时，闸上最高水位 6.32 m（超过警戒水位 0.82 m）。

三洋港闸水位站位于新沭河入海口处。受石梁河水库泄洪影响，8 月 20 日 21 时开始，三洋港闸（闸上）水位明显上涨，8 月 21 日 3 时 55 分，三洋港闸上最高水位达 3.21 m。

(8) 2019 年 8 月，受台风“利奇马”影响，沂沭泗流域降雨总量大、时间较集中，且强度较大，与降雨过程对应，沂沭泗流域各河道均出现了不同程度的洪水过程。连云港市作为沂沭泗流域下游，是有名的“洪水走廊”，受本地降雨影响，加之两大流域性河道新沭河、新沂河大流量行洪，连云港市区域内各水系河道均出现较大洪水过程，洪水主要特点是洪峰流量、洪水总量大。

新沭河大官庄闸站年径流量 9.850 亿 m^3。新沭河大官庄闸自 8 月 11 日 13 时开始开闸泄洪，开闸流量 502 m^3/s，相应水位 47.56 m；8 月 11 日达到最大流量 4 020 m^3/s，相应水位 51.76 m，最高水位 52.66 m。新沭河大兴镇站年径流量 6.312 亿 m^3，较多年平均偏多 1.3%，其中，汛期径流量 6.224 亿 m^3。8 月 11 日 20 时 55 分大兴镇站年最大流量为 3 850 m^3/s，相应水位 24.97 m，列有资料以来第 2 位。新沭河石梁河水库站年径流量 11.060 亿 m^3，较多年平均偏多 47.0%，其中，汛期径流量 8.750 亿 m^3，8 月 12 日石梁河水库站年最大出库流量为 3 430 m^3/s。

新沂河嶂山闸于 8 月 9 日 12 时开闸泄洪，至 17 日 17 时 05 分关闸。11 日 10 时 40 分嶂山闸站出现年最大洪峰流量 5 220 m^3/s，相应水位 21.62 m；嶂山闸闸上最高水位 23.57 m，出现在 8 月 15 日，超警戒水位 0.07 m，列有资料以来第 9 位。嶂山闸 8 月 10 日首次开闸泄洪，到 8 月 17 日结束，历时 9 d。嶂山闸总泄洪量 16.75 亿 m^3。嶂山闸站水位超过警戒水位时长累计为 1 d。

受嶂山闸泄洪及区间来水的共同影响，新沂河沭阳站8月12日6时55分出现年最高水位11.31 m，超过警戒水位2.31 m，列有资料以来第1位；8月12日6时54分沭阳站出现最大洪峰流量5 900 m^3/s(相应水位11.30 m)，列有资料以来第2位；汛期径流量22.55亿m^3；沭阳站水位超过警戒水位时长累计为5 d。

蔷薇河小许庄站汛期径流量2.917亿m^3，5—9月份径流量3.557亿m^3，8月11日17时50分小许庄站年最大洪峰流量302 m^3/s，列有资料以来第1位。蔷薇河临洪站年径流量5.842亿m^3，汛期径流量4.408亿m^3，8月17日临洪站洪峰流量863 m^3/s，历史最大。其中蔷薇河临洪断面年径流量2.417亿m^3，汛期径流量1.678亿m^3，8月14日临洪断面年最大洪峰流量405 m^3/s；东站引河临洪(东)断面年径流量3.425亿m^3，汛期径流量2.730亿m^3，年最大洪峰流量491 m^3/s。由于临洪枢纽全力泄洪，临洪站水位超过警戒水位时长累计只有22.7 h。

连云港区域主要控制站水文特征值统计见表1-2。

表1-2 连云港区域主要控制站水文特征值统计表

河名	站名	集水面积/km^2	年平均流量/(m^3/s)	最高水位		最大流量		设计防洪标准	
				水位/m	出现时间(年.月.日)	流量/(m^3/s)	出现时间(年.月.日)	水位/m	流量/(m^3/s)
新沭河	大兴镇	5 108		27.21	1974.8.15	3 870	1974.8.14	28.51	7 590
新沭河	石梁河水库	5 464		26.82	1974.8.15	3 950	2018.8.20	26.81	7 000
蔷薇河	小许庄	477		7.07	2000.8.31	302	2019.8.11	6.03	377
蔷薇河	临洪	1 144		5.93	1974.8.14	863	2019.8.17	6.27右 5.91左	861
善后河	板浦			3.82	2005.8.6			6.37	
青口河	黑林	190		37.97	1990.8.4	583	2012.7.10		
青口河	小塔山水库	386		34.00	1974.8.14	355	1974.8.14	34.30	400
北六塘河	龙沟闸			4.60	2000.8.31				

第四节 洪涝灾害

连云港市地处南北气候过渡带，受南北气候影响，水旱灾害频繁。黄河夺泗侵淮，致使沂沭泗河水系遭到破坏，加剧了区域水旱灾害发生。清代、民国造成严重水涝灾害有 32 次。中华人民共和国成立后，连云港市人民在各级党委政府的领导下，充分发扬艰苦奋斗、自力更生的精神，依靠人民群众的力量，在国家的支持下，开展了大规模的水利建设，兴建了大量的水利工程，开辟了流域性河道新沂河、新沭河，解决沂、沭洪水出路，结束了沂、沭洪水漫流成灾的历史；疏浚、整治蔷薇河、鲁兰河、乌龙河、马河、龙王河、青口河、盐河、烧香河、善后河、五图河、车轴河、牛墩界圩河、南北六塘河、柴米河、一帆河，开挖了排淡河、大浦河、玉带河等区域性河道，实行高低水分排原则，基本解决了一般内涝问题；修建北起绣针河，南至灌河，全长 111.8 km 的海堤工程，同时修建了 20 座挡潮闸，使海水侵袭和卤水倒灌基本得到控制。但是，一些超标准的台风、暴雨也造成区域重大经济损失及人员伤亡，历史典型暴雨致灾情况如下。

1956 年 8 月 1—3 日，强台风袭击连云港市，最大风力 12 级，并伴有 120 mm 大暴雨，市海河堤防遭受严重破坏，蔷薇河决口 5 m，工厂停产，全市死亡 3 人，伤 14 人，倒塌房屋 953 间，损坏 4 660 间。东海县倒塌房屋 10 889 间，损坏 6 026 间，砸死淹死 8 人，伤 53 人。9 月 4 日 22 时，市区及三县均遭 8～10 级台风袭击。5 日凌晨，沿海最大风力 11 级以上，并伴有暴雨海啸。全市海河堤防决口数十处，燕尾港海堤被冲毁，杨桥镇堤防漫溢，平地水深 2 m，全镇被淹没，43 人死亡，大浦堤防多处决口，台北盐场 4 500 t 盐被冲淌。赣榆兴庄河干支流堤防决口 23 处，1 300 多公顷农田一片汪洋，朱稽河新堤决口 13 处，6 000 hm^2 农田严重受灾。市区死亡 75 人，重伤 20 人，轻伤百余人，倒塌房屋 2 907 间，损坏 3 221 间，受灾农田 1 370 hm^2，其中 240 hm^2 颗粒无收。

1957 年 7 月中旬，由于西太平洋副热带高压（简称副高）位置偏北，副高西南侧偏南温湿气流与北侧的西风带偏西气流在淮河流域北部长期维持交汇，连续出现 3 次低空涡切变造成沂沭泗流域上游大范围连续降雨，市区及赣榆县、东海县7月10—21日，赣榆降雨311.9 mm，东海县最大雨量189.3 mm，市区降雨150.5 mm。7月21日，新沂河洪峰流量3 710 m^3/s。据统计：赣榆县受涝面积1.6万hm^2，其中重灾5 300 hm^2，龙王河6.5 km河堤漫溢，倒塌房屋250间；东海县受灾4.2万hm^2，倒塌房屋3 823间；市郊农田被淹达953 hm^2，倒塌房屋69间。

1970年7月21—23日，三县及市区总雨量达184～277.3 mm。23日石梁河水库行洪2 430 m^3/s，新沭河流量3 500 m^3/s。23日凌晨4时蔷薇河水位上升，新浦因暴雨积水。23日上午9时临洪闸上游水位3.85 m，临洪闸排水流量200 m^3/s。23日15时55分临洪闸下游水位高于上游，临洪闸关闭；20时临洪闸下水位高达5.34 m，上游蔷薇河水位5.10 m，高于蔷薇河堤顶10 cm，右堤4 km河堤漫水；21时蔷薇河右堤、临洪河右堤（蔷薇河下游段）分段决口14处，总长350 m。24日凌晨，新浦、大浦、台北盐场被淹，下午新浦地区水深达1～1.50 m。

1974年8月11—14日，受12号台风倒槽与冷空气结合影响，沭河流域发生特大暴雨，11—14日流域平均雨量241.0 mm，大官庄实测最大洪峰流量5 400 m^3/s，经水文计算，如无上游水库拦蓄及上游68处决口漫溢，大官庄洪峰流量将为11 100 m^3/s，相当于沭河100 a一遇洪水。8月15日石梁河水库水位26.82 m，泄洪流量3 490 m^3/s，新沭河下游行洪流量达3 700 m^3/s。蔷薇河3 d平均雨量达293.0 mm，临洪站最高水位5.93 m，支流乌龙河、鲁兰河、沭新河、马河、民主河均出现历史最高水位，东海县虽动员20万人抢修加固堤防，仍未能阻止沭新河、马河漫决，4.67万hm^2农田被淹，其中1.3万hm^2绝收，倒塌房屋5万余间，损失存粮1.9万t。海州洪门乡遍地积水，133 hm^2菜田受淹，倒塌房屋1 300余间。赣榆县2.71万hm^2农田积水，范河下游水深达1 m以上，6 000 hm^2农田绝收，倒塌房屋4万余间。

2000年8月27—31日，受12号台风外围与冷暖气流的共同影响，全市普降特大暴雨，其中8月30日该市灌南县长茂镇1 d降雨量达到惊人的812.0 mm。8月31日又值天文大潮，加之石梁河水库客水压境，被迫泄洪，最终形成大风、暴雨、大潮、新沭河行洪齐碰头，连云港遭遇了历史上罕见的防汛形势。全市骨干河道堤防漫堤14处共计18.4 km，河堤决口1处计30 m，河堤滑坡6处长800多米，风浪爬高越过海堤约6 km，有险情水库13座，出险水闸7座。

导致市区被淹长达 7 d，市区大部分企业停产，住宅进水 2.4 万户等，市区受灾损失惨重。据统计，全市直接经济损失达 48.18 亿元。

2005 年 7 月 31 日—8 月 5 日，连云港市普降暴雨，局部特大暴雨，全市各地的沟河湖库等均已满容或超过汛限水位，灌云、灌南、东海及市区出现了严重的洪涝灾害。此次暴雨致使在田农作物受淹，部分住宅民房进水、倒塌损坏，全市受灾人口 1 296 667 人，成灾人口 1 005 887 人，紧急转移安置人口 79 人；农作物受灾面积 109 895 hm^2，成灾面积 77 348 hm^2，绝收面积 17 906 hm^2；倒塌房屋 1 107 间，其中倒塌民房 739 间，损坏房屋 1 348 间，住宅进水 15 450 户，受淹企业 16 家，其中停产半停产 6 家；损失粮食 715 t，漫溢鱼塘 5 839 hm^2，损失鱼 2 732 t，倒断树木 3 508 棵。因灾造成直接经济损失 76 868 万元，其中农业直接经济损失 72 866 万元。

2012 年 7 月 8—10 日，由于受西南暖湿气流和北方冷空气的共同影响，连云港市部分地区遭遇了特大暴雨，全市平均降雨量达 211.4 mm，市区降雨量 307.9 mm，最大实测点雨量 440.6 mm，达 100 a 一遇。由于降雨强度大、时间短、汇流速度快，而致使河道水位猛涨，城区积涝严重，道路普遍积水 20～30 cm。根据政府相关部门统计，连云区、开发区、新浦区、海州区、赣榆区、东海县、灌云县、灌南县、云台山风景名胜区、徐圩新区等 10 个县(市、区)受灾。受灾人口 154.62 万人，被水围困 0.51 万人，紧急转移 1.12 万人；住宅受淹 5.42 万户，倒塌房屋 0.16 万间；农作物受灾面积 216.4 万亩，成灾面积 148.07 万亩，绝收面积 38.65 万亩，减产粮食 46.22 万 t，经济作物损失 18 286.41 万元，林果损失 15.47万棵，死亡大牲畜 26 头，水产养殖损失 0.56 万 t；停产企业 30 家，公路中断 27 条次，供电中断 20 条次；损坏堤防 19 处、10.47 km，损坏护岸 191 处，损坏水闸 92 座，损坏机电井 358 眼，损坏机电泵站 130 座。因洪涝灾害而造成的直接经济损失 27.495 亿元，其中农业直接经济损失 17.182 亿元，工业交通业直接经济损失 3.44 亿元、水利工程水毁直接经济损失 1.189 亿元。

第五节　水 利 工 程

1949 年以来，连云港市人民在各级党委和政府的领导下，充分发扬艰苦奋斗、自力更生的精神，依靠人民群众的力量，在国家的支持下，开展了大规模的水利建设，兴建了大量的水利工程，先后掀起三次治水高潮。

20 世纪五六十年代第一次治水高潮，连云港地区第一步从挡御洪、潮水入手，实施"导沭整沂"和"导沂整沭"工程，开辟了流域性河道新沂河、新沭河，解决沂、沭洪水出路，结束了沂、沭洪水漫流成灾的历史；疏浚、整治区域性河道，基本解决了内涝问题；修建北起绣针河，南至灌河，全长 111.8 km 的海堤工程，同时修建了 20 座挡潮闸，使海水侵袭和卤水倒灌基本得到控制。第二步水利建设重点由单一除害转向除害兴利，采取"以蓄为主，蓄泄兼施"的方针，解决灌溉水源问题，全市共建成石梁河、小塔山、安峰山等大、中、小型水库 122 座，累计开挖淮沭新河、石安河等截水沟 44 条，建成大型灌区 4 处、中型灌区 11 处、1 万～5 万亩小型灌区 17 处以及一些机电排灌站，为全市水利建设的发展奠定了坚实的基础。20 世纪 70 年代连云港地区掀起第二次治水高潮，为进一步解决灌溉水源不足问题，兴建房山、芝麻、石梁河、古城、磨山、羽山、龙门等翻水泵站，修建蔷北、白塔、鲁兰、叮当河涵洞，继续开通沭新河、沭新渠、石安河、龙梁河、古城渠、沭北引河，串连水库、塘坝、泵站，调引江淮水，拦截地表水，提高河、库调蓄能力，到 70 年代末，境内已初步形成配套齐全的防洪、除涝、灌溉、挡潮、降渍工程体系。20 世纪八九十年代，第三次治水高潮期间，连云港把水利建设与城镇发展、交通建设、环境治理紧密结合起来。完成了蔷薇河送清水一、二期工程，完成了新沂河海口枢纽工程，基本完成了石梁河水库新溢洪闸兴建、老溢洪闸加固、主副坝加固工程，完成部分海堤达标工程以及新沂河、新沭河除险加固工程，实施并完成了全国单站流量最大的临洪东站续建工程。区域的防洪、除涝工程体系由河道堤防、水库、排涝站和海堤等组成。

一、河道堤防

区域内Ⅰ级堤防有新沂河、新沭河太平庄闸下至入海口(右堤)及蔷薇河市区段右堤(34＋910—东站引河交界及东站引河右堤)，Ⅰ级堤防总长 168.66 km，其中新沂河境内Ⅰ级堤防长 136.82 km，新沭河Ⅰ级堤防长 14.34 km，蔷薇河Ⅰ级堤防长 17.50 km。

Ⅱ级堤防有新沭河(除一级堤防外)、善后河左堤、海堤，Ⅱ级堤防总长

249.27 km，其中新沭河Ⅱ级堤防长 75.96 km，善后河Ⅱ级堤防长 45.71 km，Ⅱ级海堤长 127.60 km。

Ⅲ级堤防有青口河、灌河，Ⅲ级堤防总长 161.70 km，其中灌河Ⅲ级堤防长 87.20 km，青口河Ⅲ级堤防长 74.50 km。

Ⅳ级堤防主要有蔷薇河余部及流域内支流河道、善后河余部、烧香河、五灌河、南六塘河、老六唐河等，Ⅳ级河道堤防总长 1 089.18 km。

Ⅴ级堤防主要有兴庄河、朱稽河、朱稽副河、范河、五灌河流域内支流、北六唐河、柴米河等，Ⅴ级河道堤防总长 1 002.38 km。

区域内Ⅰ～Ⅲ级重要堤防基本情况见表 1-3。

表 1-3　区域内重要堤防工程基本情况表

名　　称	起讫地点	防洪保护区基本情况				备注
		堤长/km	面积/km²	耕地/万亩	人口/万人	
新沂河左堤	县界—燕尾港	68.58	1543	128.90	80.83	Ⅰ级堤防
新沂河右堤	县界—堆沟	68.24	1030	88.10	63.72	Ⅰ级堤防
新沭河太平庄闸下右堤	太平庄闸—海口	14.34	407	—	76.26	Ⅰ级堤防
蔷薇河市区段右堤	34+910—东站引河交界及东站引河右堤	17.50	407	—	76.26	Ⅰ级堤防
新沭河左堤	石梁河—入海口	45.15	275	26	17.62	Ⅱ级堤防
新沭河右堤	石梁河—太平庄闸	30.81	205	21	9.75	Ⅱ级堤防
善后河左堤	县界—善后闸	45.71	665	56	34.81	Ⅱ级堤防
海堤	柘汪—宋庄、圩丰—燕尾港、板桥—徐圩	127.60	497	10	15	Ⅱ级堤防
灌河左堤	张店镇—堆沟镇	66.70	228	24	14	Ⅲ级堤防
灌河右堤	张店镇—三口镇	20.50	12	—	0.50	Ⅲ级堤防
青口河左堤	塔山镇—青口镇	27.00	128	8	16	Ⅲ级堤防
青口河右堤	塔山镇—青口镇	47.50	102	7	14	Ⅲ级堤防

二、大中型水库

区域内大型水库 3 座，分别为石梁河水库、小塔山水库和安峰山水库，总控制面积 5 826.6 km²，总库容 9.33 亿 m³，总防洪库容 5.47 亿 m³。

（一）石梁河水库

石梁河水库位于新沭河中游，地处苏鲁两省的东海、赣榆、临沭三县（区）交界的丘陵区，集水面积为 5 409 km^2，总库容 5.31 亿 m^3，防洪库容 3.23 亿 m^3，为大(2)型水库。石梁河水库于 1958 年 12 月开工兴建，1960 年 5 月，主坝、副坝合龙蓄水，续建配套枢纽工程于 1962 年 12 月完工，又经多期维修加固，使得工程得以充分发挥综合效益。1992 年，石梁河水库被水利部确定为第二批全国重点病险水库之一。水库除险加固工程于 1999 年 1 月开工建设，2002 年 12 月完工；水库扩大泄量工程于 1999 年 8 月开工建设，2001 年 5 月完工。石梁河水库是一座调蓄沂沭河来水，以防洪功能为主，结合农田灌溉、水产养殖、发电、旅游等综合利用的大(2)型水库。

石梁河水库采用 100 a 一遇设计，设计水位 26.81 m，2 000 a 一遇校核，校核水位 28.00 m，主汛期汛限水位 23.50 m，兴利水位 24.50 m，死水位 18.50 m。水库枢纽工程主要包括主坝一座、副坝两座，总长 12 590 m；泄洪闸两座：南泄洪闸（新闸）设计流量 4 000 m^3/s、最大泄流量 5 131 m^3/s，北泄洪闸（老闸）设计流量 3 000 m^3/s、最大泄流量 5 000 m^3/s；灌溉输水涵洞四座，合计设计流量 106.5 m^3/s；水力发电站一座，3 台机组，单机容量 400 kW，总装机容量 1 200 kW，设计流量 34 m^3/s，年均发电量 2.0×106 kW·h。以石梁河水库为水源建成两个大型灌区，分别为沭南灌区和石梁河水库灌区，沭南灌区位于东海县和海州区，石梁河水库灌区位于赣榆区，沭南灌区设计灌溉面积 48.0 万亩，石梁河水库灌区设计灌溉面积 44.0 万亩。利用石梁河水库可以对小塔山水库、安峰山水库进行补水。石梁河水库特征值见表 1-4。

（二）小塔山水库

小塔山水库位于连云港市赣榆区西北部丘陵区青口河上游，集水面积 386 km^2，总库容 2.82 亿 m^3，防洪库容 1.46 亿 m^3，为大(2)型水库。小塔山水库于 1958 年 10 月开工兴建，1959 年 10 月主坝合龙蓄水，又经续建配套、维修加固，尽可能地发挥工程功能和综合利用效益。1992 年，水库被水利部确定为第二批全国重点病险水库之一。水库除险加固工程于 2002 年 10 月开工建设，2007 年 11 月完工。

小塔山水库采用 100 a 一遇设计，设计水位 35.37 m，2 000 a 一遇校核，校核水位 37.31 m,主汛期汛限水位 32.00 m,兴利水位 32.80 m,死水位 26.00 m。水库枢纽工程主要包括主坝一座、副坝两座,总长 4 363 m;水库泄流设备有主坝溢洪闸一座,设计流量 400 m^3/s,最大泄流量 500 m^3/s,同时水库建有东西灌溉涵洞各一座。以小塔山水库为水源建成大型灌区一个,为小塔山水库灌区,设计灌溉面积 31.0 万亩。小塔山水库特征值见表 1-4。

(三) 安峰山水库

安峰山水库位于东海县中部厚镇河上。集水面积 175.6 km^2,总库容 1.20 亿 m^3,防洪库容 0.78 亿 m^3,为大(2)型水库。安峰山水库于 1957 年 10 月开工兴建,1958 年 6 月主坝合龙蓄水,又经续建配套、维修加固,发挥了工程综合利用效益。2001 年 6 月,水库经水利部大坝安全管理中心鉴定为三类坝。水库除险加固工程于 2004 年 12 月开工建设,2008 年 4 月完工。

安峰山水库采用 100 a 一遇设计,设计水位 18.20 m,2 000 a 一遇校核,校核水位 18.90 m,汛限水位 16.00 m,兴利水位 17.20 m,死水位 12.50 m。水库枢纽工程主要包括主副坝各一座,总长 6 565 m;水库泄流设备有主坝溢洪闸一座,设计最大流量 335 m^3/s;主坝东灌溉涵洞一座,设计流量 5 m^3/s;副坝灌溉涵洞一座,设计流量 38 m^3/s;副坝节制闸一座,设计最大流量 210 m^3/s。以安峰山水库为灌溉水源建有中型灌区、安峰山水库灌区 1 个,设计灌溉面积 10.30 万亩。安峰山水库特征值见表 1-4。

表 1-4 连云港市大型水库主要特征值

水库名称	所在河流	所在地	集水面积/km^2	设计水位/m	校核水位/m	总库容/(亿 m^3)	汛限水位		历史最高(大)		水库建成时间(年.月)
							主汛期/m	后汛期/m	水位/m	出库流量/(m^3/s)	
石梁河	沭河水系新沭河	东海、赣榆	5 409	26.81	28.00	5.31	23.50	24.50	26.82	3 950	1962.12
小塔山	滨海诸小河水系青口河	赣榆	386	35.37	37.31	2.82	32.00	32.80	34.00	355	1959.9
安峰山	沭河水系厚镇河	东海	175.6	18.20	18.90	1.20	16.00	16.50	18.22	—	1958.6

(四) 中型水库

区域内中型水库 8 座,分别为赣榆区的八条路水库,东海县的西双湖水库、贺庄水库、昌黎水库、羽山水库、大石埠水库、房山水库、横沟水库。8 座中型水库总控制面积 311.7 km^2,总库容 1.71 亿 m^3,总防洪库容 1.049 亿 m^3。

中型水库主要特征值见表 1-5。

表 1-5 连云港市中型水库主要特征值

序号	水库名称	集水面积/km^2	库容/(万 m^3)				水位/m			大坝	主管部门
			总库容	兴利库容	防洪库容	死库容	汛限水位		死水位	坝长/m	
							主汛期	后汛期			
1	八条路	32	2 143	1 473	948	15	31.5	32	23.5	920	赣榆区水利局
2	西双湖	22.3	1 760	1 610	625	20	32	32.5	25	9 700	东海县水务局
3	贺 庄	57	2 546	1 372	1 737	5	38	38.5	35	3 680	东海县水务局
4	横 沟	42.2	2 459	1 480	1 914	70	27	27.5	23	2 095	东海县水务局
5	昌 梨	35	2 111	1 405	1 365	5	47.5	48.5	40.5	2 500	东海县水务局
6	房 山	38.2	2 561	1 156	1 723	104	9.5	10	7.7	3 500	东海县水务局
7	大石埠	78	2 217	515	1 981	5	49	50	44.5	881	东海县水务局
8	羽 山	7	1 307	1 055	198	25	49	49.5	41	3 050	东海县水务局

三、水利枢纽及水闸工程

连云港市过闸流量 1 m^3/s 及以上水闸有 1 889 座,其中,规模以上(过闸流量大于或等于 5 m^3/s)水闸数量 937 座。水利枢纽主要有吴场水利枢纽、临洪水利枢纽和盐东水利枢纽,其中吴场水利枢纽为供水服务。

(一) 水利枢纽工程

连云港防洪性控制枢纽为临洪水利枢纽和盐东水利枢纽。

1. 临洪水利枢纽

临洪水利枢纽是连云港市市区及周边防洪排涝的重要保障,是连云港市最大的水利枢纽工程。临洪水利枢纽位于新沭河末端,地处连云港市主城区北郊,主要由 4 座大中型泵站和 12 座大中型水闸组成,是集防洪、挡潮、蓄淡、排涝、调水、排污、拦淤、沟通航运、城市供水等多重功能为一体的大型水利枢纽工程，包括临洪闸、太平庄闸、沭南闸、沭北闸、乌龙河调度闸、乌龙河自排闸、富安调度闸、三洋港挡潮闸、三洋港排水闸、东站自排闸、大浦闸、大浦连通闸和临洪东泵站、临洪西泵站、大浦抽水站、大浦第二抽水站及 31 km 堤防组成。1958 年枢纽开始兴建，1959 年临洪闸建成并发挥出显著的防洪减灾和灌溉效益；20 世纪 70 年代，太平庄闸、临洪西站、乌龙河闸等工程陆续建成；2000 年，我国单站流量最大的泵站——临洪东站建成投入运行；2011 年，东站自排闸和大浦二站竣工；2013 年，三洋港挡潮闸和三洋港排水闸竣工；2019 年，大浦连通闸竣工。临洪水利枢纽工程基本情况见表 1-6。

表 1-6　临洪水利枢纽工程基本情况

序号	工程名称	位置	基本情况			建成年份
			设计流量/(m^3/s)	孔数（台数）	单孔净宽/m	
1	临洪西泵站	海州区浦南镇	90	3	—	1979
2	临洪东泵站	海州区北郊	360	12	—	2000
3	大浦抽水站	海州区北郊	40	6	—	2004
4	大浦第二抽水站	海州区北郊	40	4	—	2012
5	太平庄闸	新沭河下游	1 000	12	9.7	2011
6	沭南闸	海州区浦南镇	90	1	10	1977
7	沭北闸	赣榆区罗阳镇	90	1	10	1978
8	临洪闸	海州区北郊	1 380	26	5	1959
9	乌龙河调度闸	海州区浦南镇	90	1	10	1978
10	乌龙河自排闸	海州区浦南镇	90	1	10	1978
11	东站自排闸	海州区北郊	650	6	10	2012
12	大浦闸	海州区北郊	246	3	7	2003
13	富安调度闸	海州区浦南镇	100	1	12	2013
14	三洋港挡潮闸	新沭河末端	6 400	33	15	2013
15	三洋港排水闸	新沭河末端	67	3	6	2013
16	大浦连通闸	海州区北郊	217	2	10	2019

2. 盐东水利枢纽

盐东水利枢纽是灌河流域(7 273 km)末级控制工程，位于连云港市灌南县境内，目前由武障河闸、北六塘河闸、龙沟河闸、义泽河闸四座节制闸和盐河南套闸组成，是具有防洪排涝、供水灌溉、航运交通、冲淤保港、挡潮御卤、调水冲污、水利景观等多种功能的大型水利枢纽，总设计排涝流量 2 565 m^3/s。控制范围西至宿迁中运河，南至废黄河，北至新沂河，涉及沭阳、宿豫、泗阳、淮阴、涟水、灌南等地区，控制面积达 4 160 km。流域内主要河流有沂南河、柴米河、北六塘河、南六塘河和盐河。该枢纽 1968 年开始陆续兴建，1980 年全部竣工。盐东水利枢纽工程基本情况见表 1-7。

表 1-7 盐东水利枢纽工程基本情况

序号	工程名称	位置	基本情况			建成年份
			设计流量/(m^3/s)	孔数(台数)	单孔净宽/m	
1	武障河闸	灌南县新安镇	841	14	8	1977
2	北六塘河闸	灌南县新安镇	559	9	6	1970
3	龙沟河闸	灌南县张店镇	874	17	6	1979
4	义泽河闸	灌南县张店镇	291	3	16	1980

（二）水闸工程

连云港市过闸流量大于 1 000 m^3/s 的大型水闸有 8 座，包括蒋庄漫水闸、太平庄闸、临洪闸、三洋港挡潮闸、善后新闸、新沂河海口控制北深泓闸、新沂河海口控制南深泓闸、新沂河海口控制中深泓闸。

富安调度闸属中型水闸，位于海州区浦南镇富安村，鲁兰河、临洪东站引河与蔷薇河的河口之间，在蔷薇河干流上。该闸主要作用是将蔷薇河与鲁兰河高低水分开，实行高水高排、低水低排。蔷薇河为低水河道，当新沭河行洪达到 2 000 m^3/s 时，蔷薇河洪涝水不能自排，需要通过临洪东站强排。富安调度闸为沂沭泗洪水东调南下新沭河 50 a 一遇治理工程项目，工程建成后基本解决了蔷薇河流域的洪涝灾害。富安调度闸为中型闸，3 级水工建筑物设计，1 孔，闸孔净宽 12 m，闸底板高程 −2.59 m，调水流量 100 m^3/s。

连云港市主要大中型水闸基本情况见表 1-8。

表 1-8　连云港市主要大中型水闸基本情况

水闸名称	所在地	建成年份	闸孔		设计流量/(m^3/s)
			数量/孔	单孔净宽/m	
蒋庄漫水闸	东海县黄川镇	1957	38	4.7	1 300
太平庄闸	海州区北郊	2011	12	9.7	1 000
临洪闸	海州区北郊	1959	26	5	1 380
三洋港挡潮闸	新沭河末端	2013	33	15	6 400
善后新闸	灌云县圩丰镇	1958	10	100	1 050
新沂河海口控制北深泓闸	灌云县燕尾港镇	1999	10	100	2 027
新沂河海口控制南深泓闸	灌云县燕尾港镇	1999	12	120	2 425
新沂河海口控制中深泓闸	灌云县燕尾港镇	1999	18	180	3 348
五灌河闸	灌云县燕尾港镇	1995	5	10	470
燕尾闸	灌云县燕尾港镇	1972	6	6	332
五图闸	灌云县圩丰镇	1953	10	2.5	103
图西闸	灌云县圩丰镇	1958	3	9	250
车轴河闸	灌云县圩丰镇	1953	8	6	604
善后新闸	灌云县圩丰镇	1958	10	10	1050
烧香河北闸	连云区板桥街道	2005	5(＋2)	10	580
排淡河闸	连云区板桥街道	1971	5	5	159
新城闸	连云区滨海新区	2012	4	10	462
开泰闸	连云区滨海新区	2012	2	10	232
范河闸	赣榆区罗阳镇	1958	3	8.5	159
范河新闸	赣榆区青口镇	2000	7	5	208
朱稽副河闸	赣榆区青口镇	1979	5	5	149
青口河闸	赣榆区青口镇	1976	5	5	500
兴庄河老闸	赣榆区海头镇	1959	12	2.4	273
富安调度闸	海州区浦南镇	2013	1	12	100

第六节　水 文 站 网

水文现象受气象、地理等多方面因素影响，致使水文现象存在着地区性、不重复性及周期性的特点，要研究和掌握水文要素在不同时期、不同地区及不同条件下的变化规律，就必须设立各种水文测站，搜集水文资料，为国民经济各部门服务。站网就是测站在地理上的分布网。

连云港市境内最早设立的水文测站为青口雨量站，该站设立于1922年6月，距今已经有98 a，之后，又设立了燕尾港潮位站（1929年11月）、龙沟闸水位站（1930年4月），但整个民国时期流域内水文测站稀少，且受时局影响，设立和撤迁变动很大，缺乏科学的布设规划，未能形成较全面的水文站网布局。中华人民共和国成立后，大力兴修水利和进行经济建设，迫切需要水文资料，水文测站得到迅速发展，通过几次站网规划调整，逐步建成了能掌握水位、流量、含沙量、降雨量、蒸发量等水文要素时空变化的各类水文基本站网。目前在平原水网区已基本形成点（水文基本站点）、线（水文巡测线）、面（区域代表片）结合的水文站网布局。至20世纪90年代，区域已基本形成空中水、地表水、地下水观测结合，水量、水质结合和点、线、面结合的水文站网总体布局。

一、水文站网

连云港水文分局管理的基本水文站点60个，其中6个水文站，7个水位站；44个雨量站，3个蒸发站；中小河流水文站中水位站23个，雨量站23个；专用站8个，其中水文站7个，水位站1个。雨量站网密度为127 km^2/站，流量站网密度为1 269 km^2/站。站网分布较为合理，站网密度能控制区域水文特性变化规律，观测项目齐全，基本满足防汛测报、监视洪水、河道变化、资料收集分析和国民经济建设需要。

连云港水文分局水文测站统计见表1-9。

表1-9 连云港水文分局水文测站统计表

站类	水文站	水位站	雨量站	蒸发站	合计
基本站	6	7	44	3	60
中小河流站		23	23		46
专用站	7	1			8
合计	13	31	67	3	114

二、水文自动测报站

（1）为准确快速采集水情信息，为防汛调度服务，2000年，“国家防汛指挥系统”全面实施，2001 年连云港水文分局水情示范区建成，分局建成水情分中心，2014 年对分局水情分中心进行达标改造建设。到目前为止，连云港水文分局所有水位、雨量全部采用自动测报设备，数据频次全部为 5 min。

（2）小许庄、临洪水文站全部建成二线能坡法自动测流设施、设备。目前，小许庄水文站自动监测的流量成果已经通过率定，并经省水文局批复正式用于报汛、资料整编，临洪水文站正在开展率定工作。黑林水文站建成了低水量水堰测验设施，通过自动监测水位，直接推算流量，自动监测的流量成果已经通过率定，并经省水文局批复正式用于报汛、资料整编。石梁河水库、小塔山水库水文站采用系数线法推流。

水文自动测报系统的建成，加快了连云港水文分局水雨情信息采集、传输的速度，为进行洪水预报、防洪调度决策赢得了时间，在连云港地区抗洪工作中起到了重要作用。

第二章　暴雨分析

第一节　综　　述

一、基本资料及计算系列

江苏省水文水资源勘测局连云港分局提供的降雨站点信息显示，连云港市辖区内水文部门共设有国家基本降雨量站 44 个，每个降雨量站资料均通过各县（区）水文中心整编、市水文分局审查、江苏省水文局复审、淮河流域机构汇编等多道手续，最终刊印成册，资料的代表性、一致性、可靠性均能得到保证。

考虑资料系列长度及雨量站均匀分布的原则，选择 26 个降雨量代表站 1956—2018 年系列资料进行连云港市暴雨分析。

连云港市水文部门国家基本降雨量站经纬度及系列长度见表 2-1。

表 2-1　连云港市水文部门国家基本降雨量站经纬度及系列长度

站点名称	地址	东经	北纬	系列长度/a
大兴镇	山东省临沭县芦庄镇大兴村	118.717 8°	34.770 8°	56
夹谷山	江苏省赣榆区夹山乡湖西村	118.867 6°	34.907 1°	46
石梁河水库	江苏省东海县石梁河乡石梁河村	118.860 2°	34.761 3°	53
岳庄	江苏省赣榆区墩尚乡岳庄村	119.048 1°	34.697 7°	56
安峰山水库	江苏省东海县安峰乡山西村	118.732 8°	34.376 5°	50
小许庄	江苏省东海县房山镇尚仁庄村	118.841 1°	34.371 1°	52
青伊湖	江苏省沭阳县青伊湖农场赵集村	118.920 8°	34.362 5°	56
麦坡	江苏省东海县驼峰乡麦坡村	118.855 3°	34.541 3°	59
小塔山水库	江苏省赣榆区小塔山水库	118.976 6°	34.942 5°	51
青口	江苏省赣榆区青口镇河南村	119.122 5°	34.828 7°	81

表 2-1(续)

站点名称	地址	东经	北纬	系列长度/a
临洪	江苏省连云港市海州区临洪街道	119.156 2°	34.653 1°	53
朱堵集	江苏省赣榆区朱堵乡前西村	119.033 3°	34.833 3°	56
桃林	江苏省东海县桃林镇桃林村	118.479 4°	34.516 3°	49
板浦	江苏省灌云县东辛乡石河村	119.247 4°	34.467 6°	50
杨集(五)	江苏省灌云县杨集镇城西村	119.443 8°	34.313 4°	50
灌 云	江苏省灌云县伊山镇	119.258 8°	34.309 6°	56
贺庄水库	江苏省东海县贺庄水库	118.648 9°	34.532 1°	56
横沟水库	江苏省东海县横沟水库	118.722 8°	34.632 7°	50
八条路水库	江苏省赣榆区八条路水库	119.045 8°	35.034 2°	52
前圩	江苏省沭阳县前圩村	118.602 3°	34.166 7°	56
贤官亭	江苏省沭阳县贤官亭村	118.752 1°	34.250 2°	59
龙 苴	江苏省灌云县龙苴镇龙苴村	119°06′	34°22′	51
东辛农场	江苏省灌云县东辛农场	119°23′	34°33′	54
龙沟闸	江苏省灌南县大圈乡龙沟闸	119°18′	34°10′	53
顺河集	江苏省灌南县花园乡孙湾村	119°23′	34°02′	56
小 窑	江苏省灌南县小窑乡驻地	119°28′	34°07′	49
石门	山东省临沭县石门镇石门村	118°35′	34°44′	50
张疃	山东省临沭县蛟龙镇张疃村	118°45′	34°51′	56
青坊	江苏省沭阳县茆圩乡青坊村	118°41′	34°18′	50
房山	江苏省东海县房山镇山后村	118°52′	34°28′	52
张湾	江苏省东海县张湾乡前张湾村	119°03′	34°30′	56
双店	江苏省东海县双店镇双店村	118°35′	34°36′	59
牛山	江苏省东海县牛山镇牛山村	118°46′	34°31′	51
下河套	江苏省东海县黄川镇下河套村	118°54′	34°38′	54
包庄	江苏省海州区岗埠农场包庄村	119°02′	34°35′	53
石桥	江苏省赣榆区石桥镇石桥村	119°10′	35°03′	56
朱汪	江苏省赣榆区金山镇朱汪村	119°06′	34°59′	49
清水涧	山东省莒南县洙边镇清水涧村	118°56′	35°03′	50
黑林	江苏省赣榆区黑林镇邵埠地村	118°53′	35°02′	56
汪子头	江苏省赣榆区黑林镇汪子头村	118°52′	34°59′	50
班庄	江苏省赣榆区班庄镇徐班庄村	118°52′	34°52′	52
范河闸	江苏省赣榆区宋庄镇范河闸	119°12′	34°44′	56
西连岛	江苏省连云港市连云区连岛乡西山村	119°26′	34°47′	59
善后新闸	江苏省灌云县圩丰乡海堤村	119°32′	34°30′	51

二、时空分布规律

1956—2018 年连云港市年雨量均值为 897.8 mm，其中沂南区 920.6 mm、沂北区 895.5 mm、赣榆区 889.6 mm，连云港市面雨量年最大值为 1 312.7 mm（2005 年），最小值为 586.7 mm（1988 年），最大、最小面雨量的比值是 2.24，沂南、沂北和赣榆区年最大、最小面雨量的比值分别是 2.53、2.32、2.61，从行政分区来看，比值最大为赣榆区的 2.61，最小为东海县的 2.22。就单站而言，最大、最小年雨量比值最大的是夹谷山站为 3.91，比值最小的临洪站为 2.48。

以 20 mm 线距绘制 1956—2018 年多年平均年降雨量等值线，连云港市雨量等值线的范围在 860～940 mm 之间，且大致自南向北、自东南向西北方向递减。最大等值线 940 mm，位于灌云县南部；最小等值线 860 mm，位于赣榆区北部。该系列全市面雨量均值为 897.8 mm，接近该值的 900 mm 等值线开口向南，沿张湾、临洪、岳庄、青口、连云港镇、东辛农场至灌南县东端。该系列最大和最小点雨量均值相差 100 mm。

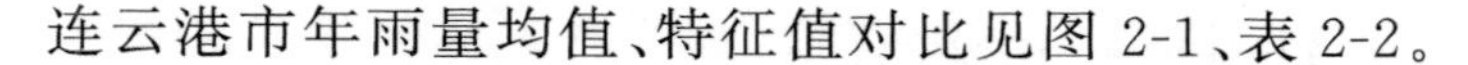

连云港市年雨量均值、特征值对比见图 2-1、表 2-2。

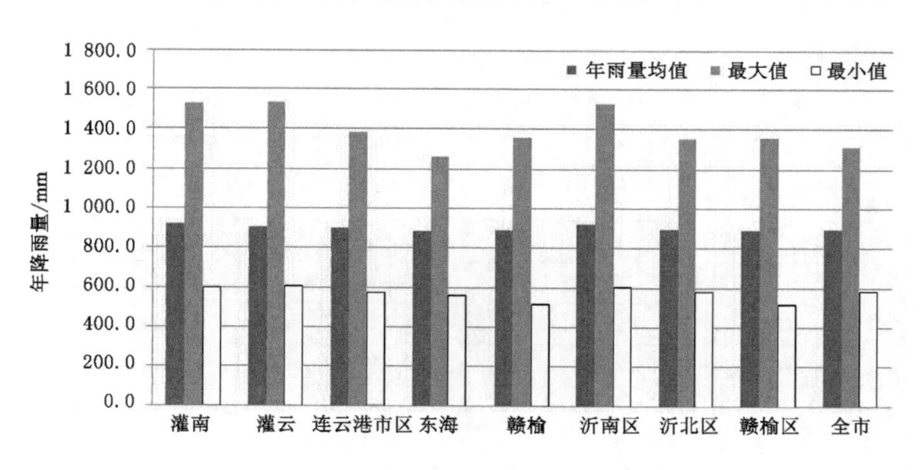

图 2-1 连云港市年雨量均值、特征值对比图

表 2-2 连云港市年降雨量均值、特征值对比表

地区	均值/mm（1956—2018）	最大值/mm	出现年份	最小值/mm	出现年份	最大与最小值之比
灌南	920.6	1 528.4	2000	604.0	2011	2.53
灌云	907.0	1 530.5	2005	613.3	1987	2.50

表 2-2(续)

地区	均值/mm (1956—2018)	最大值 /mm	出现年份	最小值 /mm	出现年份	最大与最小值之比
连云港市区	899.6	1 382.2	2005	573.7	1978	2.41
东海	883.9	1 263.8	1990	568.2	1978	2.22
赣榆	889.6	1 360.2	1974	521.2	1988	2.61
沂南区	920.6	1 528.4	2000	604.0	2011	2.53
沂北区	895.5	1 354.3	2005	585.2	1978	2.31
赣榆区	889.6	1 360.2	1974	521.2	1988	2.61
全市	897.8	1 312.7	2005	586.7	1988	2.24

雨量年内分布不均,汛期降雨多且集中。连云港市 1956—2018 年系列汛期(5—9 月)雨量占全年雨量的 76.1%,6—8 月雨量占全年雨量的 59.12%。灌南县、灌云县、连云港市区、东海县和赣榆区(5—9 月)雨量分别占全年雨量的 75.18%、76.03% 、77.46%、78.57%和 76.41%,在地域上从南向北,汛期雨量占全年雨量的比例逐步增大,说明北部地区汛期雨量更加集中。连云港各行政分区多年平均雨量月分配比例见表 2-3。

表 2-3　连云港市各行政区多年平均雨量月分配比例　　单位:%

地区	资料系列	1 月	2 月	3 月	4 月	5 月	6 月	7 月	8 月	9 月	10 月	11 月	12 月	5—9 月	6—8 月
灌南县	1956—2018	2.18	2.83	4.10	5.71	7.19	11.70	25.31	20.45	10.54	4.15	3.98	1.85	75.18	57.46
灌云县		2.03	2.71	3.80	5.58	7.08	11.60	26.36	20.30	10.69	4.07	3.96	1.83	76.03	58.26
连云港市区		1.73	2.45	3.55	5.62	7.51	11.76	27.78	20.11	10.30	3.91	3.60	1.69	77.46	59.65
东海县		1.62	2.26	3.16	5.42	7.38	11.62	27.98	21.38	10.21	3.90	3.43	1.64	78.57	60.98
赣榆区		1.95	2.62	3.68	5.47	6.90	11.70	26.68	20.58	10.55	4.12	3.95	1.81	76.41	58.96
全市		2.07	2.40	3.82	5.82	6.91	11.84	26.77	20.51	10.06	4.59	3.64	1.57	76.10	59.12

三、趋势分析

以 1956—2018 年雨量资料系列为基准,全市 20 世纪 50 年代雨量偏多,60 年代与基准系列雨量相当,70 年代雨量略丰,80 年代、90 年代雨量偏枯,2000 年后与基准系列雨量相当;沂南地区 50 年代、60 年代雨量偏多,70 年代略丰,

80 年代、90 年代雨量均偏少，2000 年后雨量略丰；沂北区 50 年代雨量偏多，60 年代与基准系列雨量相当，70 年代略丰，80 年代到 90 年代雨量均偏少，2000 年后略丰；赣榆区 50 年代雨量略丰，60 年代略枯，70 年代雨量与基准系列雨量相当，80 年代、90 年代雨量偏枯，2000 年后与基准系列雨量相当。

连云港市各年代降雨均值与 1956—2018 年系列降雨均值具体见表 2-4、图2-2。

表 2-4　连云港市各年代降雨均值与 1956—2018 年系列降雨均值对比表　单位：%

地区	20 世纪 50 年代	20 世纪 60 年代	20 世纪 70 年代	20 世纪 80 年代	20 世纪 90 年代	2000 年后
沂南区	114.2	108.1	103.9	96.7	91.9	103.4
沂北区	105.5	101.5	104.6	90.2	91.8	101.5
赣榆区	102.9	97.4	100.6	88.8	93.1	101.5
全市	106.2	101.6	103.7	90.8	92.1	101.8

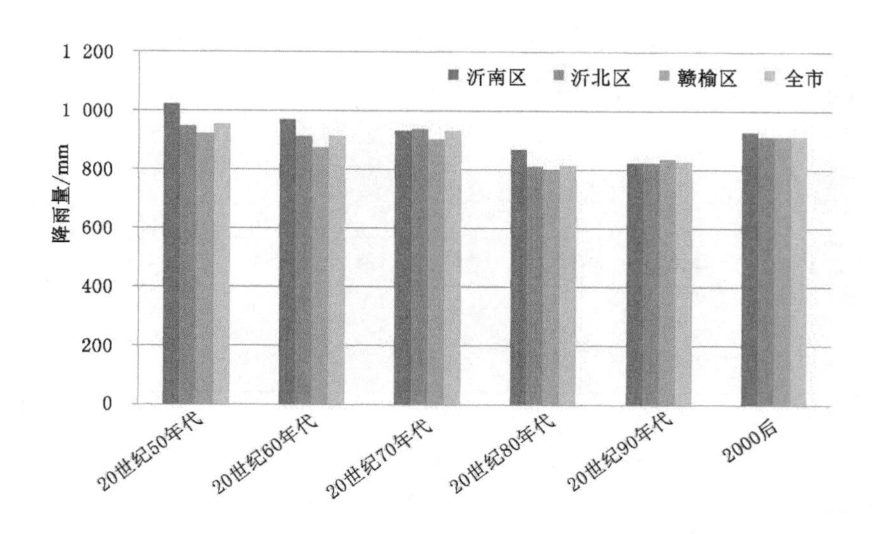

图 2-2　连云港市不同年代雨量平均图

连云港市及各水资源区 1956—2018 年均雨量过程见图 2-3～图 2-6，从图上可看出连云港市雨量总体有减少趋势，20 世纪 50 年代均值与 90 年代均值的差值占 1956—2018 年多年平均雨量的 11.1%。其中沂南区减少 22.3%，而沂北、赣榆区分别减少 13.7%、9.7%。从图上可看出雨量总体有减少趋势，但趋势有所减小，50 年代均值与 2000 年后均值的差值占 1956—2018 年多年平均雨量的 4.4%。其中沂南区减少 10.8%，而沂北、赣榆区分别减少 4.0%、1.4%。

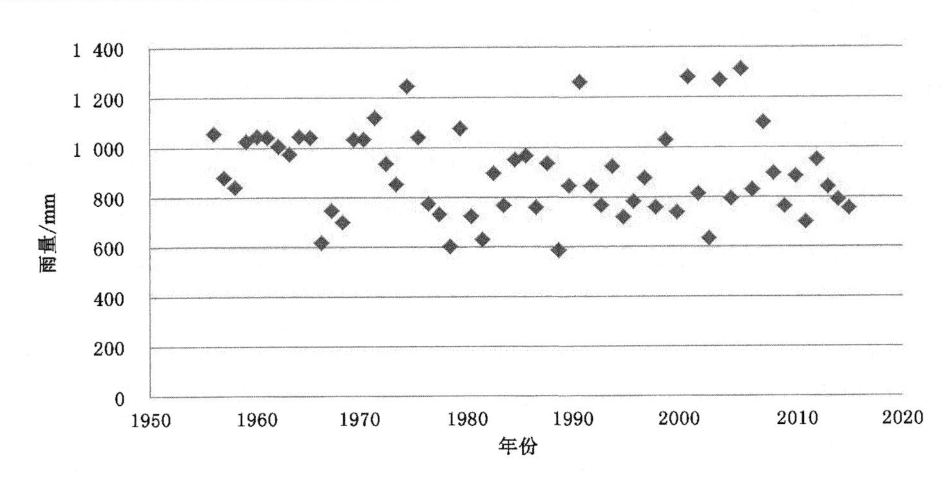

图 2-3　连云港市雨量过程图

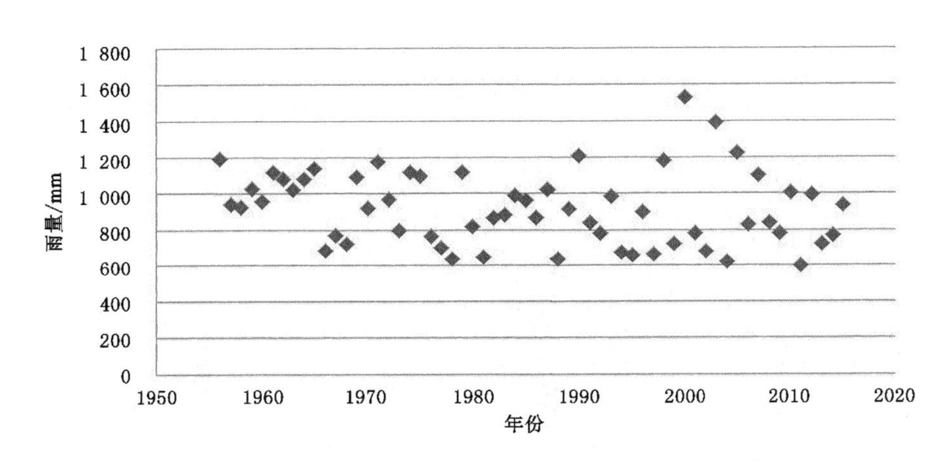

图 2-4　沂南区雨量过程线图

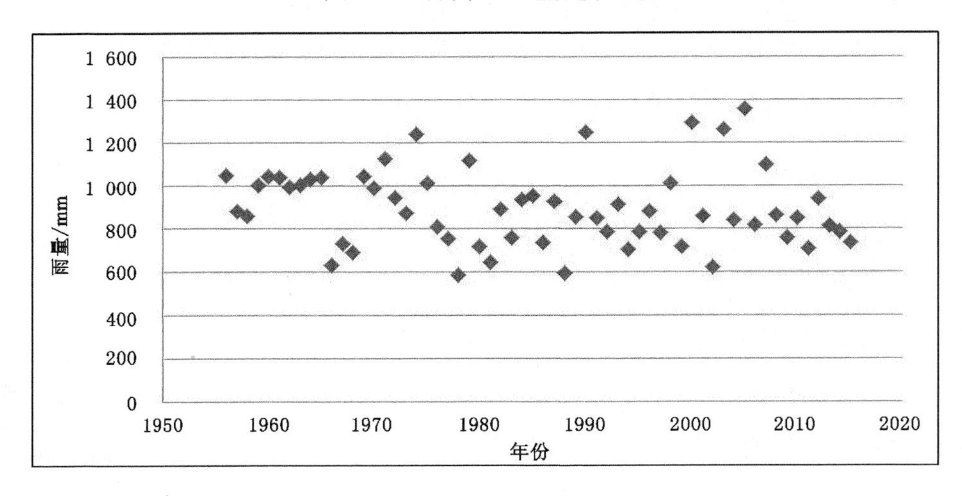

图 2-5　沂北区雨量过程图

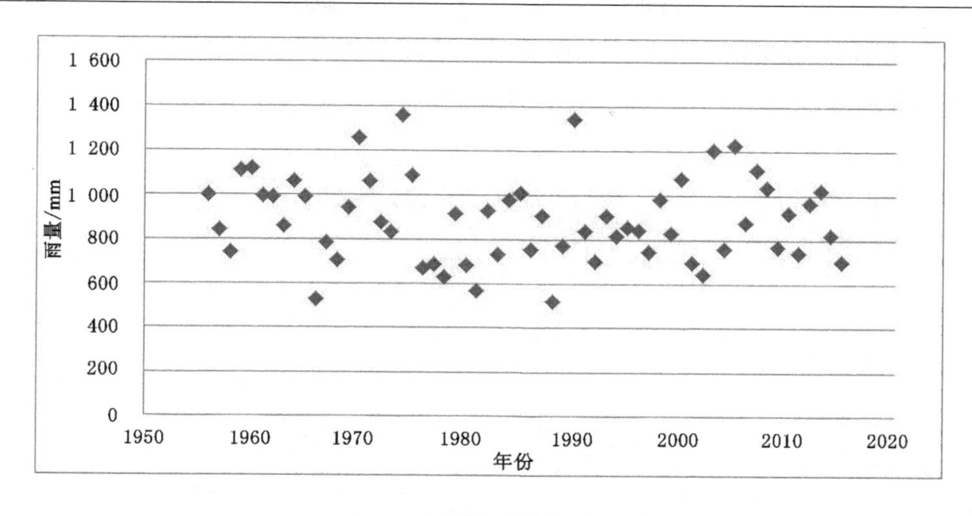

图 2-6　赣榆区雨量过程图

以各水资源分区青口、麦坡、灌云 3 个较长系列代表站历年雨量资料为例，趋势为:20 世纪 50 年代青口、灌云偏多，麦坡偏少，60 年代青口偏少，麦坡、灌云均偏多，70 年代青口、灌云雨量均偏多(麦坡站持平)，80 年代雨量偏少，90 年代雨量偏少，2000 年以后雨量均偏多。代表站各年代雨量均值与多年雨量均值对比见表 2-5。

表 2-5　代表站各年代雨量均值与多年雨量均值对比表

站名	1951—1960	1961—1970	1971—1980	1981—1990	1991—2000	2000—2018
青口	1.01	0.98	1.07	0.89	0.98	1.05
麦坡	0.90	1.07	1.00	0.88	0.99	1.06
灌云	1.11	1.04	1.04	0.92	0.89	1.04

连云港市雨量资料系列最长的为青口站，从 1922 年开始有资料记载，至 2018 年实有资料年数(有全年雨量资料的)为 72 a，取 1956—2018 年 53 a 青口站实有资料值从大到小排列并顺序编号，其序列号均值为 30.5。该站 20 世纪 50—90 年代分别为 29.8、30.1、26.6、38.1、33.8，2000 年后为 26.6。50—70 年代为丰水，八九十年代略枯。其中最丰为 60 年代初，最枯为 20 年代。以 $P<35\%$ 为丰水年、$35\%\leqslant P<62.5\%$ 为平水年、$62.5\%\leqslant P<85\%$ 为枯水年、$P\geqslant 85\%$ 为特枯年对青口站进行逐年丰平枯排列，从 20 世纪 50 年代到 90 年代，除 50 年代

外各年代均有特枯水情，其中60、90年代、2000年后各有1 a，70、90年代各有2 a，80年代有3 a。青口站各年代雨量排频统计表见表2-6。

表2-6　青口站各年代雨量排频统计表

年代	实有资料年数	丰水年数（$P<35\%$）	平水年数（$35\%\leqslant P<62.5\%$）	枯水年数（$62.5\%\leqslant P<85\%$）	特枯水年数（$P\geqslant 85\%$）
20世纪50年代	4	1	2	1	0
20世纪60年代	10	5	1	3	1
20世纪70年代	10	3	2	1	2
20世纪80年代	10	2	3	2	3
20世纪90年代	10	2	4	1	2
2000年以后	19	7	6	5	1

四、频率分析

对连云港市、县级行政区、四级水资源源区进行1956—2018年系列年雨量频率计算，各区（片）面雨量以所选单站雨量算术平均计算，对各区（片）、各系列的年雨量资料采用最小二乘法进行频率计算，以P-Ⅲ型曲线适线，并用目估适线法调整，计算其设计年雨量值。

连云港市各四级水资源分区、行政区1956—2018年系列年面雨量频率计算成果见表2-7、表2-8。

表2-7　连云港市水资源分区年面雨量频率计算成果表

水资源区	水资源区计算面积/km²	年数	统计年限	统计参数			不同频率年降雨量/mm			
				均值/mm	C_v	C_s/C_v	20%	50%	75%	95%
沂南区	1 028.41	63	1956—2018	920.6	0.2	2	1 085.4	905.8	777.2	614.7
沂北区	5 001.53	63	1956—2018	895.5	0.2	2	1 037.0	874.8	766.2	640.6
赣榆区	1 438.00	63	1956—2018	889.6	0.2	2	1 039.7	865.8	751	620.8
全市	7 467.94	63	1956—2018	897.7	0.2	2	1 038.9	877.2	768.7	643.2

表 2-8　连云港市各行政区不同系列年面雨量频率计算成果表

行政区	水资源区计算面积/km²	年数	统计年限	统计参数			不同频率年降雨量/mm			
				均值/mm	C_v	C_s/C_v	20%	50%	75%	95%
灌南县	1 028.41	63	1956—2018	920.6	0.2	2	1 085.4	905.8	777.2	614.7
灌云县	1 517.44	63	1956—2018	907.0	0.2	2	1 065.1	880.9	760.2	624.7
连云港市区	1 446.75	63	1956—2018	899.6	0.2	2	1 047.6	876.9	763.6	634.0
东海县	2 037.34	63	1956—2018	883.9	0.2	2	1 019.7	864.6	760.2	638.6
赣榆区	1 438.00	63	1956—2018	889.6	0.2	2	1 039.7	865.8	751	620.8
全市	7 467.94	63	1956—2018	897.7	0.2	2	1 038.9	877.2	768.7	643.2

第二节　典型暴雨选取

典型暴雨选取是研究暴雨基本规律最基础、最重要的工作。典型暴雨选取是从现有的自记雨量资料中合理地选取典型年份、典型场次作为分析样本，然后以此样本作为后续分析的原始依据。典型暴雨选取质量的高低，直接决定暴雨分析成果质量。

一、选取原则

根据连云港市所处地理位置，城市发展进程，暴雨成灾情况，暴雨量级情况，降雨量站观测设备情况，暴雨资料的代表性、一致性、可靠性等因素进行综合考虑，选取连云港地区典型年份典型暴雨场次。具体原则如下：

（1）降雨明显造成洪涝灾害。

（2）降雨达到大暴雨、特大暴雨级别。

（3）场次降雨量占全年降雨量的比例高。

（4）连云港市本地发生强降雨的同时，遇外来洪水过境的情况优先考虑。

（5）降雨资料的代表性、一致性、可靠性好。

二、选取结果

通过统计分析连云港市历年降雨资料，根据上述原则进行综合考虑，选定连云港地区典型年份典型暴雨。

连云港地区典型年份典型暴雨统计见表 2-9。

表 2-9　连云港地区典型年份典型暴雨统计表

序号	时间	降雨量/mm			备注
		1 d	3 d	7 d	
1	1974.08.12	110.6	237.9	245.8	暴雨中心位于赣榆区
2	1991.07.14	108.7	146.2	156.5	暴雨中心位于东海县
3	2000.08.30	225.4	351.7	414.1	暴雨中心位于灌南县
4	2003.07.16	57.2	113.3	198.7	暴雨中心位于赣榆区
5	2005.07.31	139.4	203.7	255.3	暴雨中心位于灌云县
6	2007.09.19	134.7	156.6	161.6	暴雨中心位于市区
7	2012.07.08	124.2	208.8	258.9	暴雨中心位于市区
8	2019.08.10	122.5	149.9	165.3	暴雨中心位于东海县

第三节　暴雨成因

一、1974 年

1974 年 8 月 12 号台风于 11 日 20 时自福建省惠安县登陆北上，冷空气侵入台风，使其演变成温带气旋后继续北上，特大暴雨是由气旋东北部强烈的气流辐合和从海上源源不断的水汽输送所造成的。

11 日 8 时 500 hPa 亚洲中高纬度西风带系统为两脊两槽型，经向度较大。乌拉尔山为一阻塞高压，贝加尔湖东侧为一阻塞高压，西西伯利亚为一低压，东部沿海为一低压，并在 36°N 附近有一副高脊线，588 adgpm 线西伸到北海道至大阪一线。11 日 8 时后西风带略有东移，比较稳定。11 日 20 时 12 号台风在惠安县登陆，中心气压为 990 hPa。与此台风对应的上空，100 hPa 图上有一个

1 685 adgpm 的反气旋中心,“抽气机”的作用明显,有助于台风登陆后气旋性环流仍继续维持。12 日 14 时台风演变为温带气旋,13 日 8 时 500 hPa 亚洲中高纬度的两个高压脊与西伸的副高脊叠加合并,形成向西开口的马蹄形高压坝。副高脊的中心在日本东部洋面上,588 adgpm 线伸到我国东部沿海,台风环流与位于太原南边的低压环流合并,中心在郑州西边,冷温度中心消失,处于马蹄形高压坝包围中,低槽槽线东移缓慢,这是造成这次特大暴雨的特定的天气背景。与此同时,700 hPa 和 850 hPa 的低压中心在合肥附近,槽线在合肥—长沙—南宁一线,且合肥到射阳一线有一暖切变,此次暴雨就出现在它的前部。由于副高脊的西进,我国东南沿海有一支来自太平洋的大于等于 12 m/s 的低空急流,它把源源不断的水汽输送到暴雨区,这是造成这次特大暴雨的极为有利的温湿条件;在高压坝包围的低压地区,偏南风、东南风和东北风风速增大,气旋性曲率加大,低层辐合加强,高层气流辐散补偿低层气流的辐合,有利于上升运动的维持和发展,这是这次暴雨的动力条件。当辐合的偏东气流西进时,遇到赣榆山地的阻挡被迫上升,造成强烈的抬升运动,形成暴雨中心,夹谷山降雨 388.5 mm,小塔山降雨 386.8 mm。

二、1991 年

暴雨往往与太平洋副热带高压活动有关。通常在这个高压控制区内,天气晴朗少雨,而在它的北侧,由于它的阻挡,北方冷空气不得南下,而南方的暖湿空气却会在它的气流引导下来到它的北侧,这样,冷暖空气交汇极易形成暴雨,因此,高压北侧往往成为多雨区。1991 年,副热带高压出现了“反常”,比常年早 20 d 即于 5 月中旬末北跳到北纬 20°～25°之间,使得江淮地区也提前进入多雨期,这个高压不仅提早北跳,而且强盛稳定,加上 1991 年 5—7 月北方冷空气活动也很活跃,频繁地与暖湿气流交汇于江淮地区,从而造成了这一带持续性的大暴雨。

1991 年江淮提前入梅,降雨分为三段时间,称之为“三度梅”。第一阶段 5 月 19—26 日,江淮一带出现大雨到暴雨,河南、安徽等省部分地区雨量达 150～500 mm,偏多 5～10 倍;第二阶段 6 月 2—20 日,江淮及太湖流域接连出现 4 次大雨、暴雨或大暴雨过程,总降雨量普遍有 130～410 mm;第三阶段 6 月 29 日—7 月 13 日,江淮、太湖流域以及湖北大部、湖南北部连降暴雨或大暴雨,总降雨量普遍有

300～500 mm，其强度比第二阶段还要大。为保证淮河沿岸城乡和津浦铁路安全，减轻下游洪涝灾害，王家坝曾两次开闸向蒙洼蓄洪区放水，太湖太蒲闸建成30多年首次启闸泄洪。但是由于雨量太大，洪水太大，仍然造成了巨大的损失。

三、2000年

受12号台风“派比安”外围影响，在2000年8月30日08时—31日08时，连云港市出现了一次突发、高强度、超历史纪录的特大暴雨过程。特大暴雨是在沿海北上台风“派比安”外围大尺度背景下产生的，台风“派比安”于2000年8月27日02时在菲律宾东部的洋面生成，以20 m/s的速度向西北移动，30日到达东海海面，强度加强，风速加大，而后沿125°E向北移动，在此期间，与东移的西风槽结合，给连云港市大部分地区带来了暴雨。在8月30日02时—8月31日08时在“派比安”运行的路线中，南北最大距离相差7.3纬度，东西最大距离相差1. 1经度，近中心气压在965～970 hPa之间，仅有5 hPa的变化，近中心最大风力在33～35 m/s，这次沿海北上的台风在一狭长的区间运行，强度很强，中心气压及其风力十分稳定，变化不大，始终在对流层低层维持稳定的东风气流。8月30日20时，500 hPa中纬度西风槽呈南-北向，位于115°E附近，连云港市正好处于西风槽前。此时台风中心位于长江口，它的倒槽已北伸到38°N附近，槽前的西南气流与台风带来的偏东气流在江苏东北部交汇。

四、2003年

7月11—17日形成的强降雨与大气环流有关，500 hPa平均图显示，120°E西太平洋副热带高压脊线位于23°N附近，5 850 gpm线西伸至孟加拉湾东岸，中纬度为平直西风控制，中高纬为一槽两脊的典型“双阻”形势，中高纬度的槽脊均比常年偏强，槽中负距平达160 gpm，负距平区沿40°N向东延伸至东太平洋的北部，该槽的位置比常年明显偏东；两脊中正距平均为60 gpm，30°N以南的一片30 gpm的正距平，显示出西太平洋副热带高压比常年偏强且位置偏西。贝加尔湖东部槽后偏强的冷空气与西太平洋副高外围偏强的暖湿气流在江淮地区汇合，这是梅雨暴雨产生的有利形势。与500 hPa相对应，中高纬度为一槽两脊，且槽的位置与常年同期相比，也明显偏东；30°N以北80°E有青藏高压,30°N 附近 100°～115°E 有一低压区,120°E 西太平洋副热带高压脊线抵达 23°N 附近。距平图反映的特征是:中高纬度槽脊分别与负正距平对应,青藏高压和西太平洋副热带高压脊区分别与 40 gpm 和 30 gpm 正距平对应。可见中高纬度槽脊比常年偏强,青藏高压和西太平洋副热带高压脊也明显偏强。研究表明,西太平洋副热带高压的强弱和位置变化对江淮地区夏季降雨影响很大;西太平洋副热带高压的增强,加强了江淮地区低压中的西南气流,有利于水汽的输送和辐合,是影响暴雨的重要因素。

五、2005 年

2005 年 7 月 30 日,副热带高压稳定,贝加尔湖不断有冷空气南下与副高西北侧暖湿气流交汇是此次连续性暴雨的天气尺度原因;低空急流的周期性增强是此次连续暴雨的重要原因,低空急流造成了低层持续的强的水汽辐合和位势不稳定能量的积累;高、低空急流的偶合以及低层中尺度辐合线是强降雨过程的动力条件。维持在东北到河套东部的高空低压槽有利于槽后冷空气下沉南侵,与来自孟加拉湾和南海的暖湿气流在淮河流域交汇,触发了强降雨的发生。

六、2007 年

由 2007 年 9 月 18—20 日逐日 500 hPa 位势高度场分析可知,此次天气过程主要是受西风带的高空槽、副热带高压和 0713 号台风“韦帕”减弱的低气压三个天气系统影响,从贝加尔湖到河套地区为高空槽,槽线位于 115°E 附近,为南北向槽,连云港地区处于高空槽前西南暖湿气流中。西太平洋副高比较强盛,588 线北界位于 38°N 附近,呈带状分布。福建沿海受 0713 号台风“韦帕”控制。18 日 20 时,西太平洋副高明显北抬,北界点抬至 41°N 附近。0713 号台风“韦帕”减弱的低气压沿着副高边缘西进北上。槽线位于内蒙古中部至湖南,槽后有明显的冷平流。20 日 08 时副热带高压继续加强但稳定少动,台风减弱的低气压已经基本填塞,与西风槽合并,槽后仍有冷平流配合。

从卫星云图的演变特征来看,2007 年 18 日 08 时,随着高空槽的东移,西南急流的建立,一条与高空槽西南急流走向完全一致的云带形成,该云带由西南向东北偏北方向移动,移动速度比较缓慢,并且在移动过程中逐渐加强,在副高的稳定维持和西南急流的操纵下，将台风云系不断地向东北方向输送。

七、2012 年

7 月 8 日 8 时，500 hPa 高层中高纬贝加尔湖为低压槽区，槽区底部分裂冷空气东移南下侵入淮河流域，中低纬连云港市处于副高 584 线边缘，西南暖湿气流沿副高外围北上与南下冷空气交汇于淮河流域北部，低层 700 hPa 连云港市处于明显的风速辐合区，850 hPa 的昆明—汉口—蚌埠一线出现大于 12 m/s 的西南急流，水汽条件充足。连云港市不仅处于低空急流的顶端左侧，且处于西安—郑州—临沂一线的暖性切变线南侧的强对流辐合区，对流层中低层具有明显的辐合抬升条件。相应地面上青藏高原东部有倒槽发展，形成 1 000 hPa 的低压中心，倒槽伸向江淮地区，江淮之间有准静止锋维持。从对流指数来看，*K* 指数大于 40°，*SI* 小于－2°，*CAPE* 值大于 1 000 J/kg 的区域覆盖江苏省范围，江苏北部大气层结具有强烈的不稳定性。受上述系统影响，连云港市区自 8 日 5 时起，出现 10 mm/h 的强降雨，8 日 21 时，新的对流单体生成，之后快速发展，由于受我国黄海弱高压脊阻挡，而使得连云港市的降雨云团东移缓慢，导致了 21—23 时市区出现 60 mm/h 以上的强降雨。连云港市暴雨成因，是副热带高压外围强盛的西南暖湿气流和北方冷空气持续交汇于连云港地区，形成上干冷下暖湿的不稳定层结，产生强烈的上升运动。

八、2019 年

根据海温分析，8 月 8 日，“利奇马”北上时东海海温大面积达到 29 ℃以上，可以为台风提供充足的水汽和热量，使得“利奇马”可以长时间维持超强台风级，并且以超强台风级别登陆。8 月 9 日，西太平洋同时存在两个台风活动，菲律宾北部的南海地区有一个低压云团活动，“利奇马”在登陆前，其东南侧西南侧的水汽输送通道分别被“罗莎”和南海低压截断，“利奇马”主要的水汽来源为它附近的温暖海面。

8 月 9 日，台风“利奇马”沿副高外围西南气流向西北方向移动。8 月 10 日，受西风槽影响，副高和大陆高压断裂，“利奇马”登陆后在副高西侧继续向偏北方向移动。连云港市地处台风倒槽顶部，受偏东气流影响，源源不断的水汽由海上输送至连云港，后期随着台风“利奇马”与东移的西风槽在江苏北部、山东南部相结合，槽前的西南气流与台风带来的偏东气流交汇于此，造成连云港市出现区域性大暴雨，局部特大暴雨。8 月 11 日，“利奇马”在江苏省北部、山东南部与西风槽结合，从温压场结构看，台风的正压结构逐步瓦解，在台风西侧西南侧有冷平流，东侧则为暖平流，已经变性成斜压结构的温带气旋，形成第二个雨峰。8 月 12 日，台风继续北上，对连云港影响越来越小，降雨也逐渐停止。

第四节 暴雨的时空分布

一、1974 年

8 月 10—14 日，受 12 号台风影响，连云港地区普降大暴雨，全市面雨量 217.9 mm。暴雨中心位于赣榆，最大点雨量位于夹谷山 388.5 mm，次大点雨量位于小塔山水库 386.8 mm。10 日，赣榆开始降雨，降雨量 18.4 mm，11 日降雨量最大为 119.5 mm，12 日、13 日降雨有所减小，分别为 94.0 mm、96.5 mm。降雨主要集中在连云港市北部和西部，由北向南逐渐减少。赣榆、东海降雨分别为 328.4 mm、304.1 mm，均大于 300 mm；市区、灌云、灌南降雨分别为 163.2 mm、140.4 mm、107.3 mm，均小于 200 mm。降雨等值线如图 2-7 所示。

二、1991 年

7 月 13—17 日，受冷暖气流交锋影响，连云港地区普降大暴雨，全市面雨量 155.4 mm。暴雨中心位于东海县黄川镇，最大点雨量位于下河套 237.3 mm，次大点雨量位于石梁河水库 223.1 mm。13 日，连云港地区雨量较小，面降雨量 5.5 mm；14 日连云港地区普降大暴雨，面雨量为 108.7 mm，其中东海县最大，面雨量为 137.1 mm ；15 日、16 日、17 日降雨有所减小，连云港地区面雨量分别为 32.0 mm、3.7 mm、5.7 mm。降雨主要集中在连云港市西部和中部，由西北向东南逐渐减少。本次降雨过程，市区、赣榆区、东海县、灌云县、灌南县降雨分别为 180.0 mm、153.0 mm、174.8 mm、139.1 mm、122.8 mm，均大于 100 mm。降雨等值线如图 2-8 所示。

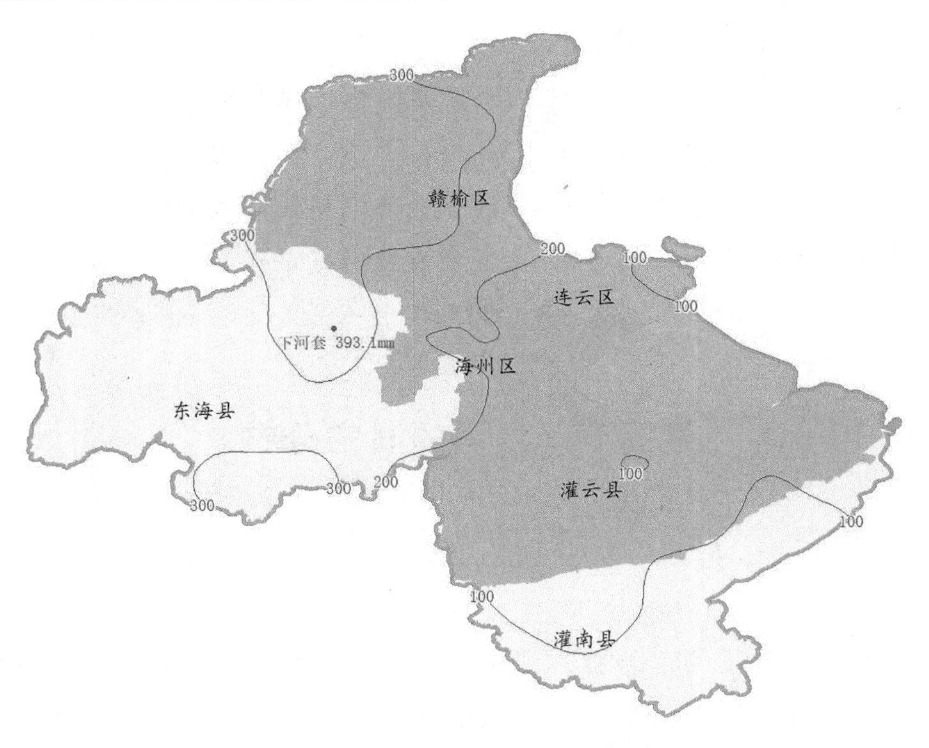

图 2-7　1974 年 8 月 10—14 日降雨等值线图

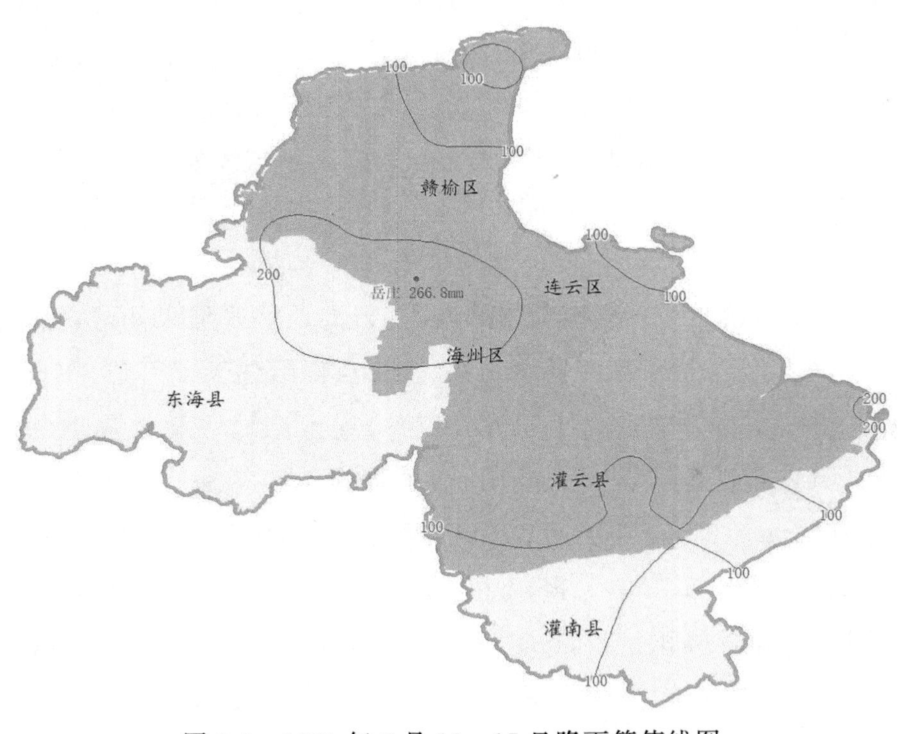

图 2-8　1991 年 7 月 13—17 日降雨等值线图

三、2000 年

受 12 号台风“派比安”影响，连云港地区从 8 月 28 日 8 时—31 日 8 时普降大暴雨，局部特大暴雨。全市平均降雨量 405.3 mm，南部降雨量大于北部，东部大于西部，暴雨中心在灌南县长茂乡一带，降雨量在 400～800 mm 之间的有长茂、九队、三口、花园等 12 个乡镇。降雨突发性强、降雨集中、降雨强度大，3 d 降雨量超过 500 mm 的达二十多个乡镇，灌南县长茂乡 1 d 降雨量高达 812 mm，超过 10 000 a 一遇，灌南县 3 d 面平均降雨量达 683.1 mm，相当于 8 000 a 一遇。1 d 平均降雨量 509.0 mm，相当于 1 000 a 一遇。灌云县 3 d 面平均降雨量达 411.7 mm，相当于 150 a 一遇。1 d 平均降雨量 300.8 mm，相当于 50 a 一遇，市区、东海县、赣榆区 3 d 平均降雨量均超过 20 a 一遇，1 d 平均降雨量也超过 10 a 一遇。部分地方次降雨量达到或接近正常年份的全年降雨量。降雨等值线如图 2-9 所示。

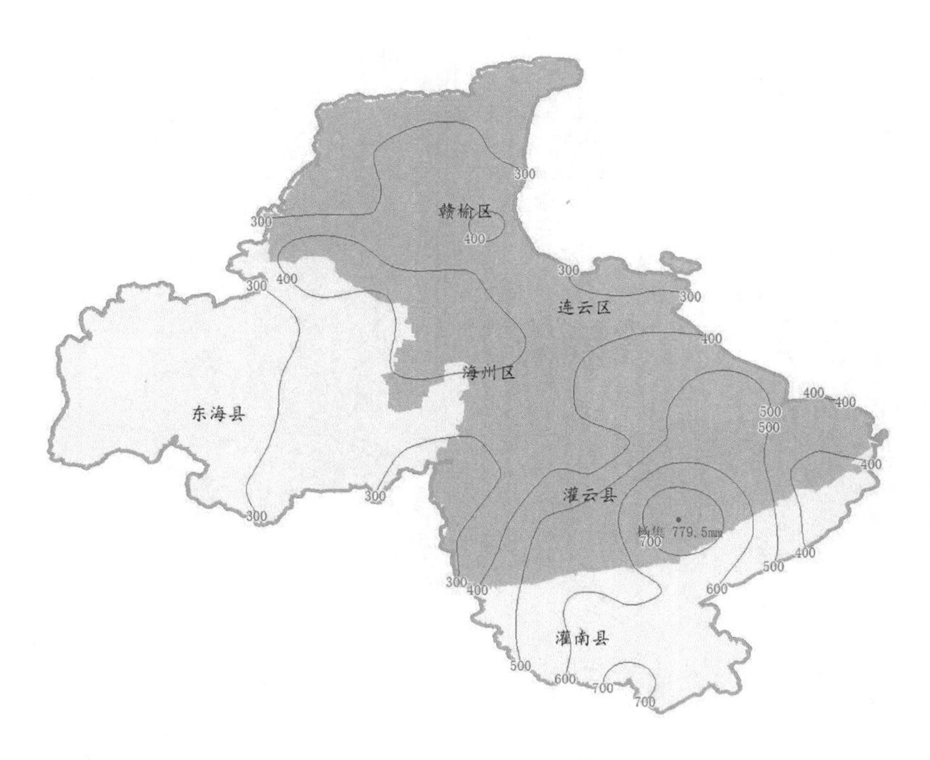

图 2-9　2000 年 8 月 28—31 日降雨等值线图

四、2003 年

7 月 11—17 日，受贝加尔湖东部槽后偏强的冷空气与西太平洋副高外围偏强的暖湿气流在江淮地区汇合的影响，连云港地区普降暴雨、大暴雨，全市面雨量 198.7 mm。暴雨中心位于赣榆区班庄镇，最大点雨量位于班庄 270.9 mm，次大点雨量位于下河套 259.2 mm。11 日，连云港地区雨量较小，面降雨量 6.1 mm；12—14 日连续 3 d 连云港地区普降大雨，3 d 面雨量为 113.3 mm，其中赣榆最大，面雨量为 135.1 mm；15 日降雨有所减小，连云港地区面雨量为 8.5 mm；16 日降雨再次加强，达到大暴雨级别，连云港地区面雨量为 57.2 mm，其中赣榆区最大，面雨量为 66.5 mm；17 日降雨再次减小，连云港地区面雨量为 13.6 mm。降雨主要集中在连云港市西部和中部，由西北向东南逐渐减小。本次降雨过程，市区、赣榆区、东海县、灌云县、灌南县降雨分别为 202.2 mm、219.3 mm、197.1 mm、191.5 mm、171.0 mm，均大于 150 mm。降雨等值线如图 2-10 所示。

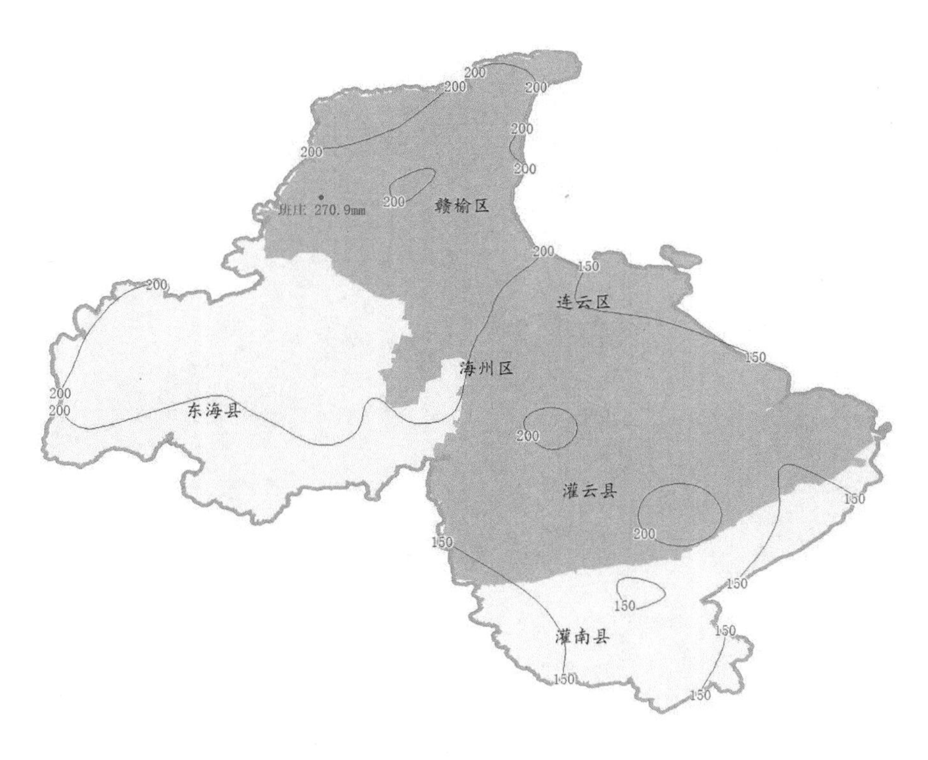

图 2-10　2003 年 7 月 11—17 日降雨等值线图

五、2005 年

2005 年 7 月 31 日—8 月 5 日，连云港地区普降大暴雨，局部特大暴雨，全市面雨量 259.0 mm，暴雨中心为灌云县。降雨时段主要集中在 7 月 31 日，8 月 1—5 日逐渐变小。连云港市西部东海县和南部灌云县、灌南县降雨较大，大部分面积降雨 200 mm 以上，北部赣榆区、东部城区降雨相对较小，基本上在 100 mm 左右。全市 100 mm、200 mm、300 mm、400 mm 以上降雨笼罩面积分别为 7 109 km²、5 600 km²、2 172 km²、516 km²（全部位于灌云县）。本次降雨过程灌云县灌云站点降雨量最大，达到 496 mm，东海县房山水库 323 mm 为次大。降雨等值线如图 2-11 所示。

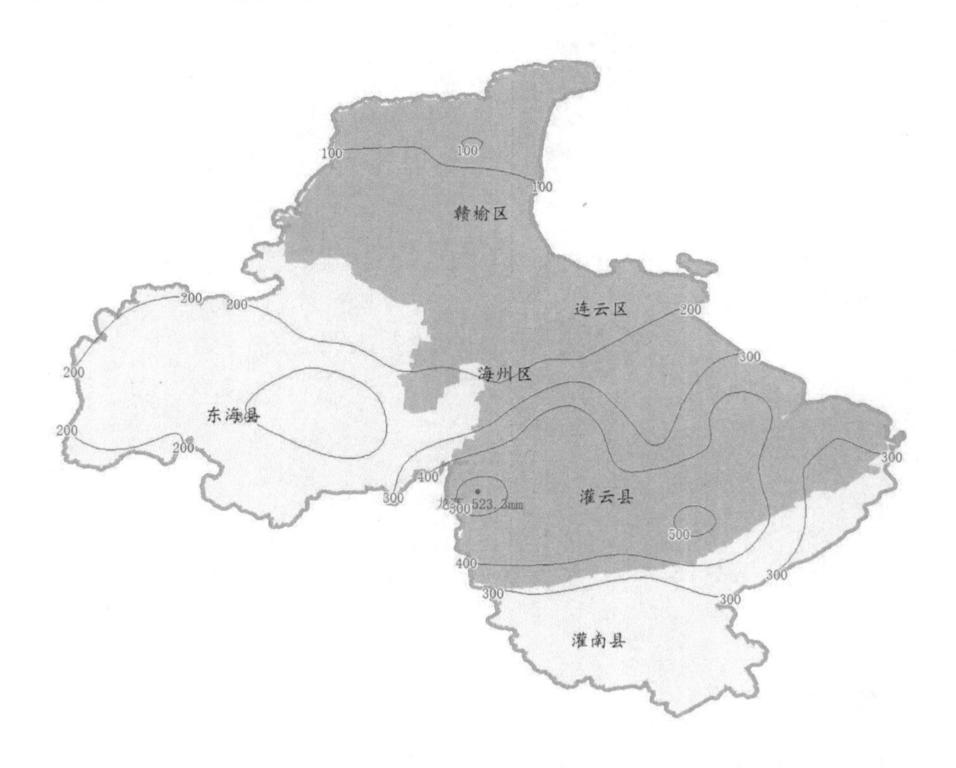

图 2-11　2005 年 7 月 31 日—8 月 6 日降雨等值线图

六、2007 年

9 月 18—20 日，受冷暖气流交锋影响，连云港地区普降大暴雨，全市面雨量 156.6 mm。降雨暴雨中心位于市区，最大点雨量位于东辛农场 253.2 mm，次大点雨量位于龙苴 200.3 mm。18 日，灌云、灌南地区普降大雨，其余地区小到中雨，连云港地区面雨量 21.4 mm；19 日连云港地区普降大暴雨，面雨量为 134.7 mm，其中市区最大，面雨量为 149.7 mm ；20 日降雨基本停止，连云港地区面雨量 0.4 mm。本次降雨相对均匀，市区、赣榆、东海、灌云、灌南降雨分别为 181.0 mm、143.4 mm、154.5 mm、185.2 mm、149.5 mm，均大于 100 mm。降雨等值线如图 2-12 所示。

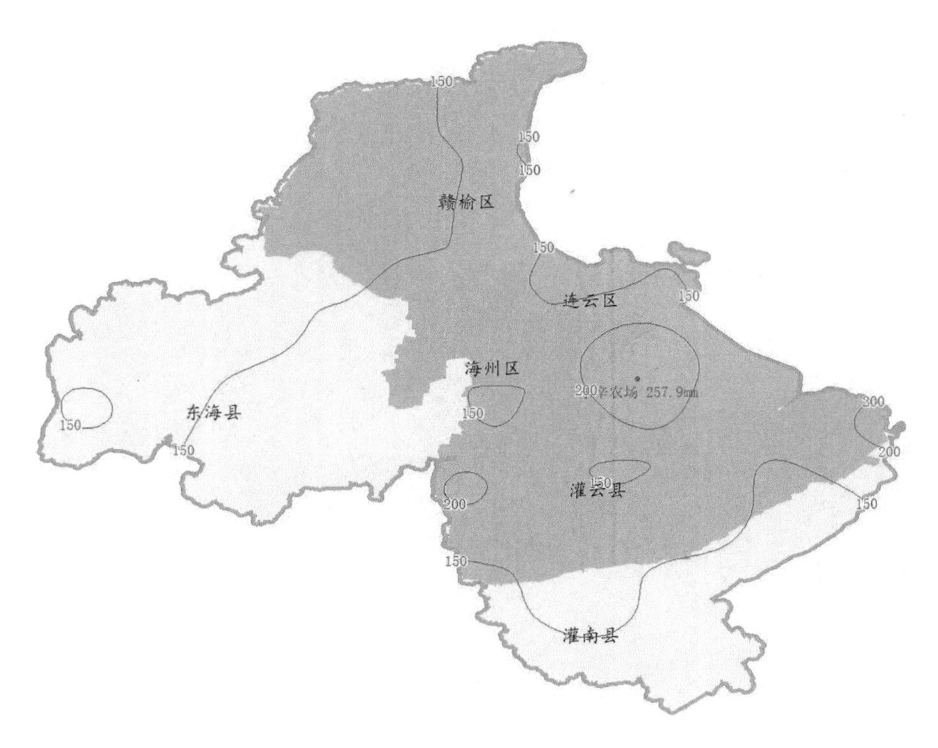

图 2-12　2007 年 9 月 14—20 日降雨等值线图

七、2012 年

2012 年 7 月 8 日 4 时—9 日 4 时，连云港地区发生特大暴雨，暴雨中心位于市区云台山东南侧的凤凰嘴至大桅尖一线，300 mm 雨量基本涵盖连云港市区。本次暴雨为局部暴雨，受云台山地形因素影响明显，强降雨主要分布在云台山南坡线，云台山北坡一线略小。暴雨以连云港市城区为中心，向周边递减。此次暴雨特点为降雨量大、强降雨时间集中、范围相对较小。

区域出现差异很小，各站降雨开始时间一般相差不超过 1 h，北部略早。降雨分两个雨峰,第一雨峰在 8 日 4—12 时,第二个雨峰出现在 8 日 21 时—9 日 0 时,第二雨峰降雨量大于第一雨峰。根据降雨过程分析,市区临洪站最大 24 h 降雨 304.2 mm,凤凰嘴站 420 mm,大桅尖站 418.6 mm。临洪站最大 60 min 降雨 76.8 mm,最大 120 min 降雨 119.2 mm,最大 180 min 降雨 149.2 mm,占最大 24 h 降雨的 49.05%;凤凰嘴站最大 60 min 降雨 91.2 mm,最大 120 min 降雨 162 mm,最大 180 min 降雨 265.8 mm,占最大 24 h 降雨的 63.3%。降雨等值线如图 2-13 所示。

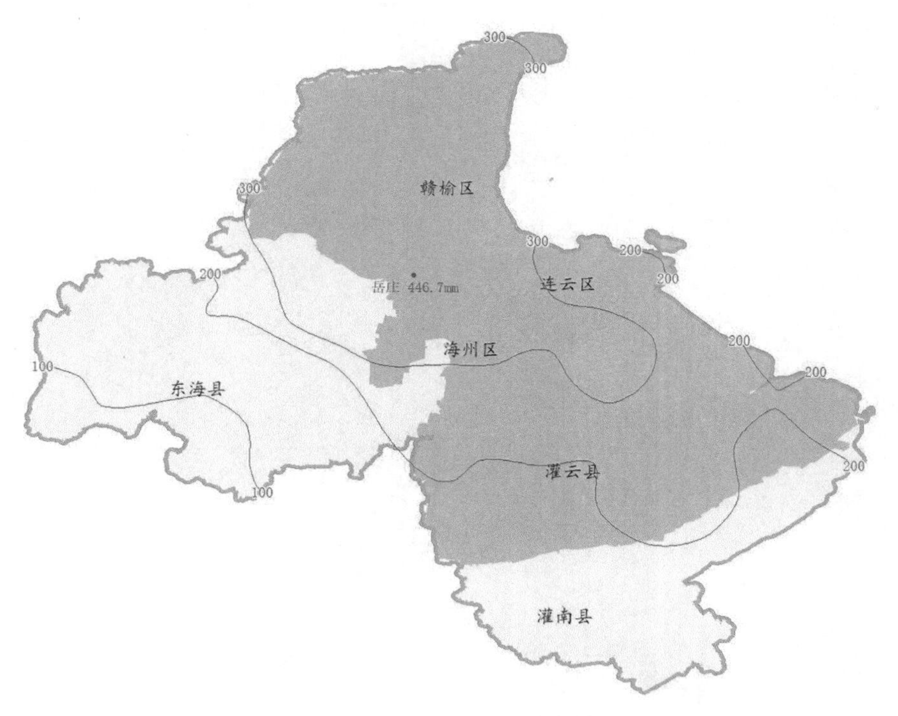

图 2-13　2012 年 7 月 4—10 日降雨等值线图

八、2019 年

受 2019 年第 9 号台风"利奇马"及北方冷空气共同影响,连云港市普降暴雨至大暴雨,局部特大暴雨。从 8 月 10 日 6:00—12 日 8:00,连云港地区平均降雨量 151.2 mm,其中灌南 176.8 mm、灌云 105.8 mm、市区 101.8 mm、东海 214.4 mm、赣榆 105.1 mm。最大点降雨量为东海县驼峰镇麦坡站 362.5 mm,较大点降雨量有:东海县牛山镇牛山站 315.5 mm,东海县白塔镇白塔站 293.5 mm,东海县山左口乡鲁庄水库 259.5 mm，东海县双店镇双店站 255.5 mm，东海县曲阳乡张谷水库 255.5 mm，东海县山左口乡前贤水库 255.0 mm，东海县山左口乡后贤水库 252.0 mm，东海县双店镇竹墩闸 250.5 mm。全市 195 处雨量站点中，降雨量超过 250 mm 的站点 9 处，200～250 mm 的站点 26 处，150～200 mm 的站点 32 处，100～150 mm 的站点 58 处。降雨等值线如图 2-14 所示。

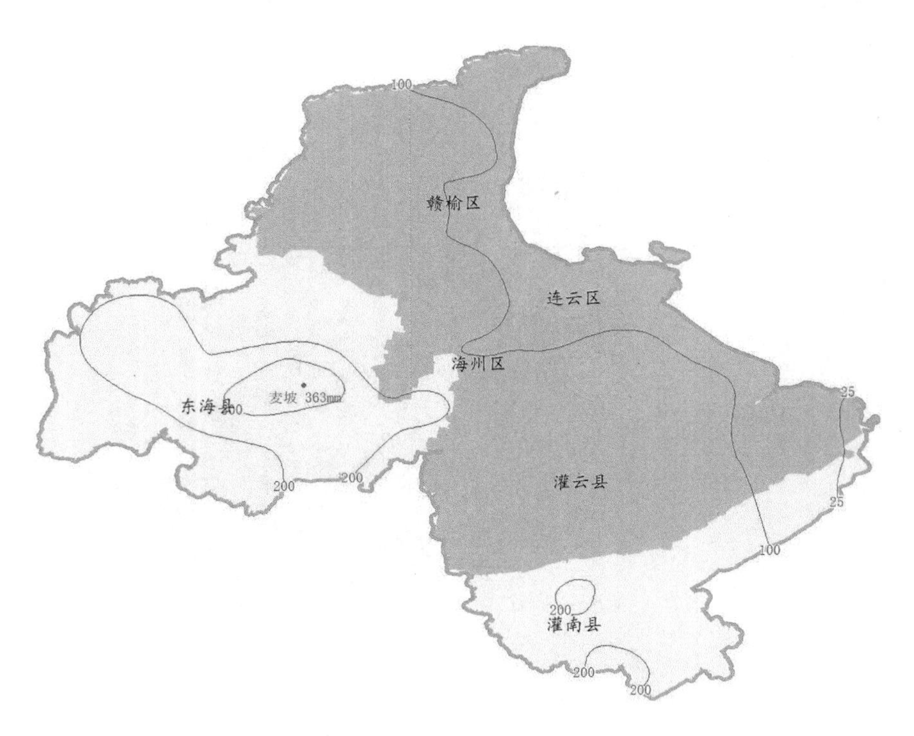

图 2-14　2019 年 8 月 6—10 日降雨等值线图

第五节　暴雨重现期

暴雨重现期是反映降雨出现机遇的指标，依据 1951 年以来连云港市代表降雨量站水文资料，统计全市最大 1 d、3 d、7 d 降雨量，采用江苏省实时雨水情分析评价系统，分析全市暴雨参数及最大降雨量重现期。

连云港市典型年份典型暴雨最大降雨量重现期研究成果见表 2-10。

表 2-10　连云港市典型年份典型暴雨最大降雨量重现期

时间	时段/d	均值/mm	C_v	C_s/C_v	降雨量/mm	历史排位	重现期/a
1974.08.12	1	86.5	0.39	4.2	110.6	11/68	5
	3	125.5	0.38	4.2	237.9	2/68	31
	7	165.3	0.34	3.0	245.8	6/68	11
1991.07.14	1	86.5	0.36	4.2	108.7	12/68	5
	3	125.5	0.38	4.2	146.2	17/68	4
	7	165.3	0.33	3.0	156.5	35/68	2
2000.08.30	1	86.5	0.36	4.2	225.4	1/68	220
	3	125.5	0.38	4.2	351.7	1/68	475
	7	165.3	0.33	3.0	414.1	1/68	830
2003.07.16	1	86.5	0.36	4.2	57.2	62/68	1.2
	3	125.5	0.38	4.2	113.3	34/68	2
	7	165.3	0.33	3.0	198.7	17/68	4.2
2005.07.31	1	86.5	0.36	4.2	139.4	8/68	13
	3	125.5	0.38	4.2	203.7	4/68	14
	7	165.3	0.33	3.0	255.3	5/68	14
2007.09.19	1	86.5	0.36	4.2	134.7	6/68	11
	3	125.5	0.38	4.2	156.6	14/68	5
	7	165.3	0.33	3.0	161.6	30/68	2.2
2012.07.08	1	86.5	0.36	4.2	124.2	7/68	8
	3	125.5	0.38	4.2	208.8	3/68	16
	7	165.3	0.33	3.0	258.9	4/68	15
2019.08.10	1	86.5	0.36	4.2	122.5	8/68	8
	3	125.5	0.38	4.2	149.9	15/68	4.2
	7	165.3	0.33	3.0	165.3	27/68	2.3

连云港市 1951—2019 年资料系列最大 1 d、3 d、7 d 降雨量-频率曲线如图 2-15～图 2-17 所示。

由表 2-10 可以看出，连云港市典型年份典型暴雨呈现不同的特点：2000 年典型暴雨最大 1 d、3 d、7 d 降雨量均排历史第一，各时段最大降雨量重现期均大于 200 a 一遇；1974 年、2005 年、2012 年典型暴雨最大 1 d、3 d、7 d 降雨量均排入历史前 12，各时段最大降雨量重现期均大于 5 a 一遇；1991 年、2007 年、2019 年最大 1 d 降雨量均排入历史前 12，重现期大于 5 a 一遇，而最大 3 d、7 d 降雨量相对较小。2003 年正好相反，最大 1 d 降雨量较小，重现期仅 1.2 a 一遇，而最大 7 d 降雨量相对较大，重现期为 4.2 a 一遇。

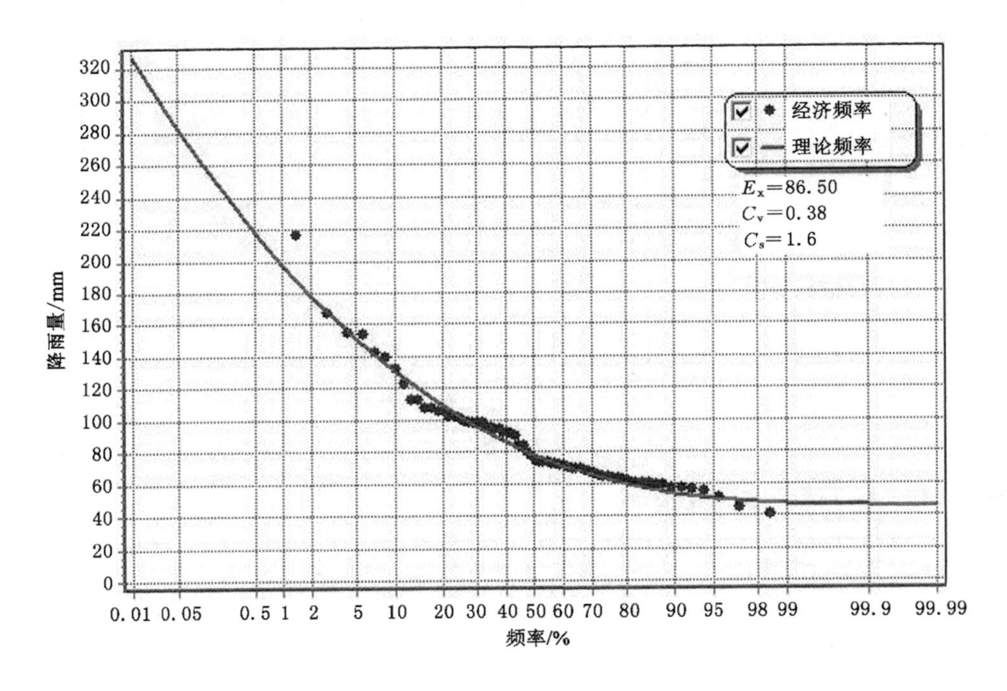

图 2-15 连云港市 1951—2019 年资料系列最大 1 d 降雨量-频率曲线

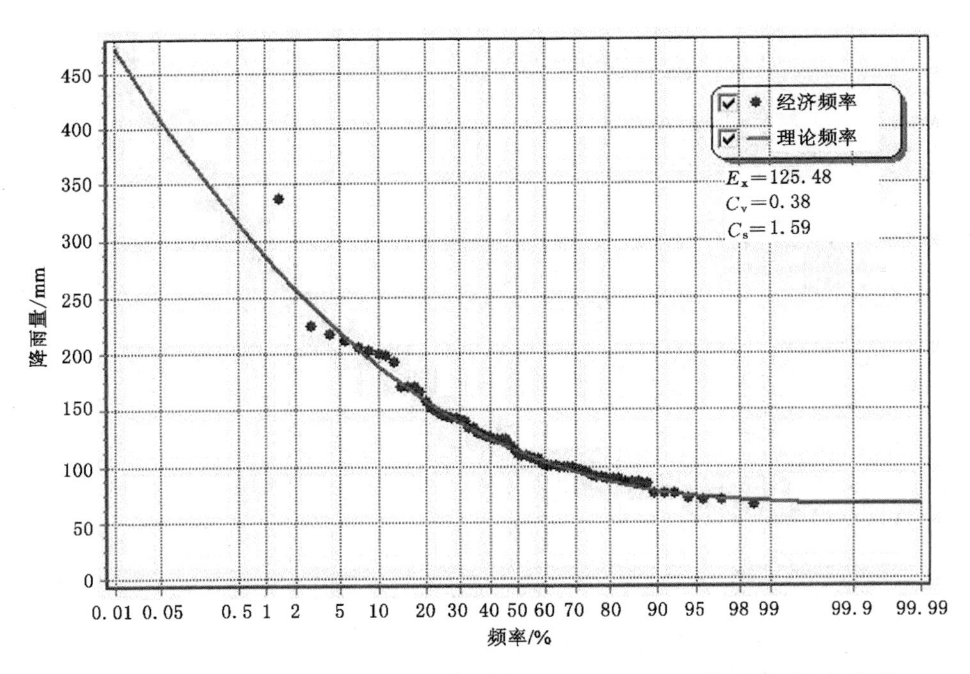

图 2-16 连云港市 1951—2019 年资料系列最大 3 d 降雨量-频率曲线

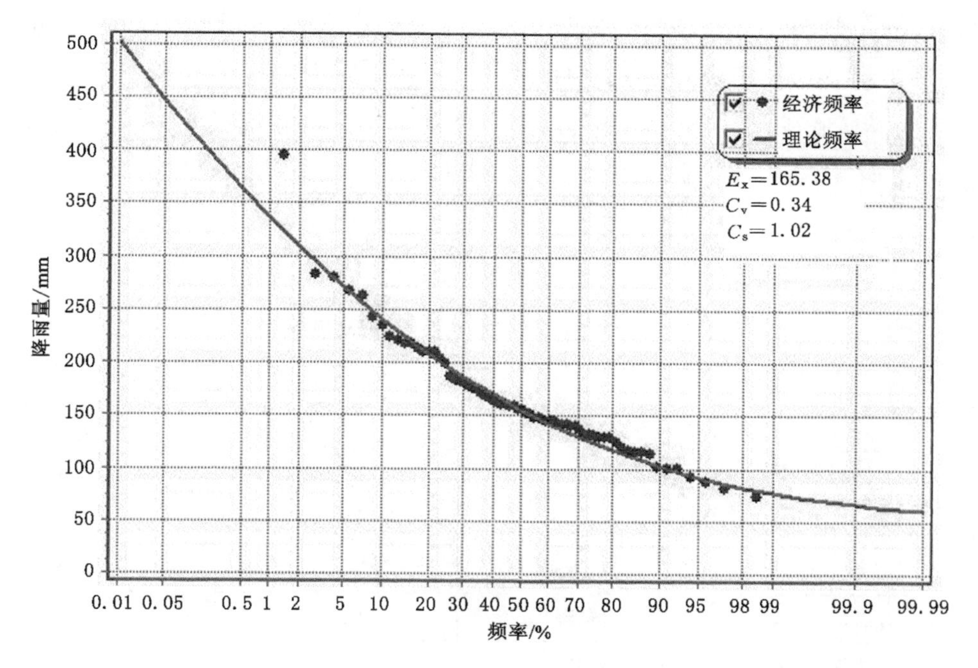

图 2-17　连云港市 1951—2019 年资料系列最大 7 d 降雨量-频率曲线

第六节　暴雨比较分析

分析暴雨成因、时空分布、暴雨强度对探索区域暴雨洪水形成过程、变化特点、洪水组合及受水利工程调节影响的变化规律有着重要的意义，可以指导区域内的综合治理、规划设计、防洪抗洪工作。

根据选定的连云港地区典型年份、典型暴雨，进行暴雨比较分析。

一、暴雨成因

2019 年暴雨成因与 1974 年、2000 年和 2007 年相似，都是由台风形成的；1991 年、2003 年、2005 年和 2012 年强降雨均是由暖湿气流交汇形成的。

连云港市暴雨成因主要是黄淮气旋、台风、南北切变以及暖切变。其中大范围、长历时降雨多数由切变线和低涡连接出现造成；范围小、强度大、历时短主要由台风造成。降雨量一般自南向北递减，沿海多于内陆，山地多于平原；年际与年内分配不均，汛期降雨占全年的 70%，最大与最小年降雨量之比为 2.2。

由于连云港市地处南北气候过渡地带，暴雨兼有南北地区的特性。主要的暴雨特性为降雨强度大、历时短、突发性强、天气变化剧烈、降雨集中，例如 1974 年等。但当江淮雨区偏北时，也可能造成历时长、强度大、时空分布均匀的强降雨，例如 1991 年等。

统计典型年份典型暴雨日天气系统见表 2-11。

表 2-11　典型年份典型暴雨日天气系统

序号	时间	天气系统		
		500 hPa	700 hPa	地面
1	1974.08.12	横切变	低压倒槽	江淮气旋
2	1991.07.14	低压	低压槽	冷暖锋
3	2000.08.30	台风减弱	台风减弱成低压倒槽	台风减弱成低压倒槽
4	2003.07.16	低压	低压槽	冷暖锋
5	2005.07.31	低压	低压槽	冷锋
6	2007.09.19	台风减弱	台风减弱成低压倒槽	台风减弱成低压倒槽
7	2012.07.08	低压	低压槽	冷暖锋
8	2019.08.10	台风减弱	台风减弱成低压倒槽	台风减弱成低压倒槽

二、暴雨时空分布及强度

根据统计资料，1949 年以后，连云港市市区最大日降雨量为 1985 年 9 月 1 日连云区的 591.1 mm，全市最大日降雨量为 2000 年 8 月 30 日灌南长茂站的 812 mm。

统计选定的连云港地区典型年份典型暴雨最大 1 d、2 d、3 d、4 d、5 d、6 d、7 d 及前期影响雨量信息见表 2-12。

表 2-12　连云港地区典型年份典型暴雨信息统计表

序号	时间	降雨量/mm								降雨天数	备注
		1 d	2 d	3 d	4 d	5 d	6 d	7 d	降雨前期影响雨量(30 d)		
1	1974.08.07—08.13	110.6	177.6	237.9	243.7	243.7	243.8	245.8	533.9	27	台风
2	1991.07.13—07.19	108.7	140.7	146.2	150.0	155.4	155.4	156.5	85.0	15	暖湿气流

表 2-12(续)

序号	时间	降雨量/mm								降雨天数	备注
		1 d	2 d	3 d	4 d	5 d	6 d	7 d	降雨前期影响雨量(30 d)		
3	2000.08.24—08.30	225.4	275.5	351.7	368.0	380.5	380.7	414.1	132.8	19	台风
4	2003.07.11—07.17	57.2	79.9	113.3	145.6	179.0	192.6	198.7	262.7	18	暖湿气流
5	2005.07.31—08.06	139.4	165.3	203.7	213.4	240.7	253.0	255.3	224.3	14	暖湿气流
6	2007.09.14—09.20	134.7	156.2	156.6	156.7	156.7	161.2	161.6	123.1	15	台风
7	2012.07.04—07.10	124.2	172.0	208.8	211.4	232.8	256.3	258.9	78.6	13	暖湿气流
8	2019.08.06—08.12	121.7	149.0	155.1	156.1	156.8	157.2	165.3	125.0	8	台风

连云港地区典型年份典型暴雨最大 1 d、2 d、3 d、4 d、5 d、6 d、7 d 降雨过程图如图 2-18 所示。

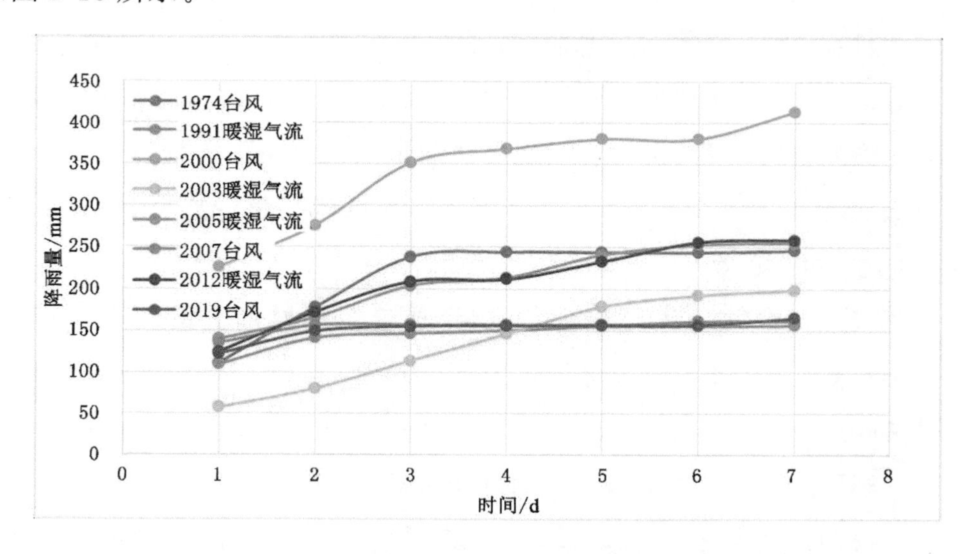

图 2-18　连云港地区典型年份典型暴雨最大 1～7 d 降雨过程图

由表 2-12、图 2-18 可知，连云港地区典型年份典型暴雨的时空分布有以下特点：

(1) 发生时间较集中

统计 1974 年以来连云港地区典型年份典型暴雨共 8 场，其中 7 场发生在七八月份(主汛期)，说明连云港地区典型暴雨受季节性影响明显。

(2) 降雨量区间较集中

统计1974年以来连云港地区典型年份典型暴雨共8场，其中6场1 d降雨量在100～140 mm之间，6场3 d降雨量150～250 mm之间，说明连云港地区典型暴雨降雨量区间较为集中。

（3）降雨过程反映暴雨成因

受台风影响而形成的降雨，降雨时空分布不均，强度大，历时较短（不超过3 d），但降雨量区间大。如表2-12、图2-18中的1974年、2000年、2007年、2019年，1 d最大降雨量均超过100 mm，达到大暴雨级别，降雨强度大；最大3 d降雨量在150～350 mm之间，降雨量区间大；最大3 d与最大7 d降雨量相比，变化不大，反映了受台风影响的降雨历时相对较短的特点。

受暖湿气流交汇影响而形成的降雨，降雨时空分布相对均匀，降雨强度弱于台风雨，降雨历时相对较长。如图2-18中的1991年、2003年、2005年、2012年，1 d最大降雨量在50～150 mm之间，达到暴雨、大暴雨级别，降雨强度大；最大3 d降雨量在150～200 mm之间，降雨量区间相对集中；1～7 d累积最大降雨量均缓慢增加，反映了受暖湿气流交汇影响的降雨历时相对较长的特点。

（4）典型暴雨降雨量、强度与前期影响雨量共同反映受灾程度

查阅连云港市历年洪涝灾害情况，选取的8场典型年份典型暴雨均造成连云港市不同程度的受灾。

1974年、2000年洪涝灾害最为严重，造成连云港地区全面受灾，与其对应的1974年连云港地区1 d最大降雨量110.6 mm，3 d最大降雨量237.9 mm，降雨前期影响雨量（30 d）高达533.9 mm；2000年连云港地区1 d最大降雨量225.4 mm，3 d最大降雨量351.7 mm，降雨前期影响雨量（30 d）132.8 mm。

2005年、2012年洪涝灾害严重，造成连云港市大部分地区受灾，与其对应的2005年连云港地区1 d最大降雨量139.4 mm，3 d最大降雨量203.7 mm，降雨前期影响雨量（30 d）224.3 mm；2012年连云港地区1 d最大降雨量124.2 mm，3 d最大降雨量208.8 mm，降雨前期影响雨量（30 d）78.6 mm。

1991年、2003年、2007年、2019年洪涝灾害相对严重，造成连云港市部分地区受灾，与其对应的1991年连云港地区1 d最大降雨量108.7 mm，3 d最大降雨量146.2 mm，降雨前期影响雨量（30 d）85.0 mm；2003年连云港地区1 d最大降雨量57.2 mm，3 d最大降雨量113.3 mm，7 d最大降雨量198.7 mm，降

雨前期影响雨量(30 d)262.7 mm。2007 年连云港地区 1 d 最大降雨量 134.7 mm,3 d 最大降雨量 156.6 mm,降雨前期影响雨量(30 d)123.1 mm。2019 年连云港地区 1 d 最大降雨量 122.5 mm,3 d 最大降雨量 149.9 mm,降雨前期影响雨量(30 d)78.6 mm。

第三章　洪 水 分 析

第一节　洪 水 概 述

1974 年 8 月中旬，沂沭泗流域受第 12 号台风影响，普降暴雨至特大暴雨，连云港区域内最大 1 d 降雨量小许庄站达 209.9 mm，最大 3 d 降雨量小塔山水库站达 368.1 mm。与降雨过程对应，流域性河道新沭河大兴镇水文站及区域性河道青口河发生了历史最大洪量及最高水位，区域性河道蔷薇河临洪站出现历史最高水位。洪水主要特点是：洪水过程长；总量大；洪峰流量大；水位高。新沭河大兴镇水文站本场暴雨次洪量 8.698 亿 m^3，占本年径流量的 50.6%，洪峰流量达到历史最大的 3 870 m^3/s，最高水位达到历史最高的 27.21 m。石梁河水库水文站反推入库洪峰流量达到历史最大的 4 560 m^3/s，泄洪流量达到 3 510 m^3/s；最高水位达 26.82 m，超设计水位 0.01 m，历史最高。蔷薇河临洪水文站本场暴雨次洪量 4.097 亿 m^3，占本年径流量的 39.0%，洪峰流量达到 565 m^3/s，最高水位 5.93 m 为历史最高，超保证水位 0.01m；小许庄水文站本场暴雨次洪量 1.388 亿 m^3，占本年汛期径流量的 33.5%，洪峰流量 276 m^3/s，并列历史第三大，最高水位 6.45 m，低于保证水位 0.55 m。青口河小塔山水库水文站反推入库洪峰流量 2 190 m^3/s，最大泄洪流量 373 m^3/s，接近水库设计泄洪流量 400 m^3/s，入库洪量达 1.217 亿 m^3，最高水位为 34.00 m，全部为历史最大(高)。善后河板浦水位站本场暴雨最高水位达 3.07 m，接近警戒水位 3.10 m。北六塘河龙沟闸(下)(龙沟闸上本年未设站)水位站本场暴雨最高水位达 3.89 m，超警戒水位 0.19 m。

1991 年 7 月中旬，区域普降暴雨至大暴雨，连云港区域内最大 1 d 降雨量大兴镇水文站达 183.8 mm，最大 3 d 降雨量石梁河水库站达 219.6 mm。与降雨过程对应，新沭河大兴镇水文站本场暴雨次洪量 0.684 8 亿 m^3，占本年径流量的 8.6%，洪峰流量 556 m^3/s，最高水位 24.34 m；石梁河水库水文站反推入库洪峰流量达 806 m^3/s，最高库水位达 23.83 m，超汛限水位 0.33 m，主要为区域降雨，新沭河洪水量级属中小洪水。蔷薇河临洪水文站本场暴雨次洪量 2.135 亿 m^3，占本年径流量的 19.3%，洪峰流量达到 619 m^3/s，最高水位 5.20 m，超警戒水位 0.70 m（临洪水文站警戒水位原为 4.50 m，2020 年改为 4.70 m）；小许庄水文站洪峰流量达 214 m^3/s，最高水位 6.08 m，超警戒水位 0.58 m。青口河黑林水文站洪峰流量 255 m^3/s，最高水位 37.39 m；小塔山水库水文站未泄洪，形成最高库水位 30.64 m，超汛限水位 0.34 m。善后河板浦水位站本场暴雨最高水位达 2.67 m，低于警戒水位 0.43 m。北六塘河龙沟闸水位站（闸下）本场暴雨最高水位达 3.57 m，低于警戒水位 0.13 m。

2000 年 8 月下旬，受 12 号台风外围与冷暖气流的共同影响，连云港区域内普降大暴雨至特大暴雨，灌南县长茂镇 1 d 降雨量高达 812.0 mm（气象），附近的灌云县杨集雨量站最大 1 d 降雨量达 517.6 mm，最大 3 d 降雨量达 672.9 mm，灌南县受灾严重，各条河道全部超保证水位。与降雨过程对应，新沭河大兴镇水文站本场暴雨次洪量 3.209 亿 m^3，占本年径流量的 50.1%，洪峰流量 1 650 m^3/s，最高水位 25.58 m；石梁河水库水文站反推入库洪峰流量达 1 900 m^3/s，最高库水位达 25.31 m，超警戒水位 0.31 m，新沭河洪水量级属大洪水。蔷薇河临洪水文站本场暴雨次洪量 2.135 亿 m^3，占本年径流量的 23.4%，洪峰流量 760 m^3/s，历史最大，最高水位 5.87 m，超警戒水位 1.37 m，低保证水位仅 0.05 m；小许庄水文站洪峰流量 299 m^3/s，历史排第二，最高水位 7.07 m，超保证水位 0.07 m，历史最高。青口河黑林水文站洪峰流量 352 m^3/s，最高水位 37.17 m；小塔山水库未泄洪，形成最高库水位 30.14 m，低汛限水位 0.16 m。善后河板浦水位站本场暴雨最高水位达 3.57 m，历史最高，超保证水位 0.12 m。北六塘河龙沟闸水位站本场暴雨最高水位达 4.60 m，历史最高，超保证水位 0.30 m。

2003 年，沂沭泗流域出现连续降雨，汛期降雨量列 1953 年以来第二位，选择 7 月中旬一场暴雨进行分析。连云港区域最大 1 d 降雨量大兴镇水文站达

91.2 mm,3 d 降雨量 201.4 mm。与降雨过程对应,新沭河大兴镇水文站本场暴雨次洪量 2.523 亿 m^3,占本年径流量的 26.9%,洪峰流量 1 040 m^3/s,最高水位 25.11 m;石梁河水库水文站反推入库洪峰流量达 1 420 m^3/s,最高库水位达 25.05 m,超警戒水位 0.05 m,新沭河洪水量级属中等洪水。蔷薇河临洪水文站本场暴雨次洪量 1.745 亿 m^3,占本年径流量的 14.5%,洪峰流量 604 m^3/s,最高水位 4.15 m,低警戒水位 0.35 m;小许庄水文站洪峰流量 96.1 m^3/s,最高水位 6.05 m,高于警戒水位 0.55 m。青口河黑林水文站洪峰流量 211 m^3/s,最高水位 36.90 m;小塔山水库未泄洪,形成最高库水位低于汛限水位。善后河板浦水位站本场暴雨最高水位达 3.05 m,低警戒水位 0.05 m。北六塘河龙沟闸水位站本场暴雨最高水位达 4.06 m,超警戒水位 0.36 m。

2005 年,连云港市沂北地区与往年相比具有明显的降雨场次多,其中汛期有 3 次比较大的降雨过程,分别为 7 月 8—11 日、7 月 31 日—8 月 2 日、8 月 29—30 日,降雨具有持续时间短、强度大的特征,降雨总量仅次于 2003 年、2000 年,排第三位。本次选择 7 月 31 日—8 月 2 日场次暴雨进行分析。连云港区域最大 1 d 降雨量龙苴雨量站达 378.3 mm,3 d 最大降雨量 473.3 mm。与降雨过程对应,新沭河大兴镇水文站本场暴雨次洪量 0.8174 亿 m^3,占本年径流量的8.5%,洪峰流量 428 m^3/s,最高水位 24.28 m;石梁河水库水文站反推入库洪峰流量达 492 m^3/s,最高库水位达 24.23 m,超汛限水位 0.73 m,新沭河洪水量级属小洪水。蔷薇河临洪水文站本场暴雨次洪量 2.692 亿 m^3,占本年径流量的12.7%,洪峰流量 625 m^3/s,最高水位 3.55 m,低警戒水位 0.95 m;小许庄水文站洪峰流量 224 m^3/s,最高水位 6.06 m,超警戒水位 0.56 m。青口河黑林水文站洪峰流量 97.5 m^3/s,最高水位 36.28 m;小塔山水库未泄洪,形成最高库水位低于汛限水位。善后河板浦水位站本场暴雨最高水位达 3.13 m,超警戒水位 0.03 m。北六塘河龙沟闸水位站本场暴雨最高水位达 3.82 m,超警戒水位 0.12 m。

2007 年 9 月中旬,连云港区域内普降大暴雨,最大 1 d 降雨量小许庄水文站达 175.3 mm,3 d 最大降雨量 190.5 mm。与降雨过程对应,新沭河大兴镇水文站本场暴雨次洪量 0.6495 亿 m^3,占本年径流量的 7.7%,洪峰流量 804 m^3/s,最高水位 25.16 m;石梁河水库水文站反推入库洪峰流量 1 165 m^3/s,最高库水位达 25.10 m,超警戒水位 0.10 m,主要为区域降雨,新沭河洪水量级属小洪水。蔷薇河临洪水文站本场暴雨次洪量 1.806 亿 m^3,占本年径流量的 18.0%,洪峰流量 563 m^3/s,最高水位 3.47 m,低警戒水位 1.03 m;小许庄水文站洪峰流量 95.7 m^3/s,最高水位 5.77 m,超警戒水位 0.27 m。青口河黑林水文站洪峰流量 157 m^3/s,最高水位 36.14 m,小塔山水库未泄洪,形成最高库水位低警戒水位。善后河板浦水位站本场暴雨最高水位达 3.07 m,低警戒水位 0.03 m。北六塘河龙沟闸水位站本场暴雨最高水位达 3.76 m,超警戒水位 0.06 m。

2012 年 7 月上旬,沂沭河流域发生了一次较大洪水,连云港区域内普降暴雨至特大暴雨,最大 1 d 降雨量凤凰嘴站达 420.0 mm,次大临洪站达 240.0 mm,临洪站 3 d 最大为 357.8 mm,造成城区严重积水。与降雨过程对应,新沭河大兴镇水文站本场暴雨次洪量 2.788 亿 m^3,占本年径流量的 41.5%,洪峰流量 2 100 m^3/s,最高水位 25.17 m;石梁河水库水文站反推入库洪峰流量 2 590 m^3/s,最高库水位达 24.52 m,超汛限水位 1.02 m。蔷薇河临洪水文站本场暴雨次洪量 1.146 亿 m^3,占本年径流量的 15.3%,洪峰流量 545 m^3/s,最高水位 3.91 m,低警戒水位 0.59 m;小许庄水文站洪峰流量 37.9 m^3/s,最高水位 4.39 m,低警戒水位 1.11 m。青口河黑林水文站洪峰流量 583 m^3/s,为建站以来最大流量,最高水位 37.10 m;小塔山水库水文站实测最大泄洪流量 34.4 m^3/s,最高水位 32.20 m,超汛限水位 1.90 m。

2019 年受第 9 号台风“利奇马”及北方冷空气共同影响,8 月 10—11 日沂沭泗流域大部分地区普降大暴雨,局地特大暴雨,连云港区域内最大 1 d 降雨量麦坡站达 303.0 mm,3 d 最大 362.5 mm,造成东海中西部内涝。与降雨过程对应,新沭河大兴镇水文站本场暴雨次洪量 4.748 亿 m^3,占本年径流量的 75.2%,洪峰流量 3 850 m^3/s,最高水位 25.05 m;石梁河水库水文站反推入库洪峰流量达 3 950 m^3/s,最高库水位达 24.93 m,超汛限水位 1.43 m。蔷薇河临洪水文站本场暴雨次洪量 2.045 亿 m^3,占本年径流量的 34.1%,洪峰流量 863 m^3/s,最高水位 4.50 m,达到警戒水位;小许庄水文站洪峰流量 302 m^3/s,历史最大,最高水位 5.49 m,低警戒水位 0.01 m。青口河黑林水文站洪峰流量 242 m^3/s,最高水位 35.89 m;小塔山水库水文站未泄洪,形成的最高水位超汛限水位。

第二节　洪 水 过 程

一、1974 年(历史洪水)

1974 年 8 月中旬,沂沭泗流域受第 12 号台风影响,普降暴雨至特大暴雨。由于此次降雨范围广,降雨总量及强度大,区域内河道在受到内、外洪水叠加影响下,新沭河、蔷薇河、青口河均出现历史最高水位,产生了最大流量,导致蔷薇河支流沭新河、马河漫决。

(一) 新沭河

(1) 大兴镇水文站水位自 8 月 11 日 20:00 的 24.61 m 开始上涨,15 日 4:00 达到最高水位 27.21 m,超过警戒水位 2.21 m,过程涨幅 2.60 m,最大 1 h 涨幅为 0.10 m,实测最大洪峰流量 3 870 m^3/s,发生在 8 月 14 日 12:00。大兴镇水文站洪水水位过程线见图 3-1。

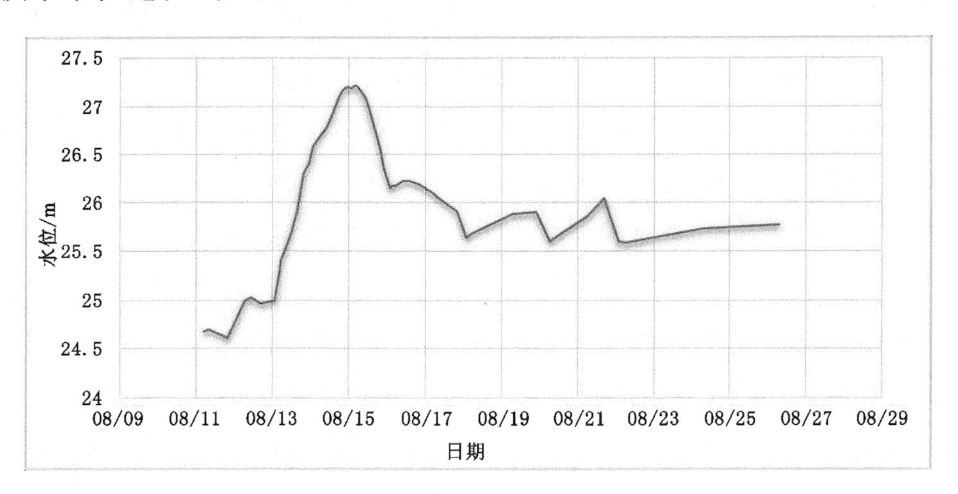

图 3-1　大兴镇水文站洪水水位过程线

(2) 石梁河水库水文站水位自 8 月 11 日 20:06 的 24.51 m 开始上涨,15 日 2:24 达到最高水位 26.82 m,超过警戒水位 1.82 m,超过设计水位 0.01 m(100 a 一遇设计水位 26.81 m),过程涨幅 2.31 m,最大 1 h 涨幅为 0.10 m;反推最大入库洪峰流量 4 560 m^3/s,发生在 8 月 14 日 14:00,最大泄洪流量 3 510 m^3/s(总出库流量,下同),发生在 8 月 15 日 2:24。石梁河水库水文站洪水水位过程线见图 3-2。

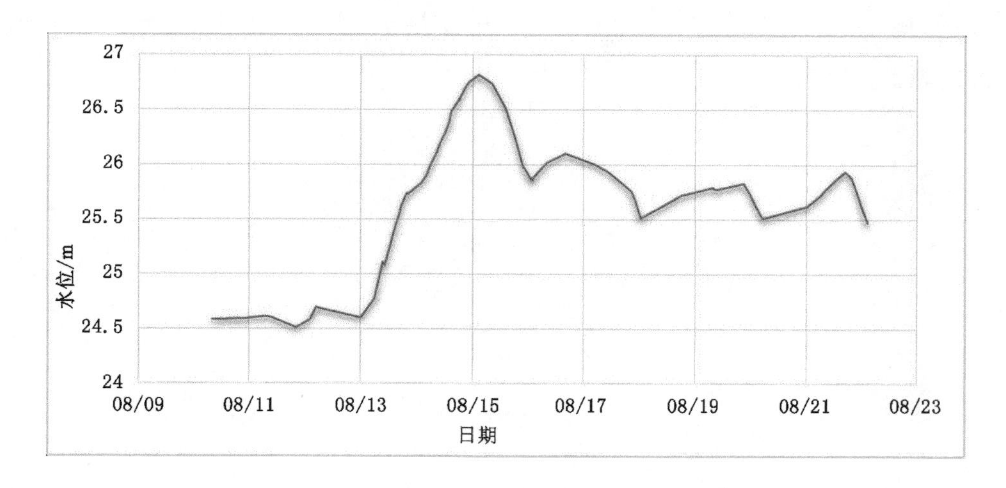

图 3-2 石梁河水库水文站洪水水位过程线

（二）蔷薇河

（1）小许庄水文站水位自 8 月 11 日 2:00 的 2.35 m 开始上涨,14 日 14:00 达到最高水位 6.45 m,超过警戒水位 0.95 m,过程涨幅 4.10 m,最大 1 h 涨幅为 0.14 m,实测最大洪峰流量 276 m^3/s,发生在 8 月 13 日 15:02。小许庄水文站洪水水位过程线见图 3-3。

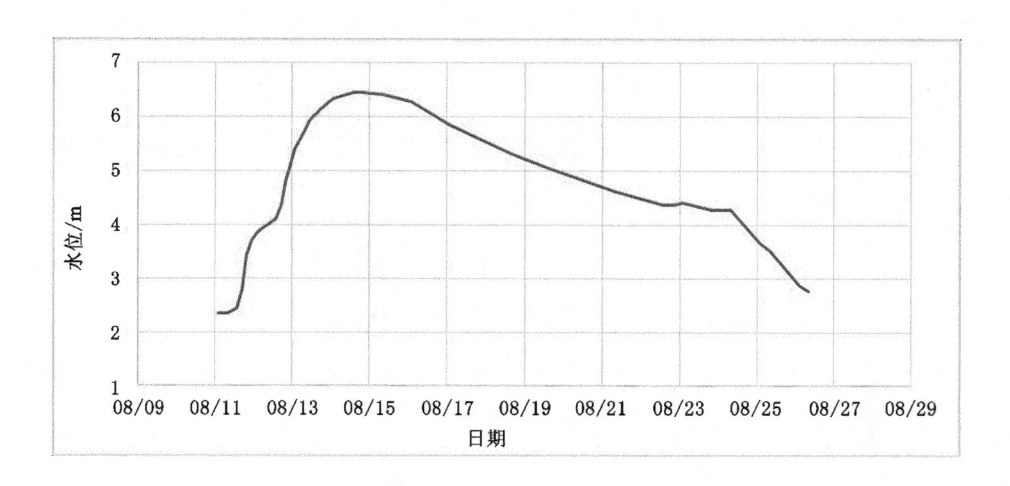

图 3-3 小许庄水文站洪水水位过程线

(2) 临洪水文站水位自8月11日11:00的2.03 m开始上涨,14日20:00达到最高水位5.93 m,超过保证水位0.01 m,过程涨幅3.90 m,最大1 h涨幅为0.16 m,实测最大洪峰流量565 m^3/s,发生在8月16日18:00。临洪水文站洪水水位过程线见图3-4。

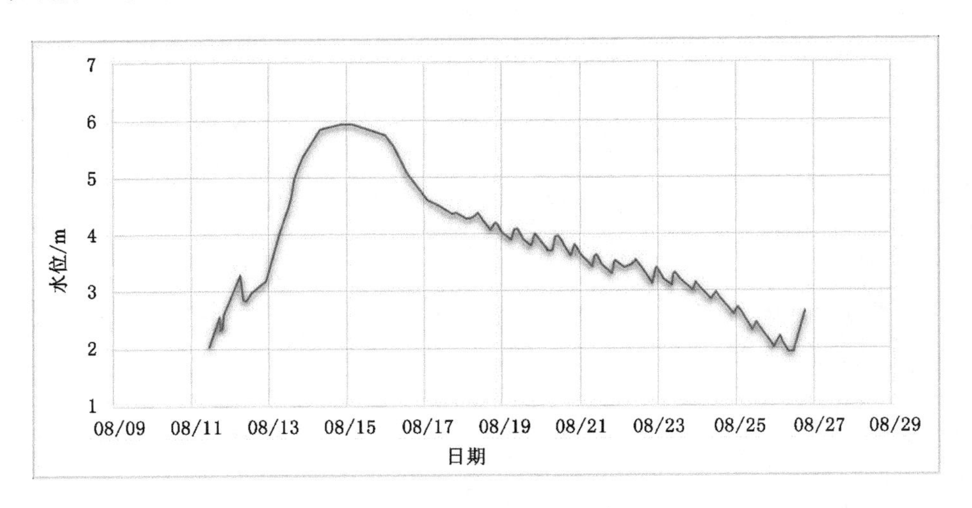

图3-4 临洪水文站洪水水位过程线

(三) 青口河

小塔山水库水文站(上游黑林水文站未设立)水位自8月11日4:00的30.85 m开始上涨,14日0:00达到最高水位34.00 m,超过正常蓄水位1.20 m,超过警戒水位0.70 m,过程涨幅3.15 m,最大1 h涨幅为0.27 m;反推最大入库洪峰流量2 100 m^3/s,发生在8月13日16:00,最大泄洪流量373 m^3/s(总出库流量),发生在8月14日0:00。小塔山水库水文站洪水水位过程线见图3-5。

(四) 善后河

板浦水位站水位自8月10日8:00的1.41 m(该年为日均水位)开始上涨,13日8:00达到最高水位2.97 m(瞬时最高达3.07 m,低于警戒水位0.03 m),低于警戒水位0.13 m,过程涨幅1.56 m,最大1 d涨幅为0.99 m。板浦水位站日均洪水水位过程线见图3-6。

二、1991年

1991年7月14日,区域普降暴雨至大暴雨,暴雨中心在东海、市区一带。

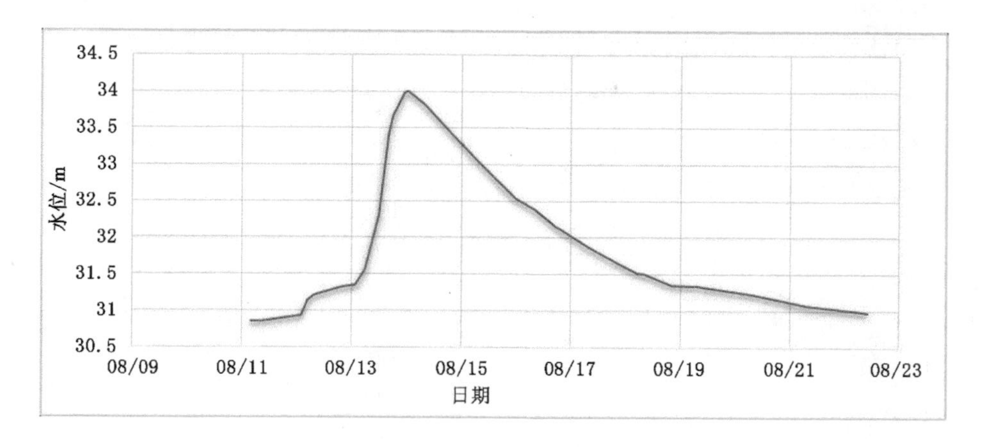

图 3-5　小塔山水库水文站洪水水位过程线

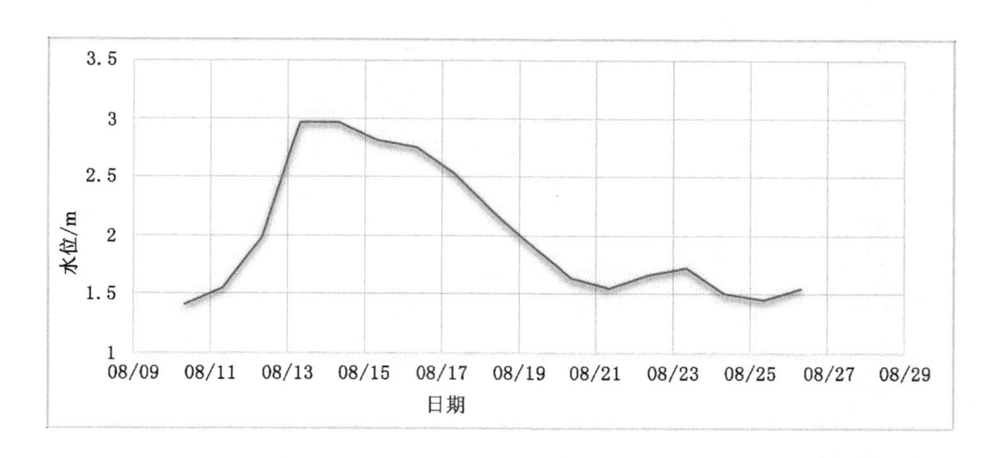

图 3-6　板浦水位站日均洪水水位过程线

由于此次降雨仅为区域内降雨，受外来水压力很小，仅蔷薇河流域水文站水位超过警戒水位。

（一）新沭河

（1）大兴镇水文站水位自 7 月 14 日 15:00 的 23.26 m 开始上涨，15 日 12:30达到最高水位 24.34 m，低于警戒水位 0.66 m，过程涨幅 1.08 m，最大 1 h 涨幅为 0.12 m，实测最大洪峰流量 556 m^3/s，发生在 7 月 15 日 13:48。大兴镇水文站洪水水位过程线见图 3-7。

（2）石梁河水库水文站水位自 7 月 14 日 14:00 的 23.18 m 开始上涨，15 日 8:00 达到最高水位 23.83 m，超汛限水位 0.33 m，低于正常蓄水位 0.67 m，低于

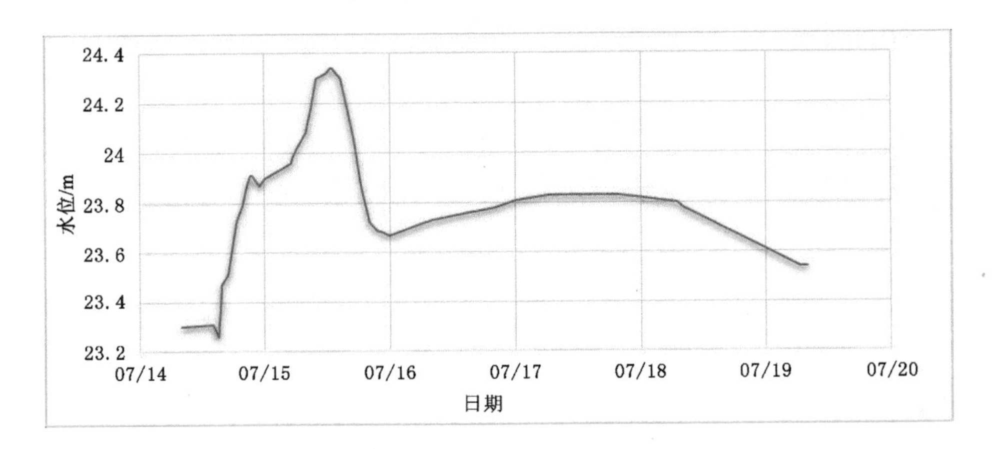

图 3-7 大兴镇水文站洪水水位过程线

警戒水位 1.17 m，过程涨幅 0.65 m，最大 1 h 涨幅为 0.04 m；反推最大入库洪峰流量 878 m^3/s，发生在 7 月 15 日 14:00，最大泄洪流量 1 500 m^3/s，发生在 7 月 15 日 11:00。石梁河水库水文站洪水水位过程线见图 3-8。

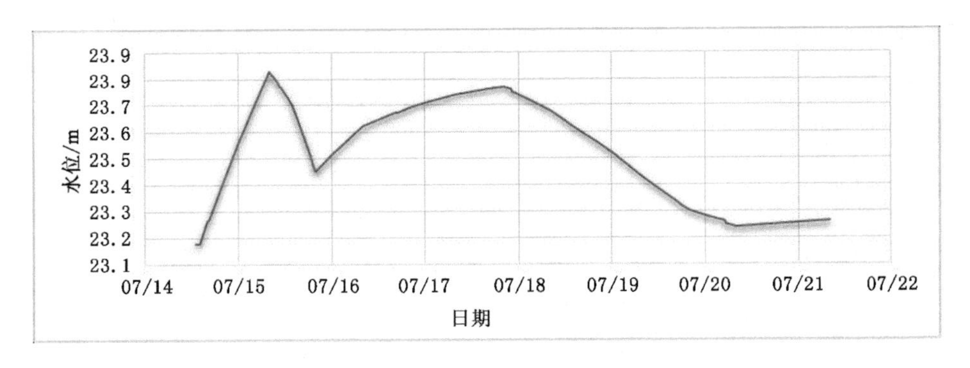

图 3-8 石梁河水库水文站洪水水位过程线

（二）蔷薇河

（1）小许庄水文站水位自 7 月 14 日 14:00 的 2.59 m 开始上涨，15 日 20:00 达到最高水位 6.08 m，超过警戒水位 0.58 m，过程涨幅 3.49 m，最大 1 h 涨幅为 0.22 m，实测最大洪峰流量 214 m^3/s，发生在 7 月 15 日 6:49。小许庄水文站洪水水位过程线见图 3-9。

（2）临洪水文站水位自 7 月 14 日 16:00 的 1.56 m 开始上涨，16 日 1:00 达到最高水位 5.20 m，超过警戒水位 0.70 m，过程涨幅 3.64 m，最大 1 h 涨幅为 0.27 m，实测最大洪峰流量 619 m^3/s，发生在 7 月 16 日 16:18。临洪水文站洪水

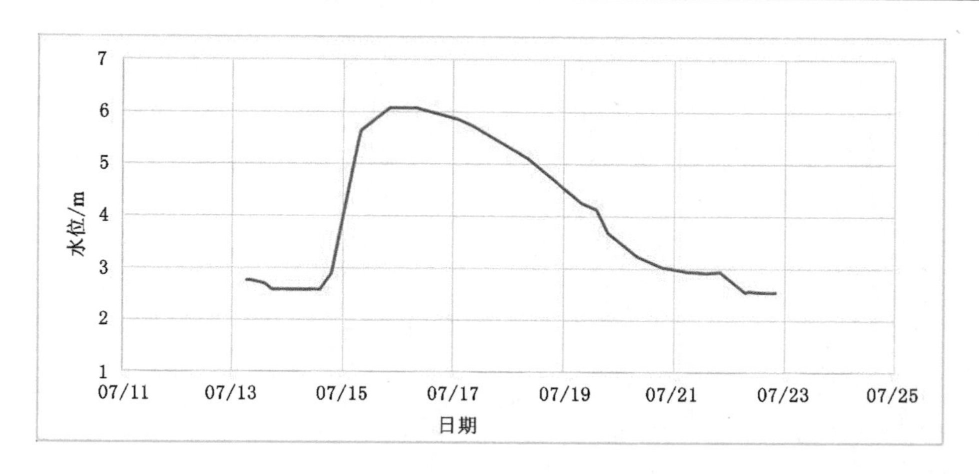

图 3-9　小许庄水文站洪水水位过程线

水位过程线见图 3-10。

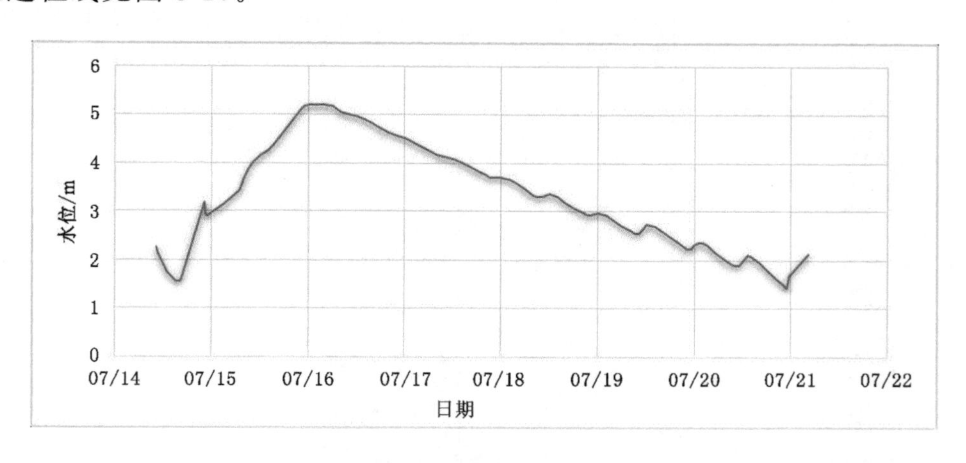

图 3-10　临洪水文站洪水水位过程线

（三）青口河

（1）黑林水文站(1976 年 8 月设立)水位自 7 月 14 日 5:00 的 35.60 m 开始上涨,15 日 10:30 达到最高水位 37.39 m,过程涨幅 1.79 m,最大 1 h 涨幅为 0.45 m,实测最大洪峰流量 255 m^3/s,发生在 7 月 15 日 10:30。黑林水文站洪水水位过程线见图 3-11。

（2）小塔山水库水文站自 7 月 14 日 5:30 的 29.58 m 开始上涨,20 日 8:00 达到最高水位 30.63 m,超汛限水位 0.33 m,低于正常蓄水位 2.17 m,低于警戒水位 2.67 m,过程涨幅 1.05 m,最大 1 h 涨幅为 0.08 m,反推最大入库洪峰流量

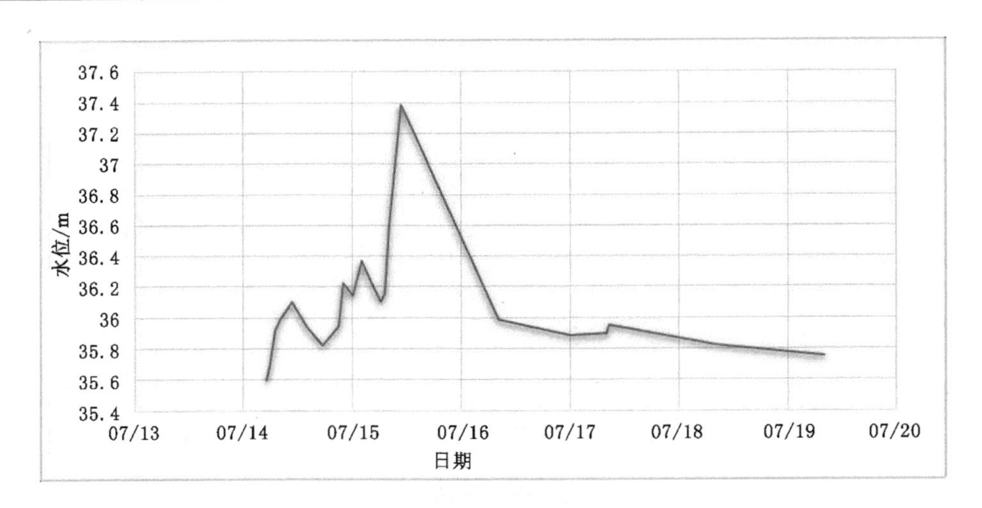

图 3-11 黑林水文站洪水水位过程线

425 m^3/s,发生在 7 月 15 日 12:00,小塔山水库未泄洪。小塔山水库水文站洪水水位过程线见图 3-12。

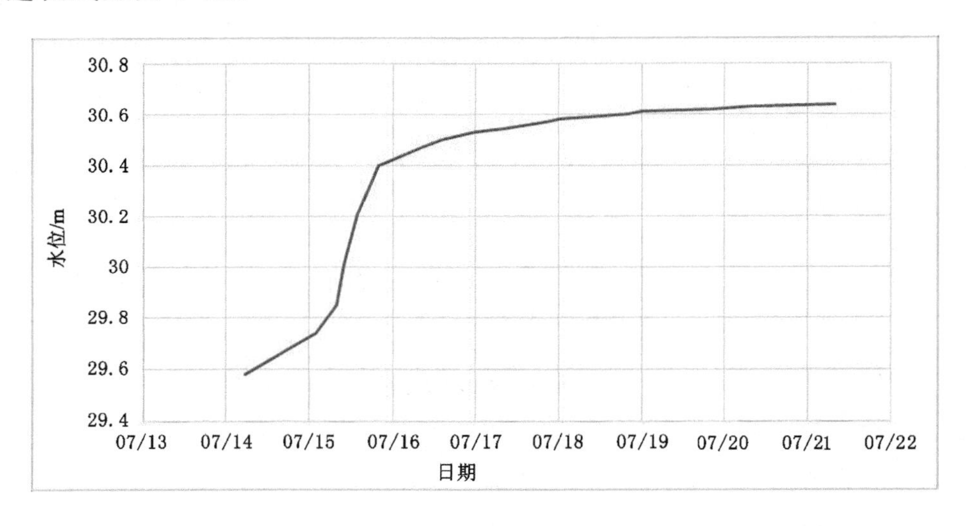

图 3-12 小塔山水库水文站洪水水位过程线

(四)善后河

板浦水位站水位自 7 月 12 日 20:00 的 1.48 m 开始上涨,15 日 14:00 达到最高水位 2.67 m,低于警戒水位 0.43 m,过程涨幅 1.19 m,最大 1 h 涨幅为 0.09 m。板浦水位站洪水水位过程线见图 3-13。

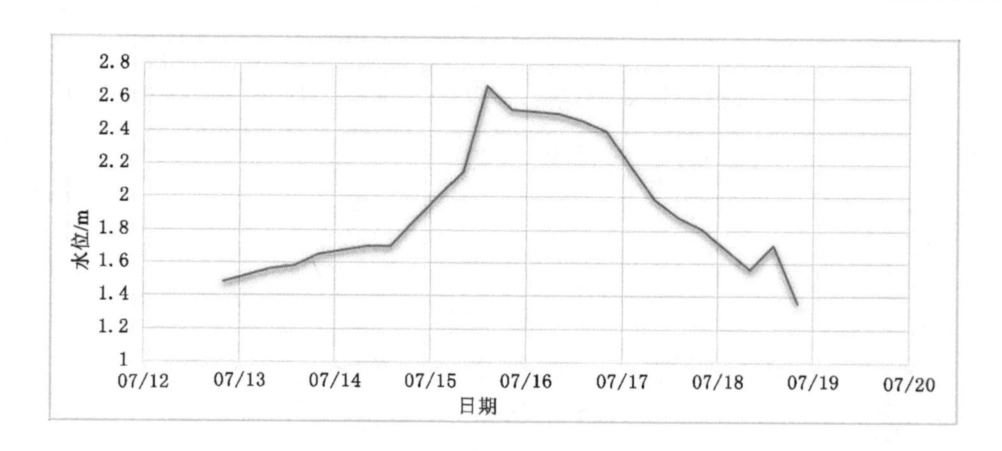

图 3-13 板浦水位站洪水水位过程线

（五）北六塘河

龙沟闸（上）水位站水位（1980 年 1 月设立）自 7 月 13 日 8:00 的 2.18 m（该年为日均水位）开始上涨，16 日 8:00 达到最高水位 3.03 m（瞬时最高 3.57 m，低于警戒水位 0.13 m），低于警戒水位 0.67 m，过程涨幅 0.85 m，最大 1 d 涨幅为 0.48 m。龙沟闸（上）水位站日均洪水水位过程线见图 3-14。

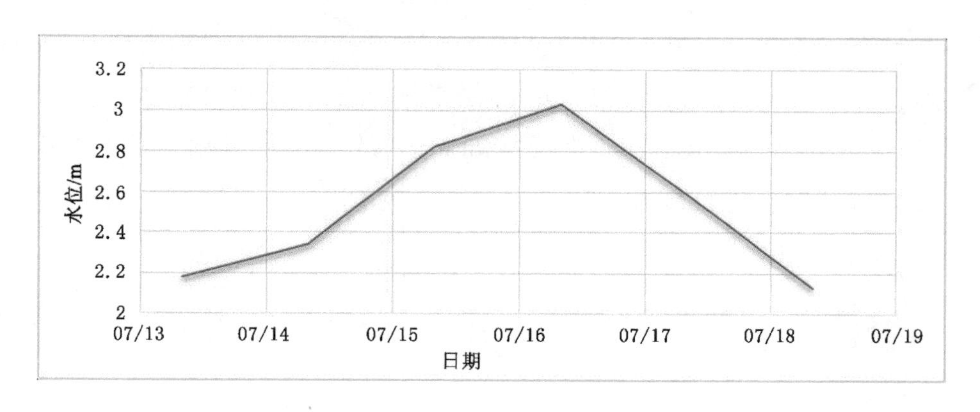

图 3-14 龙沟闸（上）水位站日均洪水水位过程线

三、2000 年

2000 年 8 月下旬，受 12 号台风外围与冷暖气流的共同影响，区域普降大暴雨至特大暴雨，特别是灌南县长茂镇 1 d 降雨量高达 812.0 mm，灌南县受灾严重，各条河道全部超保证水位。

（一）新沭河

（1）大兴镇水文站水位自 8 月 28 日 20:00 的 22.81 m 开始上涨，31 日 7:35 达到最高水位 25.58 m，超过警戒水位 0.58 m，过程涨幅 2.77 m，最大 1 h 涨幅为 0.21 m，实测最大洪峰流量 1 650 m^3/s，发生在 8 月 31 日 7:20。大兴镇水文站洪水水位过程线见图 3-15。

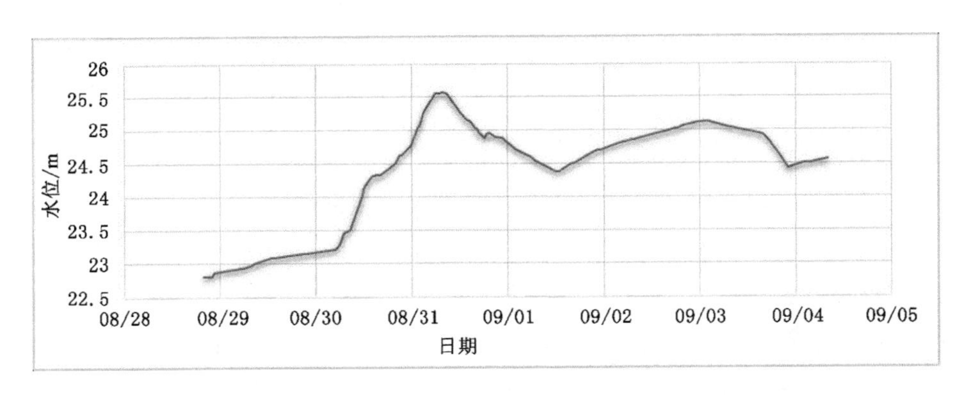

图 3-15　大兴镇水文站洪水水位过程线

（2）石梁河水库水文站水位自 8 月 28 日 20:00 的 22.74 m 开始上涨，31 日 8:20 达到最高水位 25.31 m，超过正常蓄水位 0.81 m，超过警戒水位 0.31 m，过程涨幅 2.57 m，最大 1 h 涨幅为 0.11 m；反推最大入库洪峰流量 2 320 m^3/s，发生在 8 月 31 日 8:00，最大泄洪流量 2 420 m^3/s，发生在 8 月 31 日 8:20。石梁河水库水文站洪水水位过程线见图 3-16。

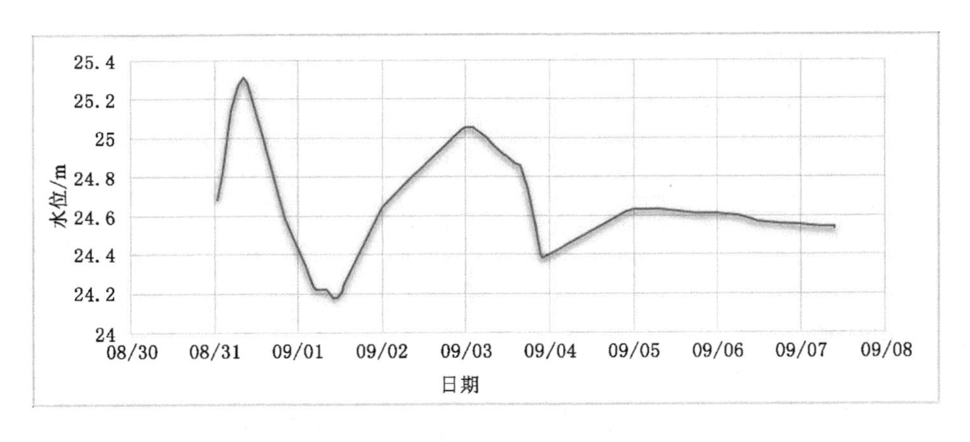

图 3-16　石梁河水库水文站洪水水位过程线

（二）蔷薇河

（1）小许庄水文站水位自 8 月 28 日 8:00 的 3.47 m 开始上涨，8 月 31 日 17:27 达到最高水位 7.07 m，超过保证水位 0.07 m，过程涨幅 3.60 m，最大 1 h 涨幅为 0.20 m，实测最大洪峰流量 299 m^3/s，发生在 8 月 30 日 2:00。小许庄水文站洪水水位过程线见图 3-17。

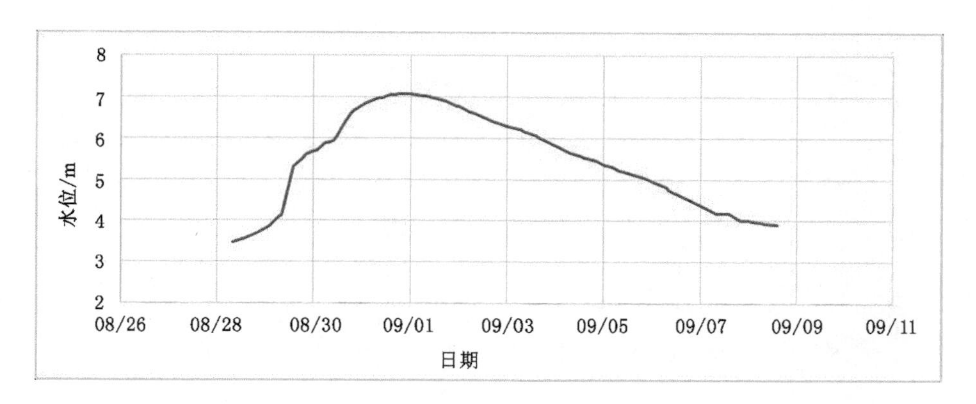

图 3-17　小许庄水文站洪水水位过程线

（2）临洪水文站水位自 8 月 28 日 15:12 的 2.22 m 开始上涨，9 月 1 日 4:00 达到最高水位 5.87 m，超过警戒水位 1.37 m，低于保证水位仅 0.05 m，过程涨幅 3.65 m，最大 1 h 涨幅为 0.45 m，实测最大洪峰流量 760 m^3/s，发生在 9 月 3 日 15:06。临洪水文站洪水水位过程线见图 3-18。

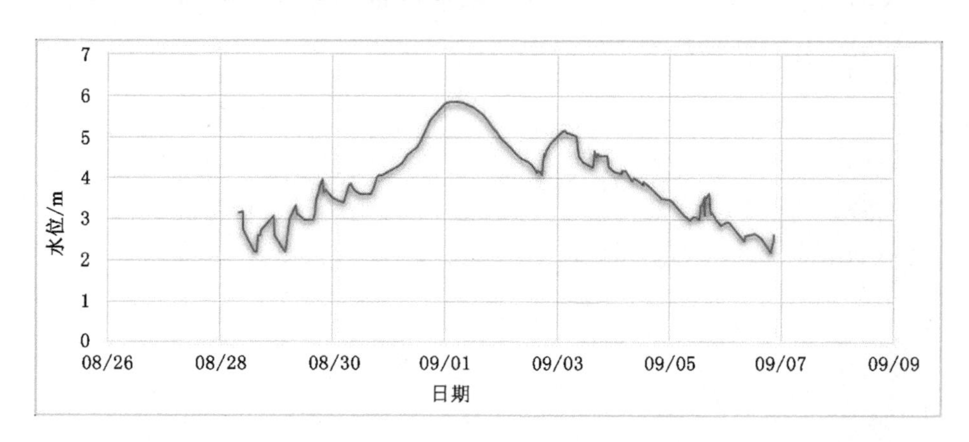

图 3-18　临洪水文站洪水水位过程线

（二）青口河

（1）黑林水文站水位自 8 月 28 日 20:00 的 35.05 m 开始上涨，8 月 31 日 2:12达到最高水位 37.17 m，过程涨幅 2.12 m，最大 1 h 涨幅为 0.45 m，实测最大洪峰流量 352 m^3/s，发生在 8 月 31 日 2:12。黑林水文站洪水水位过程线见图 3-19。

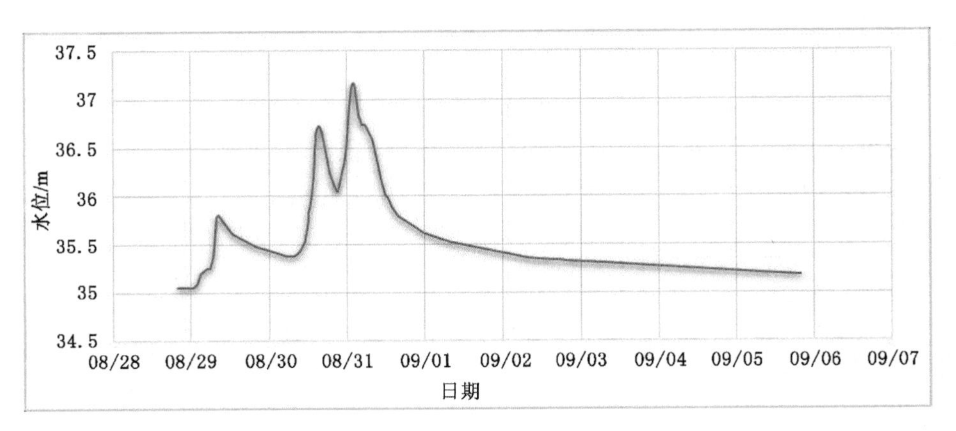

图 3-19　黑林水文站洪水水位过程线

（2）小塔山水库水文站水位自 8 月 28 日 8:00 的 26.86 m 开始上涨，9 月 10 日 20:00 达到最高水位 30.14 m，低于汛限水位 0.16 m，过程涨幅 3.28 m，最大 1 h 涨幅为 0.10 m，反推最大入库洪峰流量 440 m^3/s，发生在 8 月 31 日 4:00，小塔山水库未泄洪。小塔山水库水文站洪水水位过程线见图 3-20。

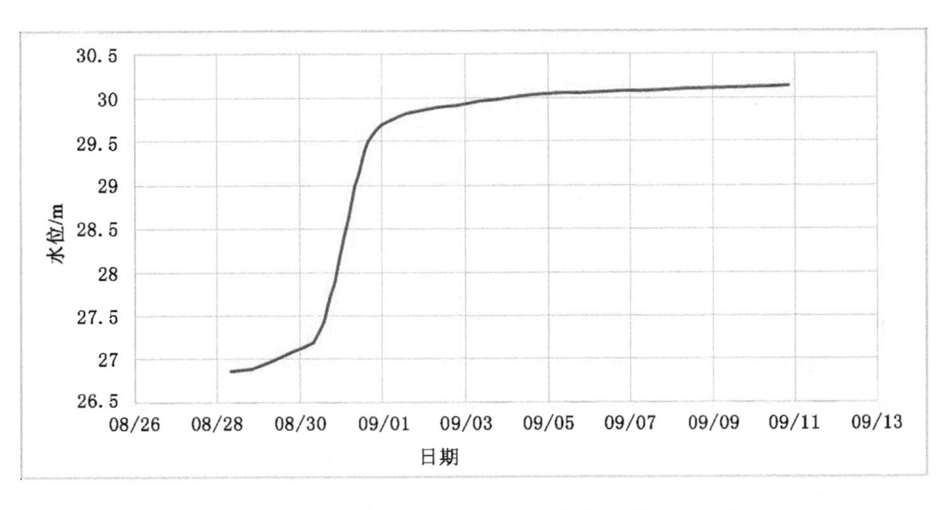

图 3-20　小塔山水库水文站洪水水位过程线

（四）善后河

板浦水位站水位自 8 月 28 日 8:00 的 1.87 m 开始上涨，31 日 8:00 达到最高水位 3.57 m，超过保证水位 0.25 m，过程涨幅 1.70 m，最大 1 h 涨幅为 0.05 m。板浦水位站洪水水位过程线见图 3-21。

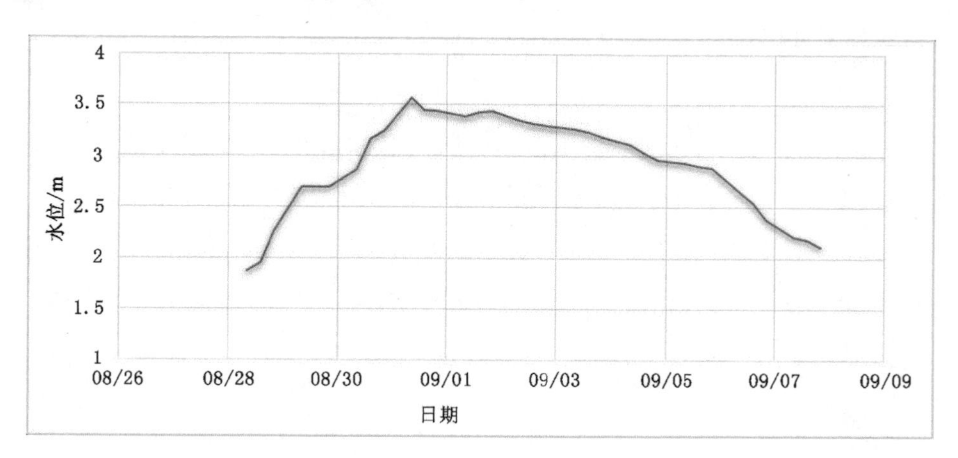

图 3-21 板浦水位站洪水水位过程线

（五）北六塘河

龙沟闸(上)水位站水位自 8 月 28 日 5:24 的 2.23 m 开始上涨，31 日 9:46 达到最高水位 4.60 m，超过保证水位 0.30 m，过程涨幅 2.37 m，最大 1 h 涨幅为 0.62 m。龙沟闸(上)水位站洪水水位过程线见图 3-22。

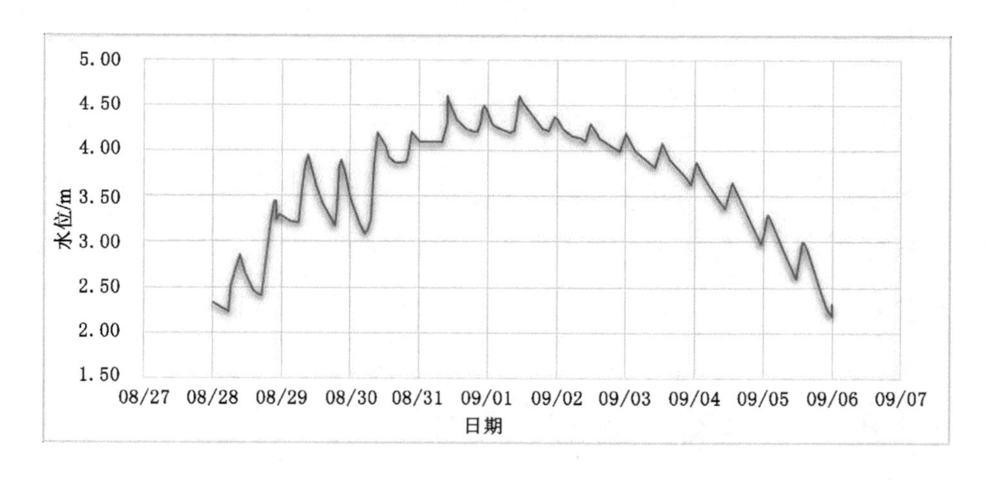

图 3-22 龙沟闸(上)水位站洪水水位过程线

四、2003 年

沂沭泗流域出现连续降雨，汛期降雨量列 1953 年以来第二位。此年降雨特征为：强度不大，降雨时间长，场次多，年降雨量大，区域受灾不重，选择 7 月中旬一场暴雨进行分析，代表站点洪水过程如下。

（一）新沭河

（1）大兴镇水文站水位自 7 月 12 日 8:20 的 21.96 m 开始上涨，17 日 20:00 达到最高水位 24.63 m，低于警戒水位 0.37 m，过程涨幅 2.67 m，最大 1 h 涨幅为 0.15 m，实测最大洪峰流量 1 040 m^3/s，发生在 7 月 14 日 9:03。大兴镇水文站洪水水位过程线见图 3-23。水位过程线尾部抬起是由石梁河水库蓄水造成的。

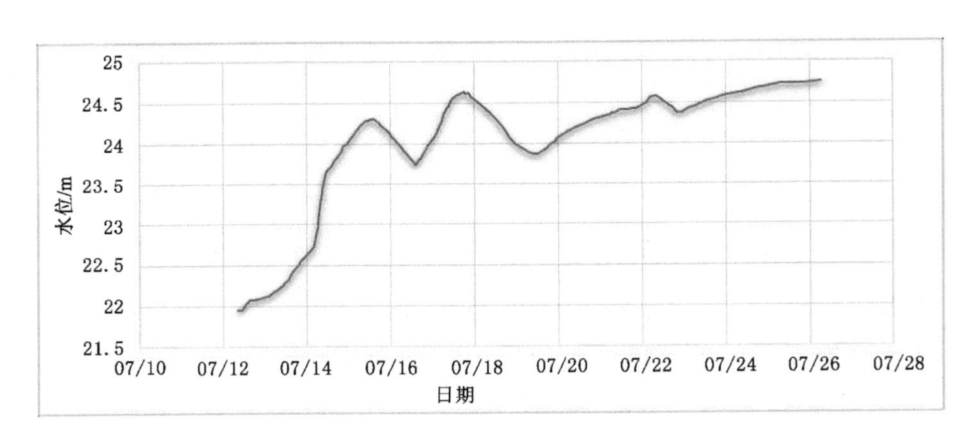

图 3-23　大兴镇水文站洪水水位过程线

（2）石梁河水库水文站水位自 7 月 12 日 10:00 的 21.85 m 开始上涨，17 日 17:48 达到最高水位 24.54 m，超过正常蓄水位 0.04 m，低于警戒水位 0.06 m，过程涨幅 2.69 m，最大 1 h 涨幅为 0.11 m；反推最大入库洪峰流量 1 420 m^3/s，发生在 7 月 14 日 11:35，最大泄洪流量 1 160 m^3/s，发生在 7 月 15 日 14:30。石梁河水库水文站洪水水位过程线见图 3-24。

（二）蔷薇河

（1）小许庄水文站水位自 7 月 12 日 14:00 的 2.41 m 开始上涨，18 日 2:00 达到最高水位 6.05 m，超过警戒水位 0.55 m，过程涨幅 3.64 m，最大 1 h 涨幅为

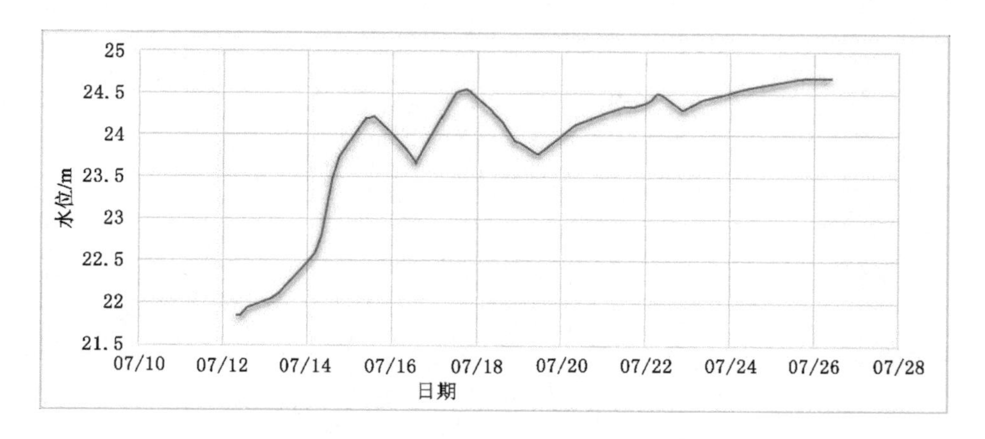

图 3-24 石梁河水库水文站洪水水位过程线

0.14 m,实测最大洪峰流量 96.1 m^3/s,发生在 7 月 17 日 14:30。小许庄水文站洪水水位过程线见图 3-25。

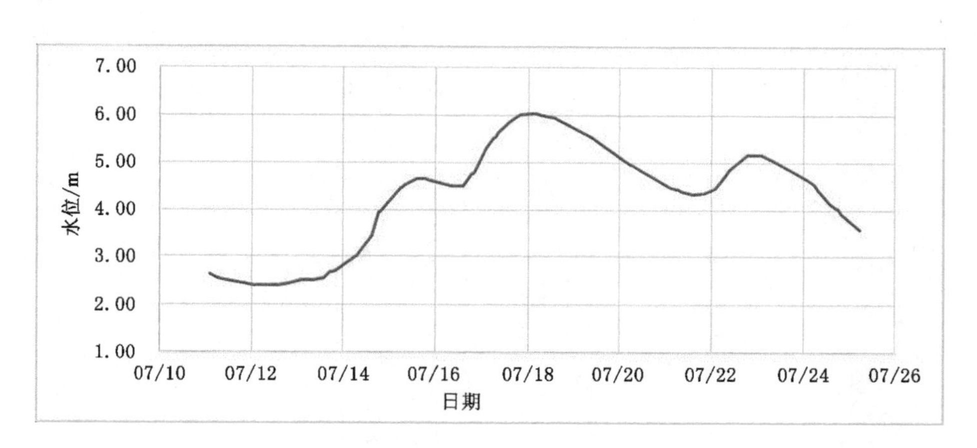

图 3-25 小许庄水文站洪水水位过程线

(2) 临洪水文站水位自 7 月 12 日 2:42 的 1.61 m 开始上涨,15 日 5:00 达到最高水位 4.15 m,低于警戒水位 0.35 m,过程涨幅 2.54 m,最大 1 h 涨幅为 1.30 m,实测最大洪峰流量 604 m^3/s,发生在 7 月 15 日 5:18。临洪水文站洪水水位过程线见图 3-26。

(三) 青口河

(1) 黑林水文站水位自 7 月 12 日 8:00 的 34.75 m 开始上涨,7 月 17 日 5:18达到最高水位 36.90 m,过程涨幅 2.15 m,最大 1 h 涨幅为 0.56 m,实测最

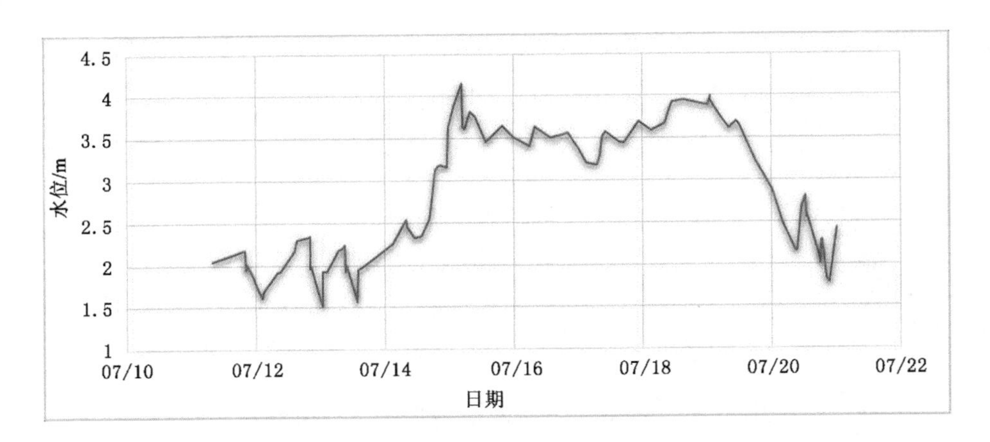

图 3-26　临洪水文站洪水水位过程线

大洪峰流量 211 m³/s,发生在 7 月 15 日 5:18。黑林水文站洪水水位过程线见图 3-27。

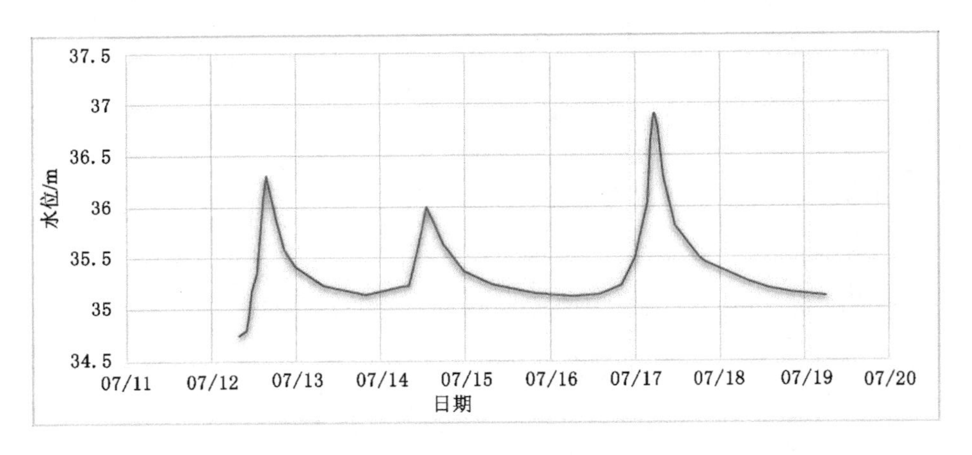

图 3-27　黑林水文站洪水水位过程线

(2) 小塔山水库水文站水位自 7 月 12 日 8:00 的 25.63 m 开始上涨,7 月 24 日 8:00 水位达到 28.87 m,低于汛限水位 1.43 m,过程涨幅 3.24 m,最大 1 h 涨幅为 0.08 m;反推最大入库洪峰流量 262 m³/s,发生在 7 月 17 日 7:00,小塔山水库未泄洪。小塔山水库水文站洪水水位过程线见图 3-28。

(四) 善后河

板浦水位站水位自 7 月 12 日 20:00 的 1.29 m 开始上涨,17 日 14:00 达到

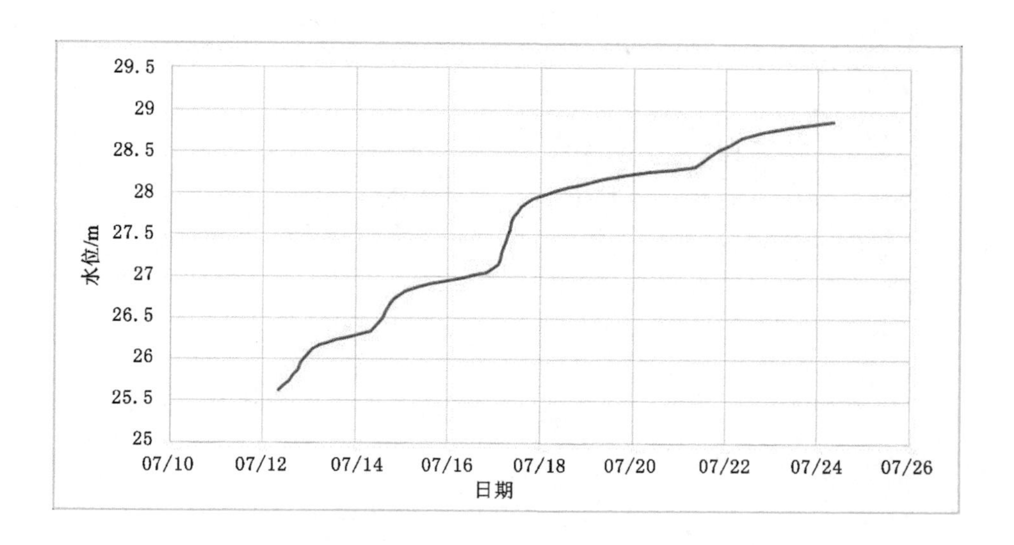

图 3-28 小塔山水库水文站洪水水位过程线

最高水位 2.99 m，低于警戒水位 0.11 m，过程涨幅 1.70 m，最大 1 h 涨幅为 0.08 m。板浦水位站洪水水位过程线见图 3-29。

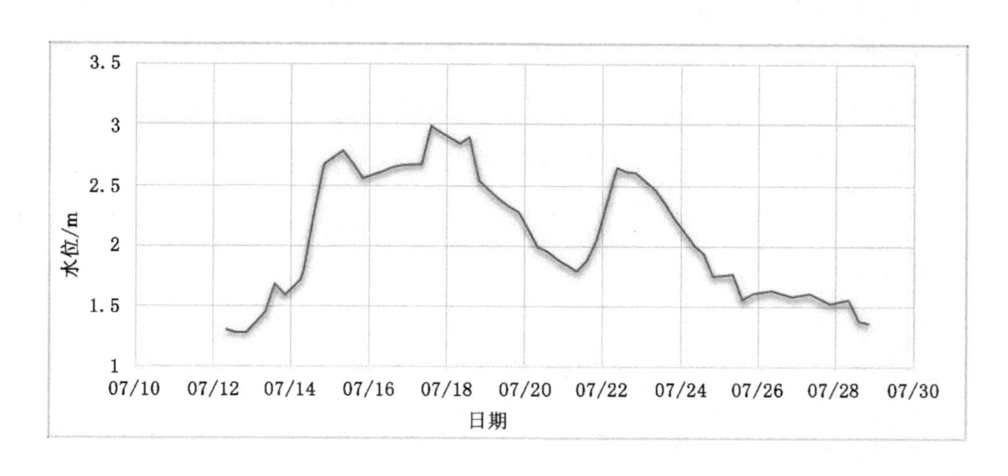

图 3-29 板浦水位站洪水水位过程线

（五）北六塘河

龙沟闸(上)水位站水位自 7 月 12 日 5:00 的 2.09 m 开始上涨，14 日 9:18 达到最高水位 3.72 m，超过警戒水位 0.02 m，过程涨幅 1.63 m，最大 1 h 涨幅为 0.53 m。龙沟闸(上)水位站洪水水位过程线见图 3-30。

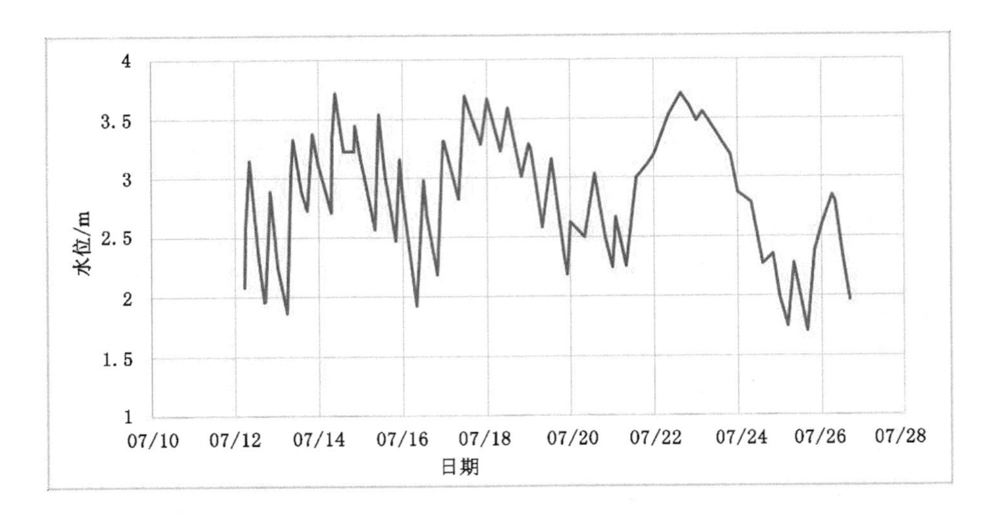

图 3-30　龙沟闸(上)水位站洪水水位过程线

五、2005 年

2005 年水量年总数较大,但是降雨强度不大。本次选择 7 月 31 日—8 月 2 日场次暴雨进行分析,本场暴雨中心在灌云县,代表站点洪水过程如下。

(一) 新沭河

(1) 大兴镇水文站水位自 7 月 31 日 14:36 的 23.80 m 开始上涨,8 月 13 日 6:00 达到最高水位 24.52 m,低于警戒水位 0.48 m,过程涨幅 0.72 m,最大 1 h 涨幅为 0.05 m,实测最大洪峰流量 428 m^3/s,发生在 8 月 1 日 4:20。大兴镇水文站洪水水位过程线见图 3-31。

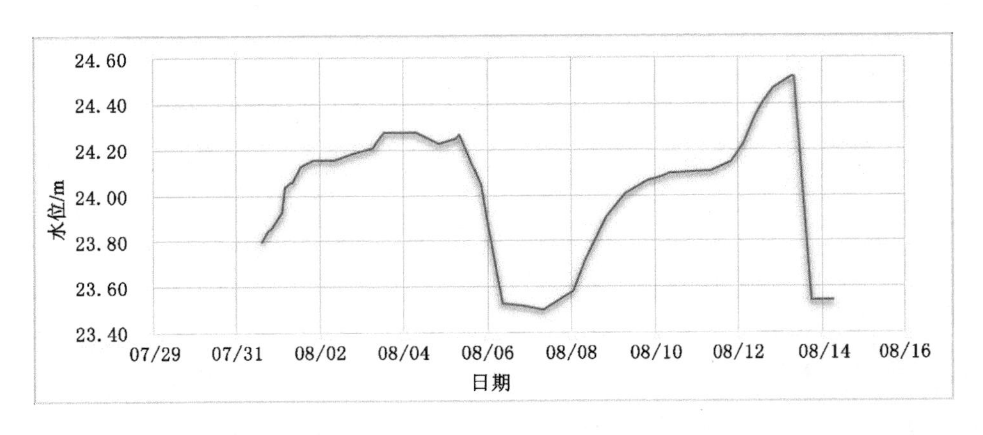

图 3-31　大兴镇水文站洪水水位过程线

（2）石梁河水库水文站水位自7月31日8:00的23.73 m开始上涨，8月13日8:00达到最高水位24.45 m，低于正常蓄水位0.05 m，低于警戒水位0.55 m，过程涨幅0.72 m，最大1 h涨幅为0.02 m，反推最大入库流量800 m^3/s，发生在8月5日21:05。石梁河水库水文站洪水水位过程线见图3-32。

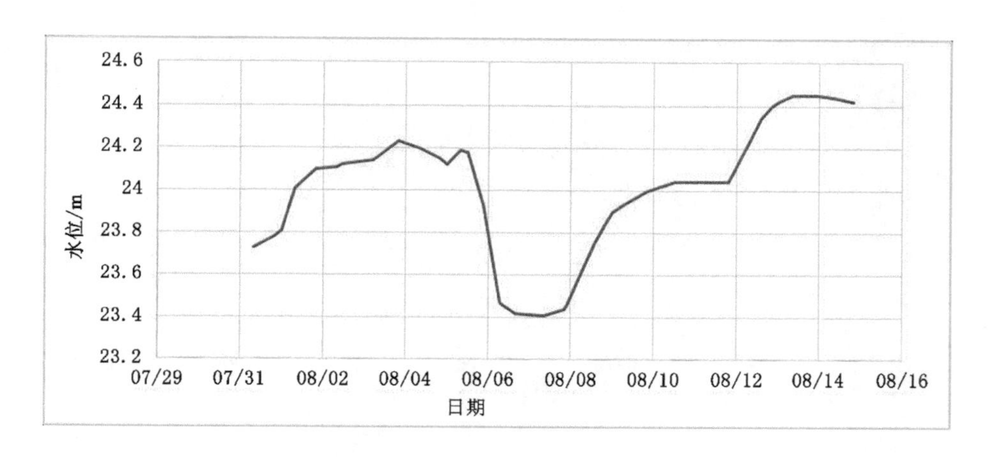

图3-32 石梁河水库水文站洪水水位过程线

（二）蔷薇河

（1）小许庄水文站水位自7月31日18:06的3.09 m开始上涨，8月3日17:00达到最高水位6.06 m，超过警戒水位0.56 m，过程涨幅2.97 m，最大1 h涨幅为0.33 m，实测最大洪峰流量224 m^3/s，发生在8月2日18:30。小许庄水文站洪水水位过程线见图3-33。

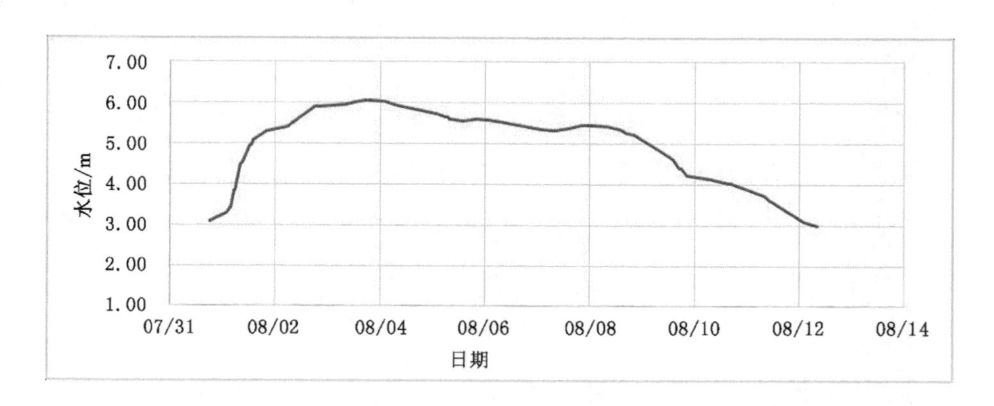

图3-33 小许庄水文站洪水水位过程线

(2) 临洪水文站水位自 7 月 31 日 19:28 的 1.89 m 开始上涨,8 月 7 日 21:00达到最高水位 3.55 m,低于警戒水位 0.95 m,过程涨幅 1.66 m,最大 1 h 涨幅为 1.87 m,实测最大洪峰流量 625 m^3/s,发生在 8 月 3 日 0:00。临洪水文站洪水水位过程线见图 3-34。

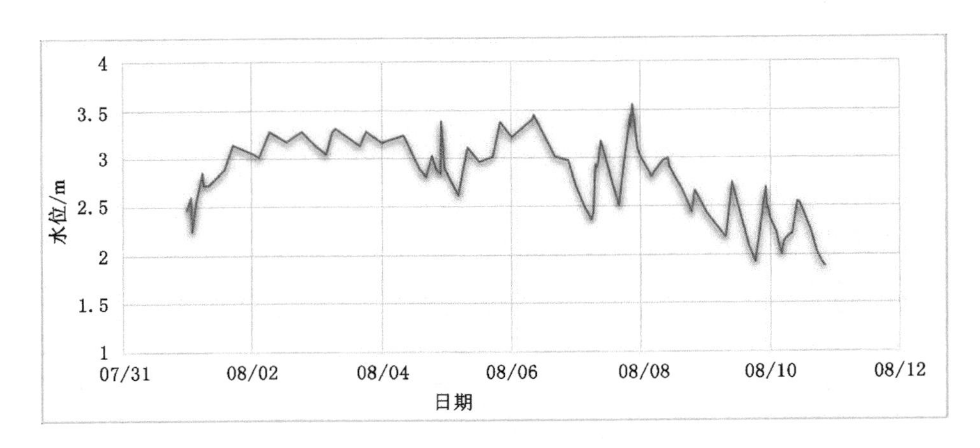

图 3-34　临洪水文站洪水水位过程线

(三) 青口河

(1) 黑林水文站水位自 8 月 10 日 18:30 的 35.08 m 开始上涨,8 月 11 日 7:42达到最高水位 36.28 m,过程涨幅 1.20 m,最大 1 h 涨幅为 1.40 m,实测最大洪峰流量 97.5 m^3/s,发生在 8 月 11 日 7:42。黑林水文站洪水水位过程线见图 3-35。

说明:该区域 7 月底发生连续降雨。但是,由于前期雨水偏少,测站上游河道上建有低水坝,至 8 月 10 日才形成洪水过程。

(2) 小塔山水库水文站水位自 8 月 10 日 8:00 的 29.77 m 开始上涨,8 月 21 日 8:00 水位达到 30.22 m,低于汛限水位 0.08 m,过程涨幅 0.45 m,最大 1 h 涨幅为 0.01 m,反推最大入库流量 115 m^3/s,发生在 8 月 11 日 2:00,小塔山水库未泄洪。小塔山水库水文站洪水水位过程线见图 3-36。

(四) 善后河

板浦水位站水位自 7 月 30 日 8:00 的 1.83 m 开始上涨,8 月 1 日 14:00 达到最高水位 3.13 m,超过警戒水位 0.03 m,过程涨幅 1.30 m,最大 1 h 涨幅为 0.07 m。板浦水位站洪水水位过程线见图 3-37。

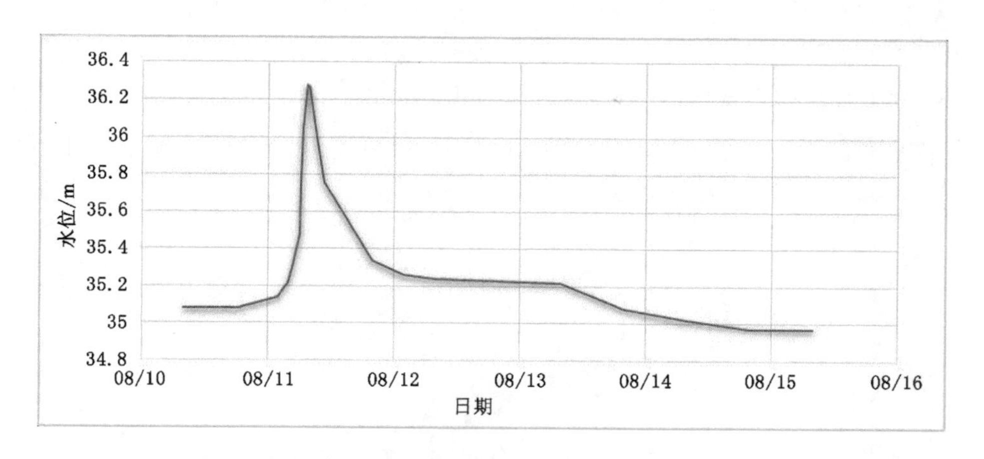

图 3-35　黑林水文站洪水水位过程线

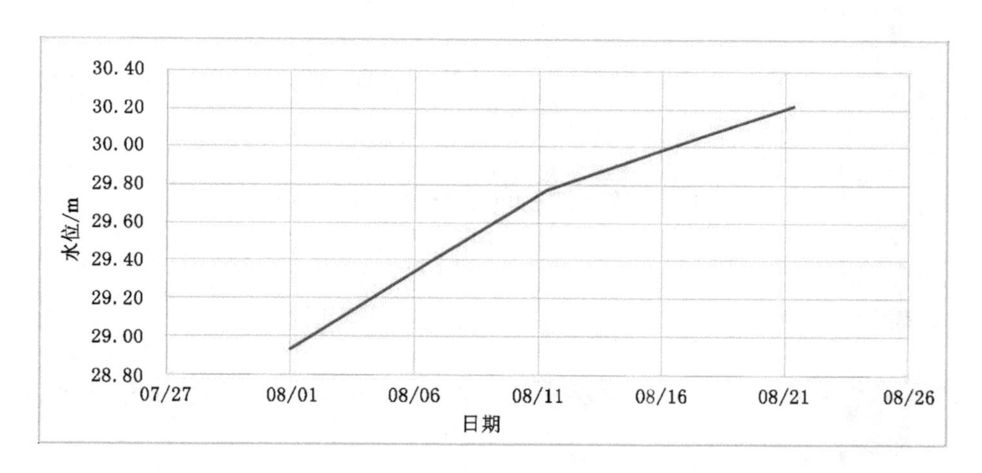

图 3-36　小塔山水库水文站洪水水位过程线

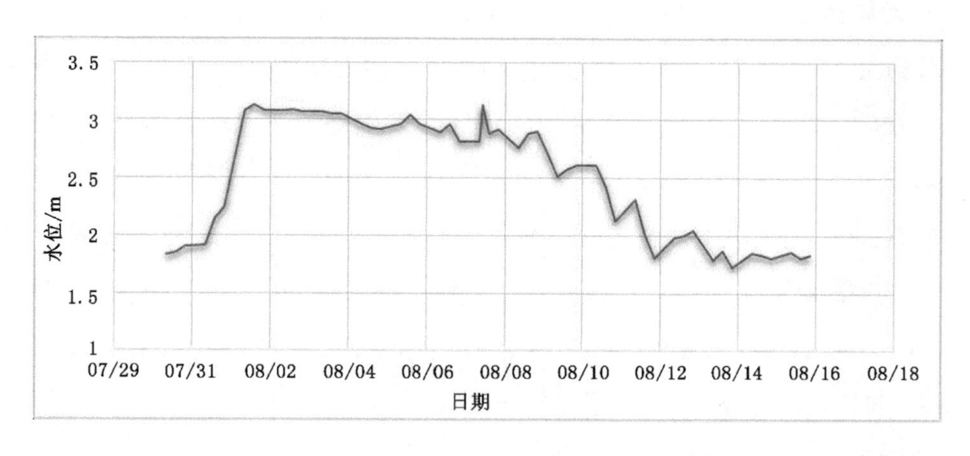

图 3-37　板浦水位站洪水水位过程线

（五）北六塘河

龙沟闸(上)水位站水位自8月1日4:00的2.04 m开始上涨，8月4日9:20达到最高水位3.82 m，超过警戒水位0.12 m，过程涨幅1.78 m，最大1 h涨幅为0.71 m。龙沟闸(上)水位站洪水水位过程线见图3-38。

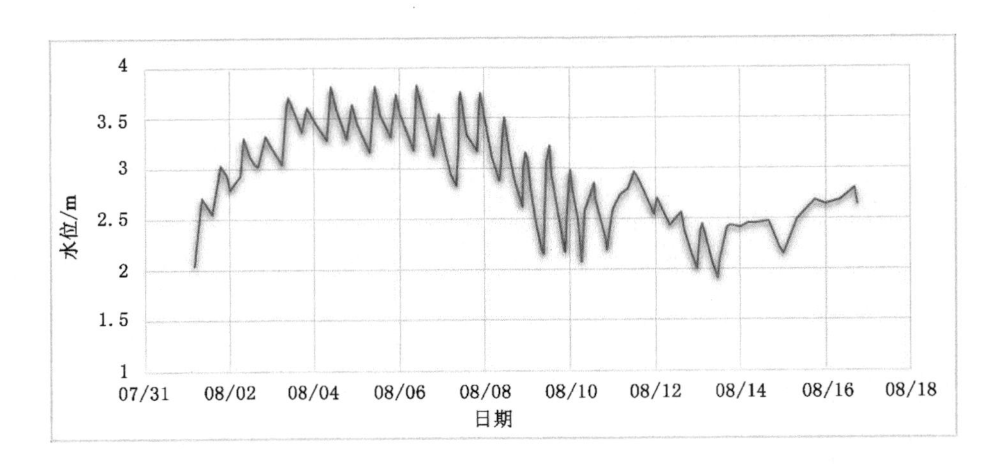

图3-38　龙沟闸(上)水位站洪水水位过程线

六、2007年

2007年9月中旬，区域普降大暴雨，有的河道最高水位超过警戒水位。本场次暴雨洪水过程如下。

（一）新沭河

(1) 大兴镇水文站水位自9月19日10:48的24.25 m开始上涨，9月21日14:00达到最高水位25.16 m，超过警戒水位0.16 m，过程涨幅0.91 m，最大1 h涨幅为0.08 m，实测最大洪峰流量804 m^3/s，发生在9月20日4:36。大兴镇水文站洪水水位过程线见图3-39。

(2) 石梁河水库水文站水位自9月19日8:00的24.17 m开始上涨，9月21日8:00达到最高水位25.10 m，超过正常蓄水位0.60 m，超过警戒水位0.10 m，过程涨幅0.93 m，最大1 h涨幅为0.03 m，反推最大入库流量1 160 m^3/s，发生在9月20日6:00，最大泄洪流量204 m^3/s，发生在9月21日2:00。石梁河水库水文站洪水水位过程线见图3-40。

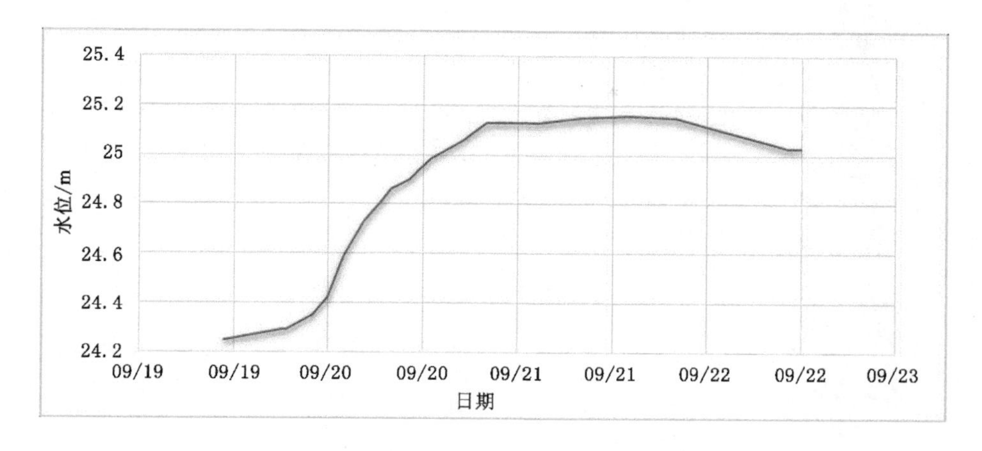

图 3-39 大兴镇水文站洪水水位过程线

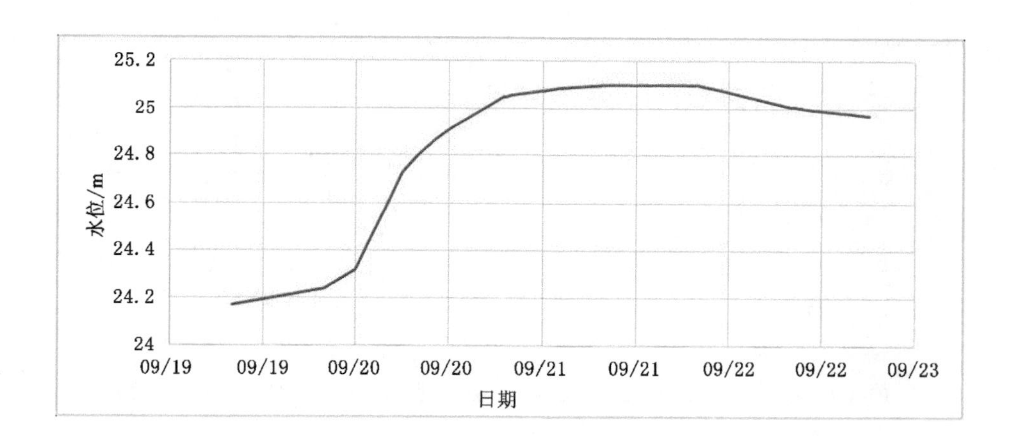

图 3-40 石梁河水库水文站洪水水位过程线

（二）蔷薇河

(1) 小许庄水文站水位自 9 月 18 日 2:00 的 3.16 m 开始上涨，9 月 21 日 2:00达到最高水位 5.77 m，超过警戒水位 0.27 m，过程涨幅 2.61 m，最大 1 h 涨幅为 0.19 m，实测最大洪峰流量 95.7 m^3/s，发生在 9 月 21 日 6:28。小许庄水文站洪水水位过程线见图 3-41。

(2) 临洪水文站水位自 9 月 18 日 0:00 的 2.92 m 开始上涨，9 月 21 日 4:00 达到最高水位 3.47 m，低于警戒水位 1.03 m，过程涨幅 0.55 m，最大 1 h 涨幅为 0.67 m，实测最大洪峰流量 563 m^3/s，发生在 9 月 21 日 8:00。临洪水文站洪水水位过程线见图 3-42。

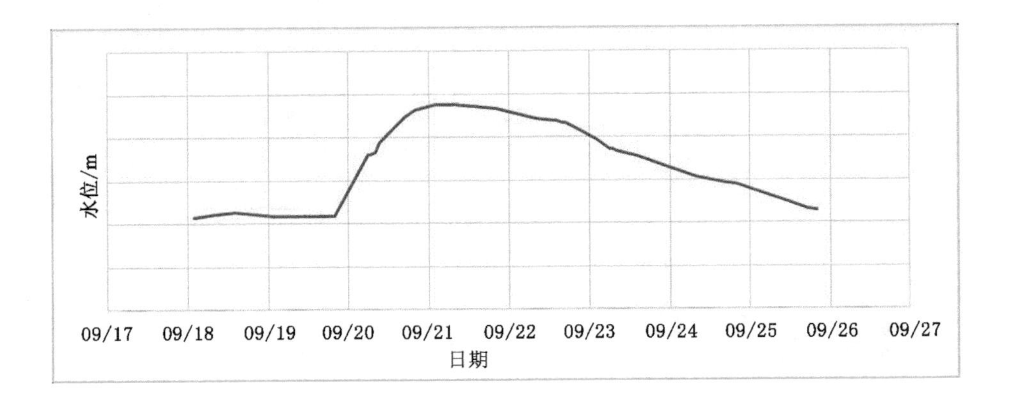

图 3-41　小许庄水文站洪水水位过程线

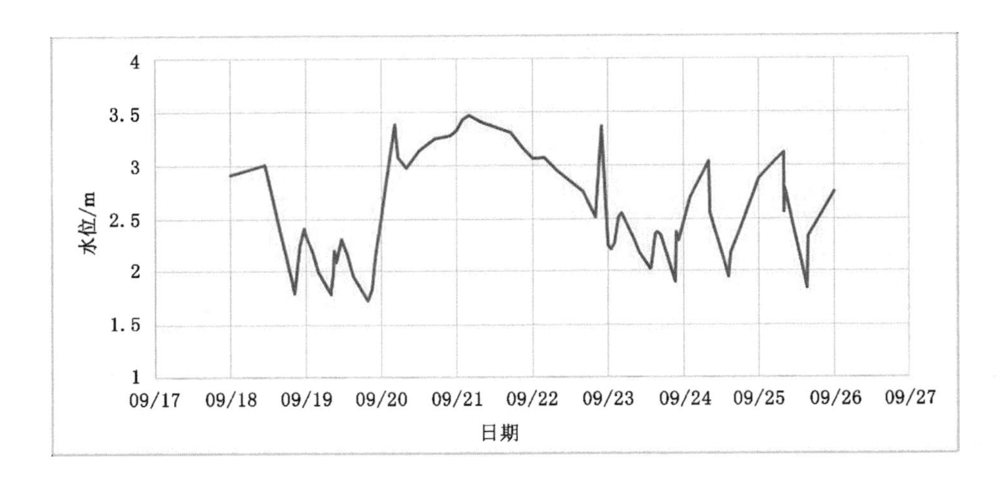

图 3-42　临洪水文站洪水水位过程线

（三）青口河

(1) 黑林水文站水位自 9 月 19 日 23:00 的 35.01 m 开始上涨，9 月 20 日 5:30达到最高水位 36.14 m，过程涨幅 1.13 m，最大 1 h 涨幅为 0.63 m，实测最大洪峰流量 157 m^3/s，发生在 9 月 20 日 5:39。黑林水文站洪水水位过程线见图 3-43。

(2) 小塔山水库水文站水位自 9 月 18 日 20:00 的 32.01 m 开始上涨，9 月 23 日 8:00 水位达到 32.70 m，低于正常蓄水位 0.10 m，低于警戒水位 0.60 m，过程涨幅 0.69 m，最大 1 h 涨幅为 0.06 m，反推最大入库洪峰流量 415 m^3/s，发

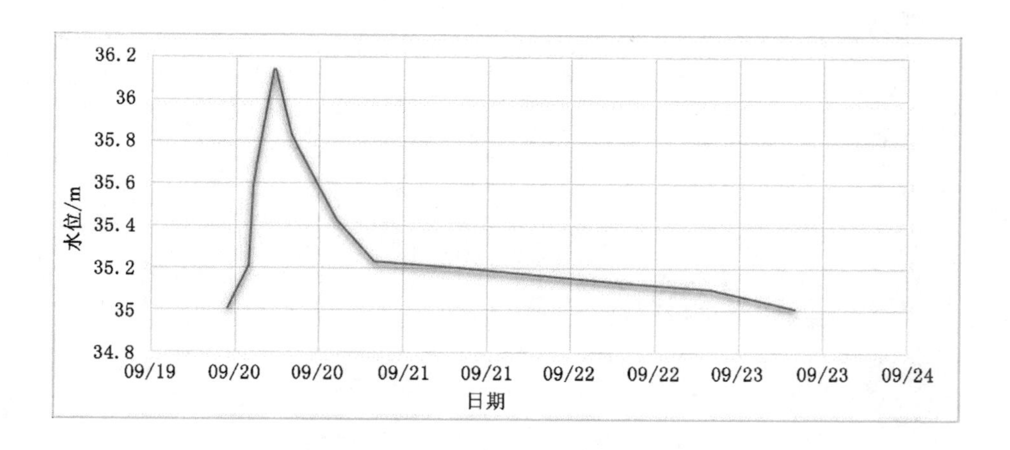

图 3-43　黑林水文站洪水水位过程线

生在 9 月 20 日 6:00，小塔山水库未泄洪。小塔山水库水文站洪水水位过程线见图 3-44。

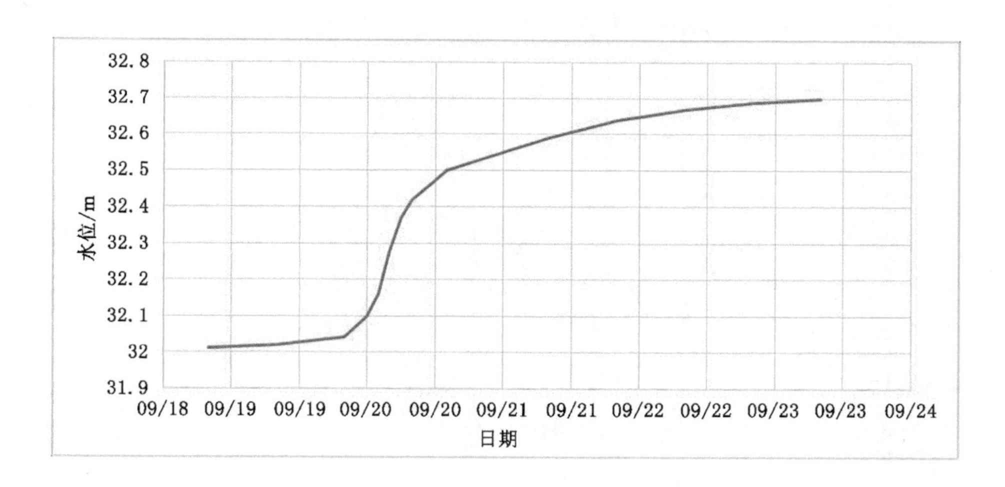

图 3-44　小塔山水库水文站洪水水位过程线

（四）善后河

板浦水位站水位自 9 月 19 日 8:00 的 1.77 m 开始上涨，9 月 20 日 14:00 达到最高水位 3.07 m，低于警戒水位 0.03 m，过程涨幅 1.30 m，最大 1 h 涨幅为 0.09 m。板浦水位站洪水水位过程线见图 3-45。

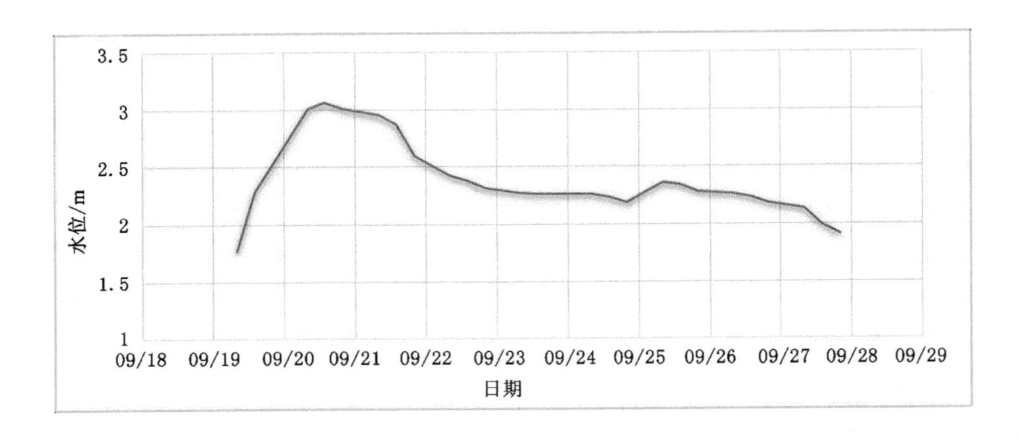

图 3-45 板浦水位站洪水水位过程线

（五）北六塘河

龙沟闸(上)水位站水位自 9 月 19 日 8:00 的 2.27 m 开始上涨，9 月 21 日 5:00 达到最高水位 3.76 m，超过警戒水位 0.06 m，过程涨幅 1.49 m，最大 1 h 涨幅为 0.45 m。龙沟闸(上)水位站洪水水位过程线见图 3-46。

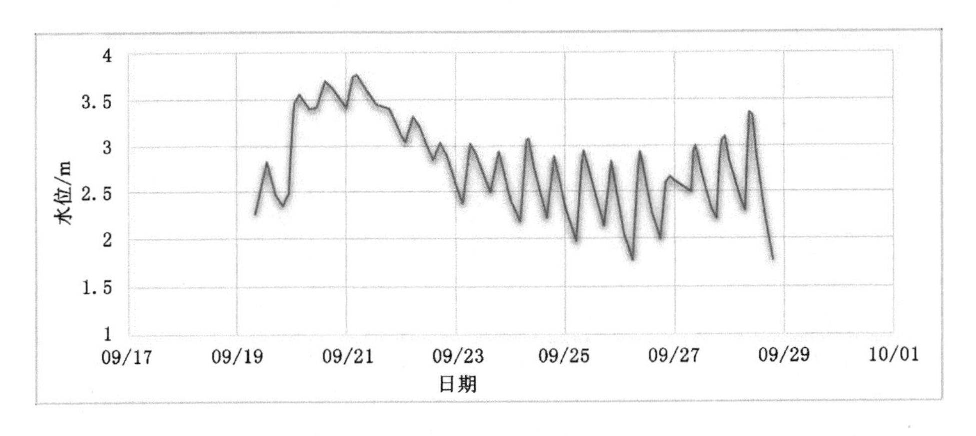

图 3-46 龙沟闸(上)水位站洪水水位过程线

七、2012 年

2012 年 7 月上旬，沂沭河流域发生了一次较大洪水，区域普降暴雨至特大暴雨，特别是连云港市市区，最大 1 d 降雨量凤凰嘴站达 420.0 mm，造成城区严重积水。

（一）新沭河

（1）大兴镇水文站水位自7月8日8:30的22.13 m开始上涨，7月10日18:40达到最高水位25.17 m，超过警戒水位0.17 m，过程涨幅3.04 m，最大1 h涨幅为0.66 m，实测最大洪峰流量2 100 m^3/s，发生在7月10日16:10。大兴镇水文站洪水水位过程线见图3-47。

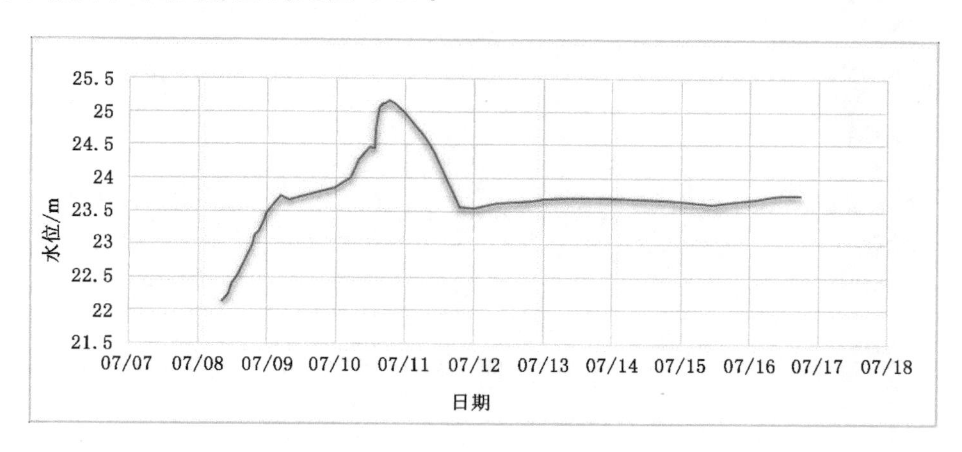

图3-47　大兴镇水文站洪水水位过程线

（2）石梁河水库水文站水位自7月7日8:00的21.95 m开始上涨，7月10日21:40达到最高水位24.52 m，超过正常蓄水位0.02 m，低于警戒水位0.48 m，过程涨幅2.57 m，最大1 h涨幅为0.10 m，反推最大入库洪峰流量2 920 m^3/s，发生在7月10日17:00，最大泄洪流量2 270 m^3/s，发生在7月11日10:05。石梁河水库水文站洪水水位过程线见图3-48。

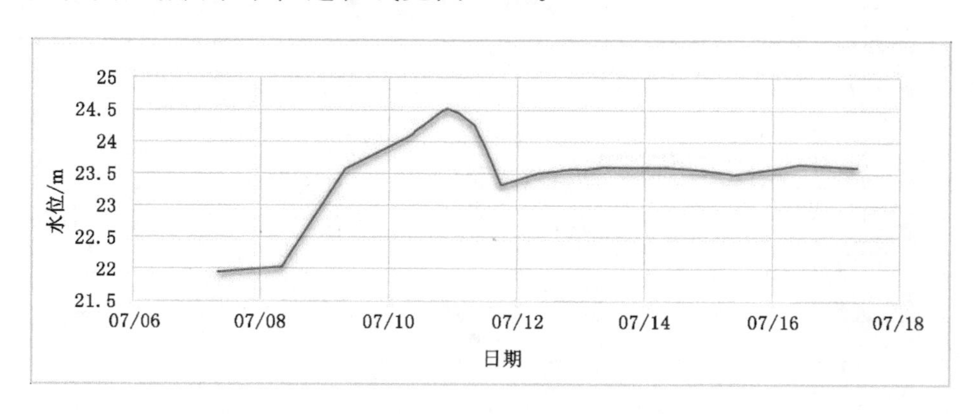

图3-48　石梁河水库水文站洪水水位过程线

（二）蔷薇河

（1）小许庄水文站水位自 7 月 8 日 8:00 的 2.40 m 开始上涨，7 月 10 日 7:30达到最高水位 4.39 m，低于警戒水位 1.11 m，过程涨幅 1.99 m，最大 1 h 涨幅为 0.36 m，实测最大洪峰流量 37.9 m^3/s，发生在 7 月 8 日 16:33。小许庄水文站洪水水位过程线见图 3-49。

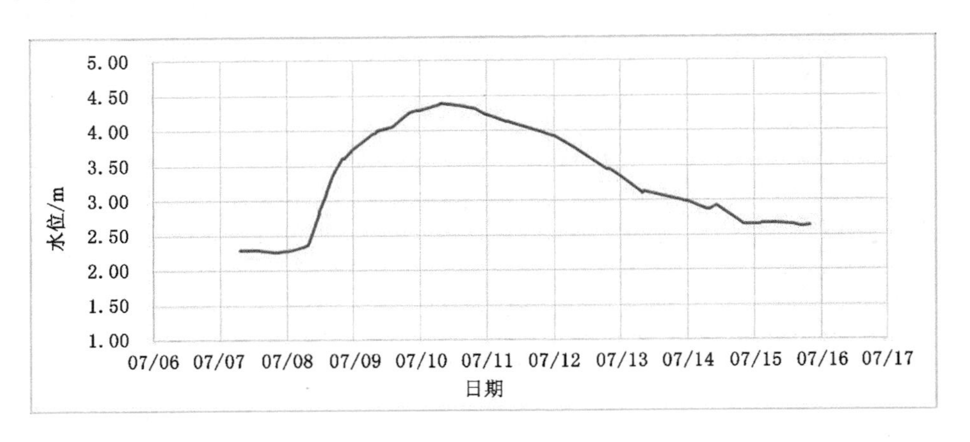

图 3-49 小许庄水文站洪水水位过程线

（2）临洪水文站水位自 7 月 8 日 8:55 的 2.53 m 开始上涨，7 月 9 日 17:00 达到最高水位 3.91 m，低于警戒水位 0.59 m，过程涨幅 1.38 m，最大 1 h 涨幅为 0.29 m，实测最大洪峰流量 545 m^3/s，发生在 7 月 10 日 8:00。临洪水文站洪水水位过程线见图 3-50。

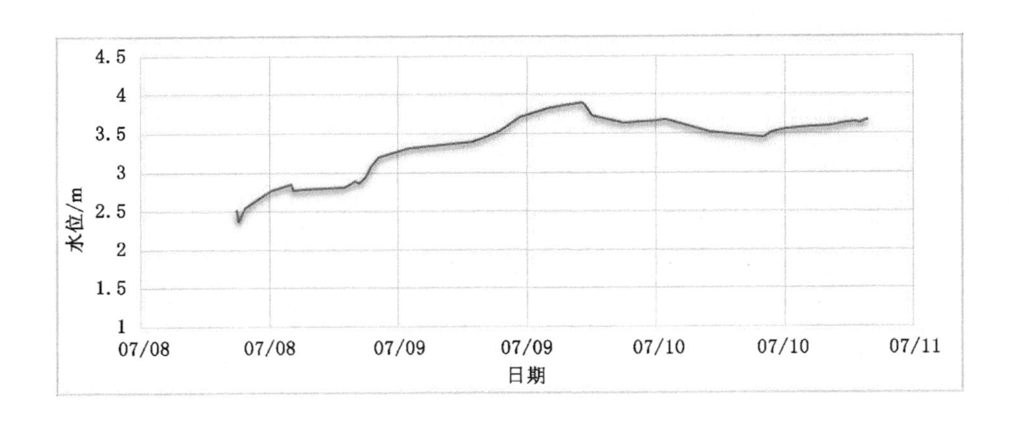

图 3-50 临洪水文站洪水水位过程线

（三）青口河

（1）黑林水文站水位自7月7日20:00的33.44 m开始上涨，7月10日7:55达到最高水位37.10 m，过程涨幅3.66 m，最大1 h涨幅为1.16 m，实测最大洪峰流量583 m^3/s，发生在7月10日8:00。黑林水文站洪水水位过程线见图3-51。

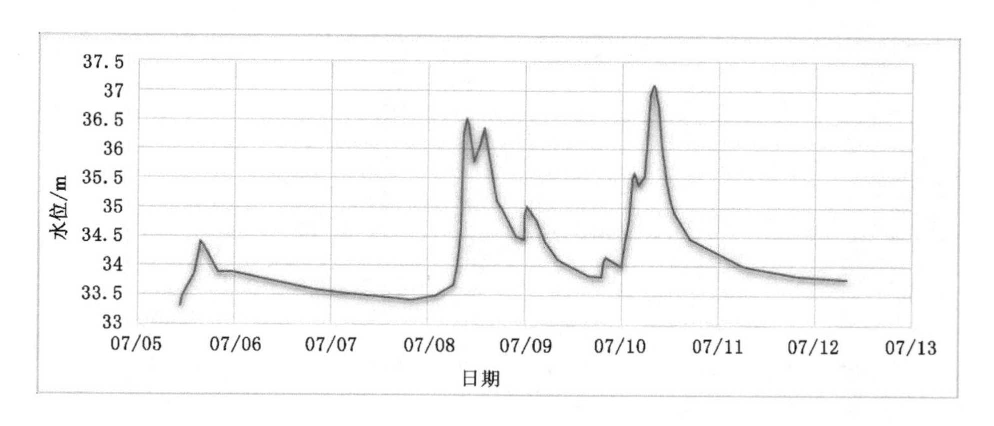

图3-51 黑林水文站洪水水位过程线

（2）小塔山水库水文站水位自7月4日8:00的29.42 m开始上涨，7月11日5:45达到最高水位32.20 m，超过汛限水位1.90 m，低于警戒水位1.10 m，过程涨幅2.78 m，最大1 h涨幅为0.07 m，反推最大入库洪峰流量760 m^3/s，发生在7月10日13:30，最大泄洪流量34.4 m^3/s，发生在7月11日5:45。小塔山水库水文站洪水水位过程线见图3-52。

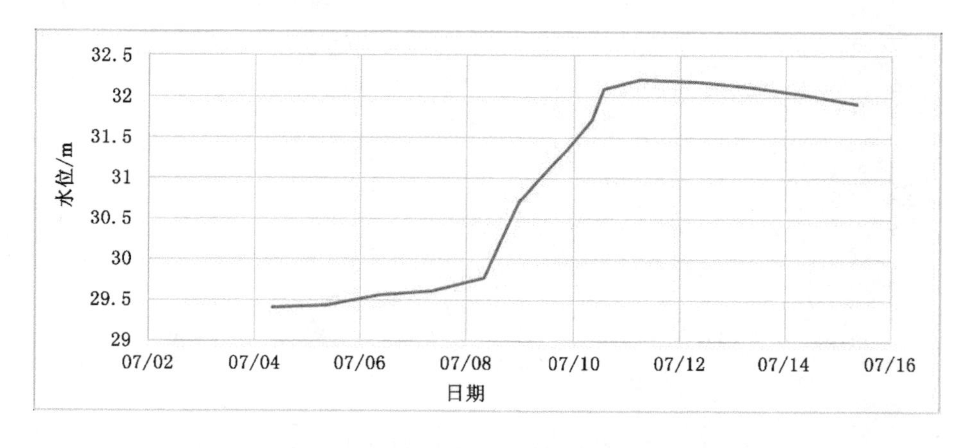

图3-52 小塔山水库水文站洪水水位过程线

（四）善后河

板浦水位站水位自 7 月 7 日 8:00 的 2.09 m（该年为日均水位）开始上涨，7 月 10 日 8:00 达到最高水位 3.07 m（瞬时最高水位 3.19 m，超过警戒水位 0.09 m），低于警戒水位 0.03 m，过程涨幅 0.98 m，最大 1 h 涨幅为 0.03 m。板浦水位站日均洪水水位过程线见图 3-53。

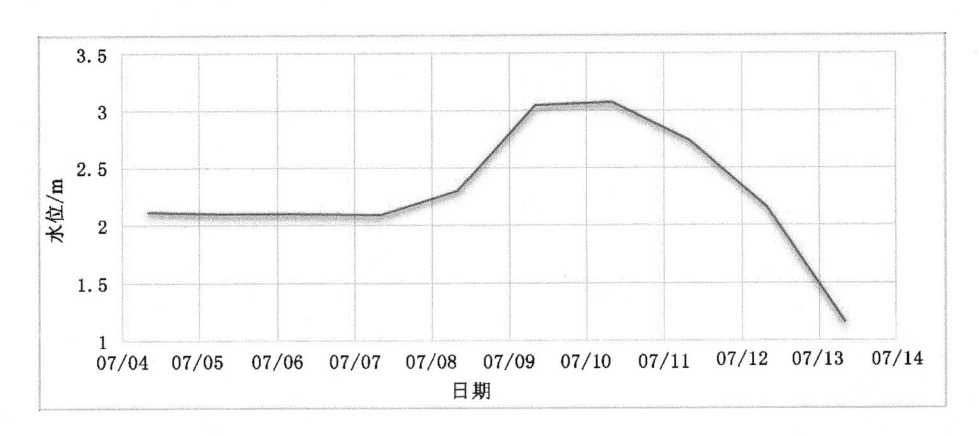

图 3-53　板浦水位站日均洪水水位过程线

（五）北六塘河

龙沟闸（上）水位站水位自 7 月 4 日 8:00 的 2.57 m（该年为日均水位）开始上涨，7 月 6 日 8:00 达到最高水位 3.10 m（瞬时水位最高 3.71 m，超过警戒水位 0.01 m），低于警戒水位 0.60 m，过程涨幅 0.53 m，最大 1 h 涨幅为 0.02 m。龙沟闸（上）水位站日均洪水水位过程线见图 3-54。

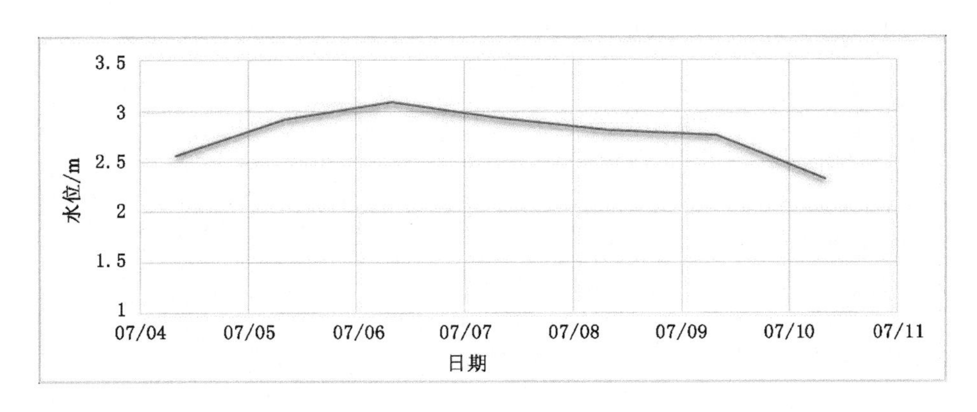

图 3-54　龙沟闸（上）水位站日均洪水水位过程线

八、2019 年

2019 年受第 9 号台风"利奇马"及北方冷空气共同影响,8 月 10—11 日沂沭泗流域大部分地区普降大暴雨,局地特大暴雨,最大 1 d 降雨量麦坡站达 303.0 mm,造成东海中西部内涝。

(一) 新沭河

(1) 大兴镇水文站水位自 8 月 10 日 9:10 的 23.10 m 开始上涨,8 月 16 日 20:00 达到最高水位 25.05 m,超过警戒水位 0.05 m,过程涨幅 1.95 m,最大 1 h 涨幅为 0.33 m,实测最大洪峰流量 3 850 m^3/s,发生在 8 月 11 日 20:55。大兴镇水文站洪水水位过程线见图 3-55。

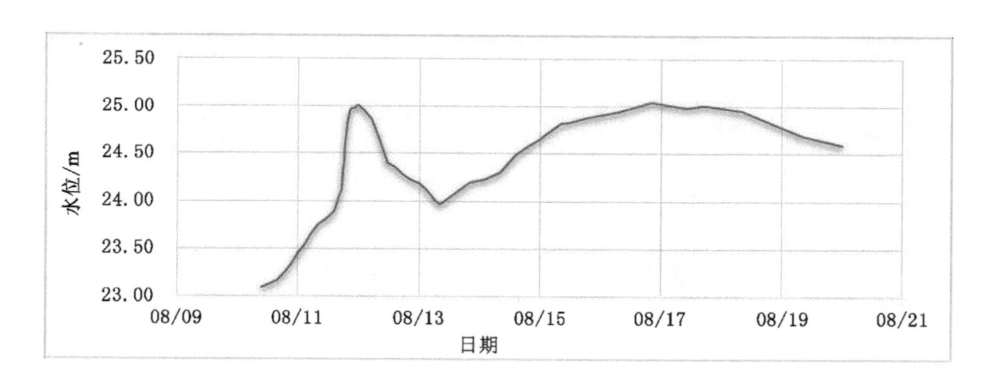

图 3-55 大兴镇水文站洪水水位过程线

(2) 石梁河水库水文站水位自 8 月 10 日 14:00 的 23.05 m 开始上涨,8 月 16 日 19:35 达到最高水位 24.93 m,超过正常蓄水位 0.43 m,低于警戒水位 0.07 m,过程涨幅 1.88 m,最大 1 h 涨幅为 0.09 m,反推最大入库洪峰流量4 430 m^3/s,发生在 8 月 11 日 21:30,最大泄洪流量 3 420 m^3/s,发生在 8 月 12 日 8:00。石梁河水库水文站洪水水位过程线见图 3-56。

(二) 蔷薇河

(1) 小许庄水文站水位自 8 月 10 日 8:00 的 2.55 m 开始上涨,8 月 12 日 12:55 达到最高水位 5.49 m,低于警戒水位 0.01 m,过程涨幅 2.94 m,最大 1 h 涨幅为 0.37 m,实测最大洪峰流量 302 m^3/s,发生在 8 月 11 日 17:45。小许庄水文站洪水水位过程线见图 3-57。

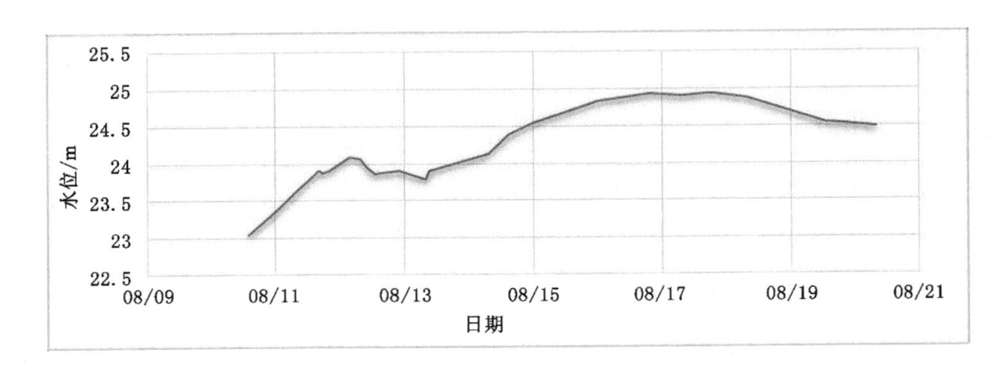

图 3-56　石梁河水库水文站洪水水位过程线

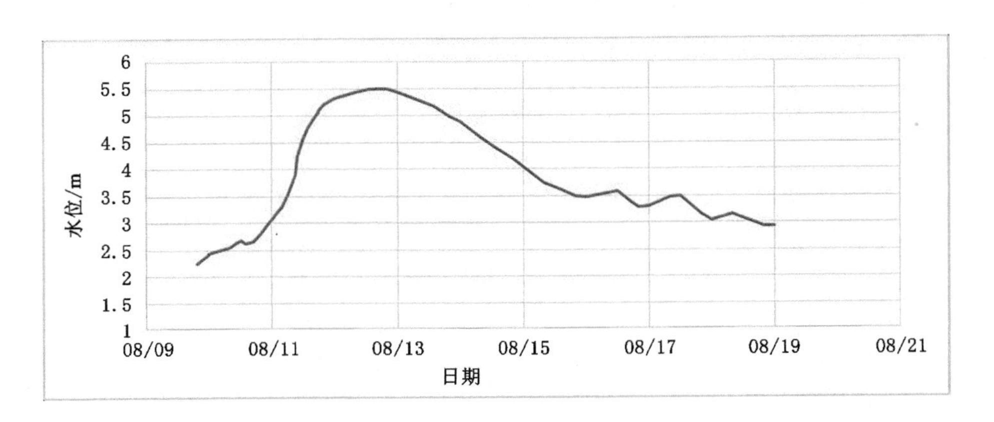

图 3-57　小许庄水文站洪水水位过程线

(2) 临洪水文站水位自 8 月 10 日 9:20 的 2.51 m 开始上涨，8 月 13 日 18:20达到最高水位 4.50 m，过程涨幅 1.99 m，最大 1 h 涨幅为 0.24 m，实测最大洪峰流量 863 m^3/s，发生在 8 月 13 日 23:55。临洪水文站洪水水位过程线见图 3-58。

（三）青口河

(1) 黑林水文站水位自 8 月 10 日 5:00 的 33.92 m 开始上涨，8 月 11 日 16:40达到最高水位 35.89 m，过程涨幅 1.97 m，最大 1 h 涨幅为 0.60 m，实测最大洪峰流量 242 m^3/s，发生在 8 月 11 日 15:10。黑林水文站洪水水位过程线见图 3-59。

(2) 小塔山水库水文站水位自 8 月 11 日 0:00 的 30.14 m 开始上涨，8 月 18 日 20:00 水位达到 31.25 m，超过汛限水位 0.95 m，低于警戒水位 2.05 m，过程

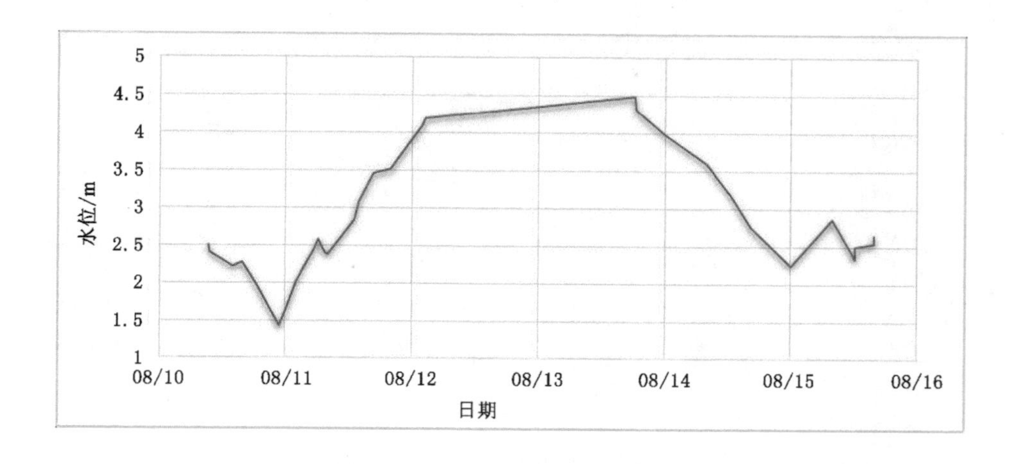

图 3-58 临洪水文站洪水水位过程线

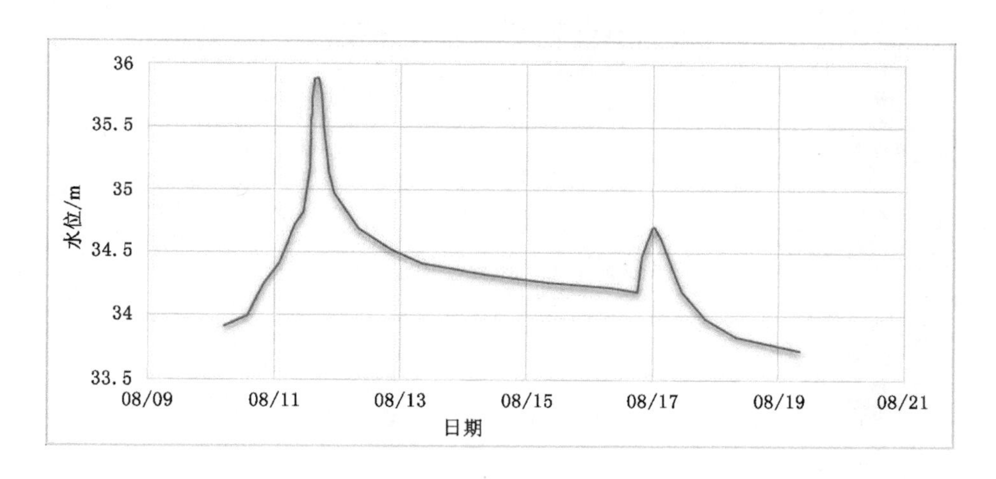

图 3-59 黑林水文站洪水水位过程线

涨幅 1.11 m，最大 1 h 涨幅为 0.04 m，反推最大入库洪峰流量 322 m^3/s，发生在 8 月 11 日 16:05，小塔山水库未泄洪。小塔山水库水文站洪水水位过程线见图 3-60。

（四）善后河

板浦水位站水位自 8 月 10 日 12:15 的 1.52 m 开始上涨，8 月 11 日 16:35 达到最高水位 3.11 m，超过警戒水位 0.01 m，过程涨幅 1.59 m，最大 1 h 涨幅为 0.72 m。板浦水位站洪水水位过程线见图 3-61。

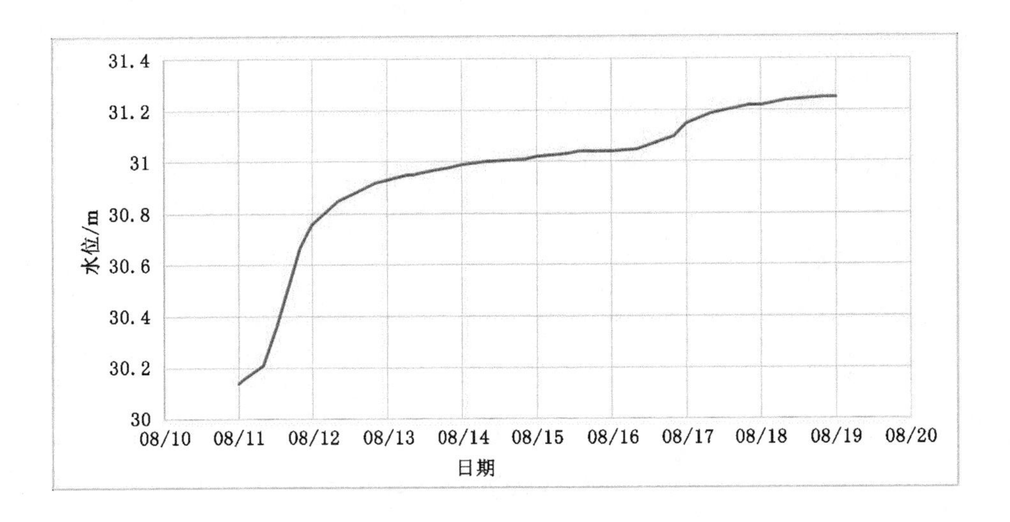

图 3-60 小塔山水库水文站洪水水位过程线

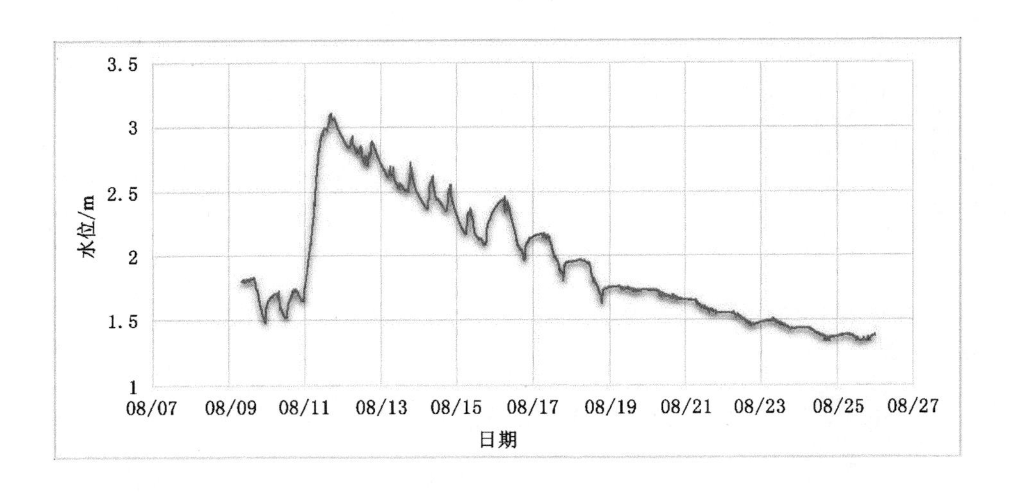

图 3-61 板浦水位站洪水水位过程线

（五）北六塘河

龙沟闸(上)水位站水位自 8 月 11 日 2:05 的 1.78 m 开始上涨，8 月 11 日 6:05 达到最高水位 3.85 m，超过警戒水位 0.15 m，过程涨幅 2.07 m，最大 1 h 涨幅为 0.48 m。龙沟闸(上)水位站洪水水位过程线见图 3-62。

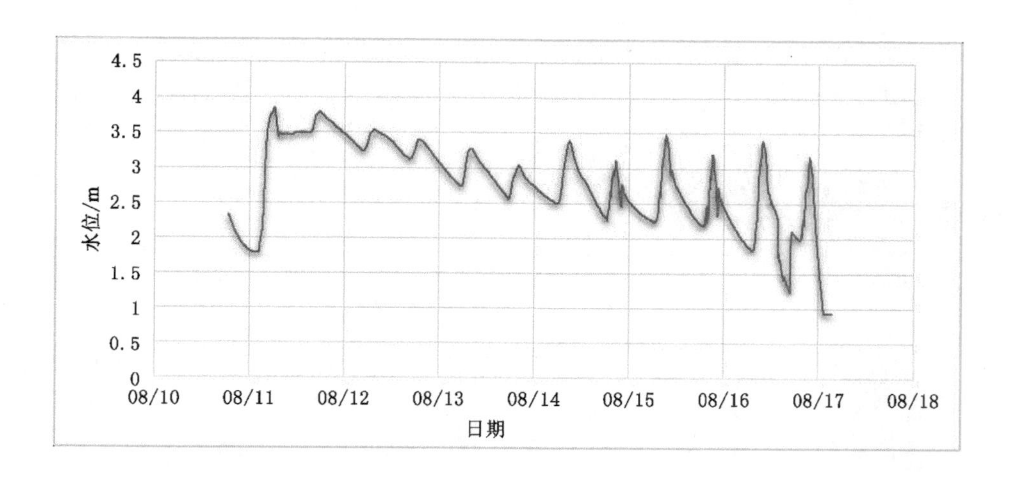

图 3-62 龙沟闸(上)水位站洪水水位过程线

第三节 洪水组成

一、新沭河

新沭河洪水经石梁河水库调蓄后下泄经三洋港闸入海，大兴镇水文站为石梁河水库入库控制站，石梁河水库控制流域面积 5 409 km^2，大兴镇站控制流域面积 5 053 km^2，大兴镇水文站至石梁河水库水文站区间流域面积 356 km^2。

1974 年 8 月 11—25 日次洪水经分析计算，大兴镇水文站次洪水总量 9.734 亿 m^3，其中最大 1 d 洪量 3.162 亿 m^3，最大 3 d 洪量 6.869 亿 m^3，最大 7 d 洪量 8.611 亿 m^3，瞬时流量过程线见图 3-63；石梁河水库入库洪水总量 11.56 亿 m^3，其中最大 1 d 洪量 3.749 亿 m^3，最大 3 d 洪量 8.348 亿 m^3，最大 7 d 洪量 10.47 亿 m^3，瞬时流量过程线见图 3-63。

根据洪水分析成果，石梁河水库的次洪水组成中大兴镇水文站控制来水量占 84%，为 9.734 亿 m^3；区间来水占 16%，为 1.826 亿 m^3。具体情况见表 3-1。

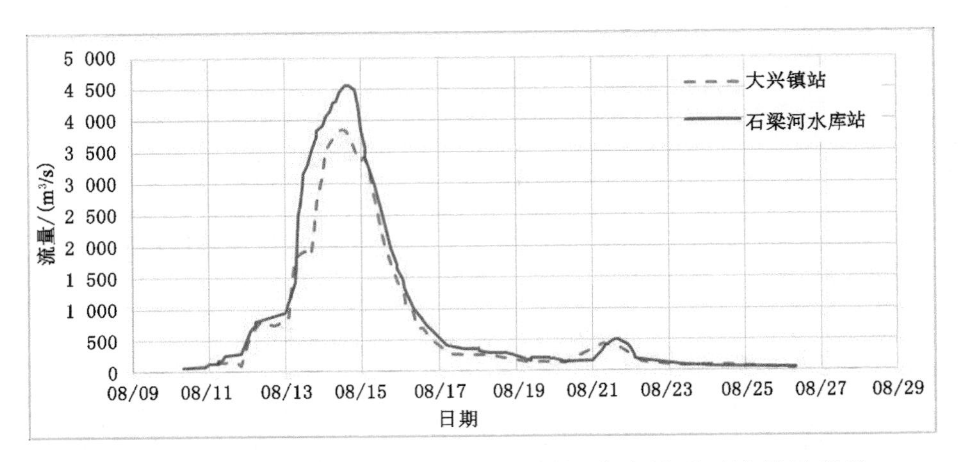

图 3-63 1974.8.11—8.25 大兴镇、石梁河水库站瞬时流量过程线

表 3-1 新沭河不同年份典型场次洪水石梁河水库入库洪量组成表

洪水起讫时间 (年.月.日—月.日)	入库洪量 /(万 m³)	大兴镇水文站		石梁河水库库区	
		洪量 /(万 m³)	占总量 /%	洪量 /(万 m³)	占总量/%
1974.8.11—8.25	115 600	97 340	84	18 260	16
1991.7.14—7.21	10 340	7 080	68	3 260	32
2000.8.29—9.5	39 580	33 120	84	6 460	16
2003.7.12—7.25	42 037	33 580	80	8 457	20
2005.7.31—8.13	17 510	14 130	81	3 380	19
2007.9.19—9.22	9 545	6 295	66	3 250	34
2012.7.8—.7.16	35 750	27 880	78	7 870	22
2019.8.10—.8.19	57 779	50 640	87	7 480	13
合计	328 141	270 065	82	58 076	18

1991 年 7 月 14—21 日次洪水经分析计算，大兴镇水文站次洪水总量 0.708 0 亿 m³，其中最大 1 d 洪量 0.327 5 亿 m³，最大 3 d 洪量 0.517 5 亿 m³，最大 7 d 洪量 0.684 8 亿 m³，瞬时流量过程线见图 3-64；石梁河水库入库洪水总量1.034 亿 m³，其中最大 1 d 洪量 0.488 0 亿 m³，最大 3 d 洪量 0.693 8 亿 m³，最大 7 d 洪量 1.033 亿 m³，瞬时流量过程线见图 3-64。

根据洪水分析成果，石梁河水库的次洪水组成中大兴镇水文站控制来水量占 68%，为 0.708 0 亿 m³；区间来水占 32%，为 0.326 0 亿 m³。具体情况见表 3-1。

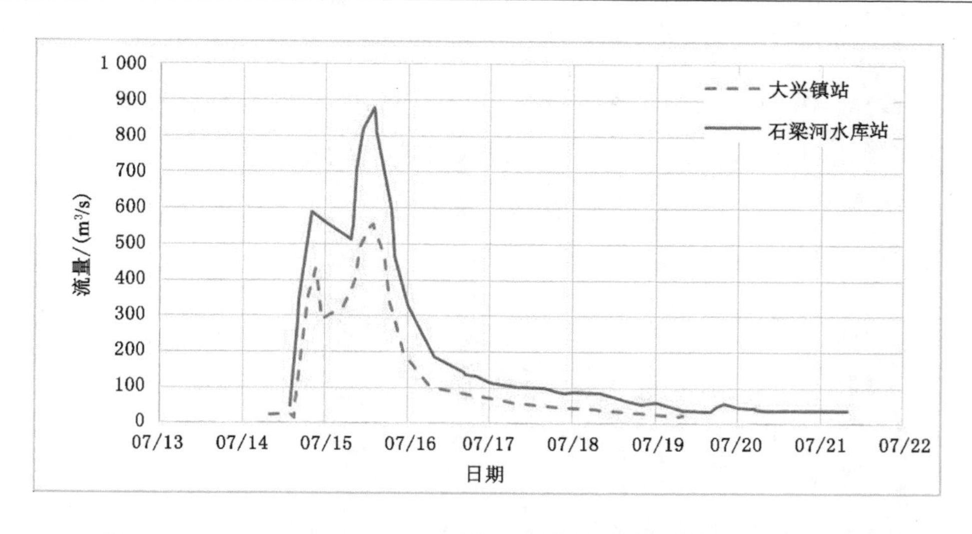

图 3-64 1991.7.14—7.21 大兴镇、石梁河水库站瞬时流量过程线

2000 年 8 月 29 日—9 月 05 日次洪水经分析计算，大兴镇水文站次洪水总量 3.312 亿 m^3，其中最大 1 d 洪量 1.132 亿 m^3，最大 3 d 洪量 2.491 亿 m^3，最大 7 d 洪量 3.209 亿 m^3，瞬时流量过程线见图 3-65；石梁河水库入库洪水总量 3.958亿 m^3，其中最大 1 d 洪量 1.288 亿 m^3，最大 3 d 洪量 2.962 亿 m^3，最大 7 d 洪量 3.798 亿 m^3，瞬时流量过程线见图 3-65。

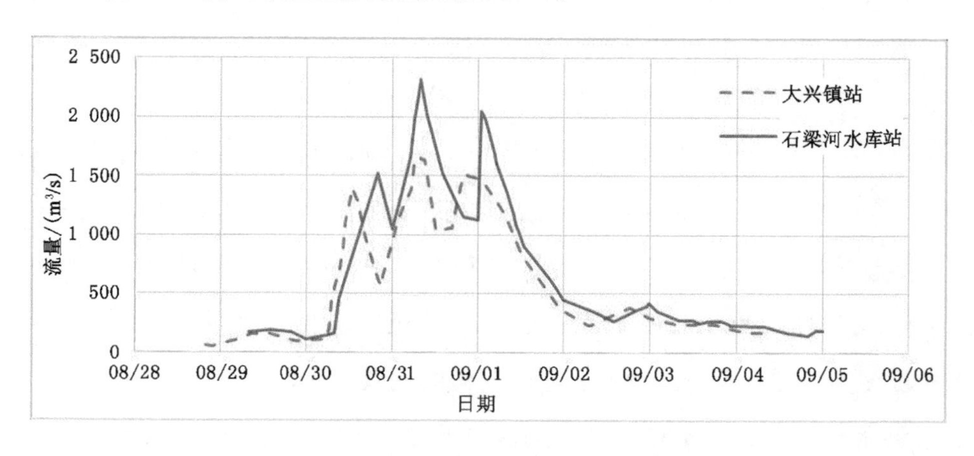

图 3-65 2000.8.29—9.05 大兴镇、石梁河水库站瞬时流量过程线

根据洪水分析成果，石梁河水库的次洪水组成中大兴镇水文站控制来水量占 84%，为 3.312 亿 m^3；区间来水占 16%，为 0.6460 亿 m^3。具体情况见表 3-1。

2003 年 7 月 12—25 日次洪水经分析计算，大兴镇水文站次洪水总量 3.358

亿 m^3,其中最大 1 d 洪量 0.548 6 亿 m^3,最大 3 d 洪量 1.241 亿 m^3,最大 7 d 洪量 2.523 亿 m^3,瞬时流量过程线见图 3-66;石梁河水库入库洪水总量 4.204 亿 m^3,其中最大 1 d 洪量 0.737 7 亿 m^3,最大 3 d 洪量 1.547 亿 m^3,最大 7 d 洪量 3.161亿 m^3,瞬时流量过程线见图 3-66。

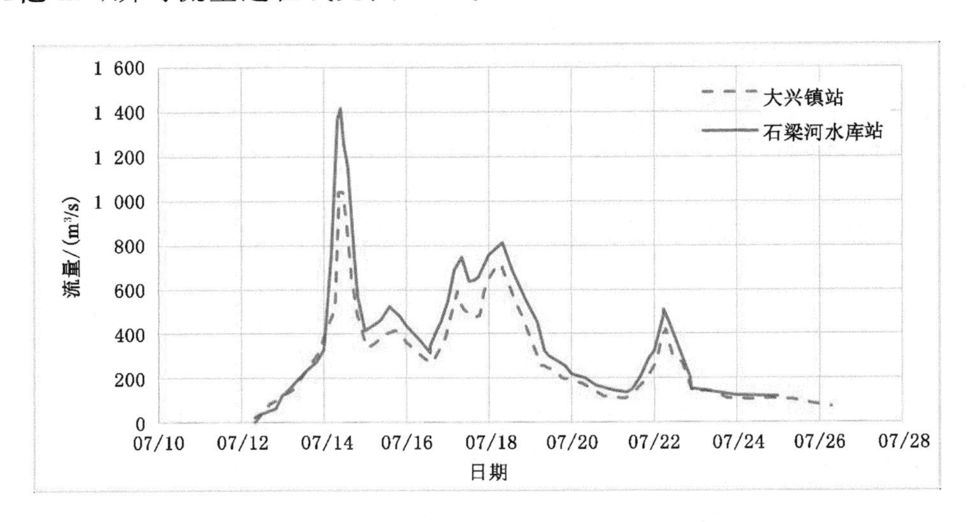

图 3-66 2003.7.12—7.25 大兴镇、石梁河水库站瞬时流量过程线

根据洪水分析成果,石梁河水库的次洪水组成中大兴镇水文站控制来水量占 80%,为 3.358 亿 m^3;区间来水占 20%,为 0.845 7 亿 m^3。具体情况见表 3-1。

2005 年 7 月 31 日—8 月 13 日次洪水经分析计算,大兴镇水文站次洪水总量 1.413 亿 m^3,其中最大 1 d 洪量 0.216 9 亿 m^3,最大 3 d 洪量 0.449 3 亿 m^3,最大 7 d 洪量 0.817 4 亿 m^3,瞬时流量过程线见图 3-67;石梁河水库入库洪水总量 4.204 亿 m^3,其中最大 1 d 洪量 0.230 1 亿 m^3,最大 3 d 洪量 0.523 9 亿 m^3,最大 7 d 洪量 0.992 4 亿 m^3,瞬时流量过程线见图 3-67。

根据洪水分析成果,石梁河水库的次洪水组成中大兴镇水文站控制来水量占 81%,为 1.413 亿 m^3;区间来水占 19%,为 0.338 0 亿 m^3。具体情况见表 3-1。

2007 年 9 月 19—22 日次洪水经分析计算,大兴镇水文站次洪水总量 0.629 5 亿 m^3,其中最大 1 d 洪量 0.343 9 亿 m^3,最大 3 d 洪量 0.5890 亿 m^3,最大 7 d 洪量 0.629 5 亿 m^3,瞬时流量过程线见图 3-68;石梁河水库入库洪水总量 0.954 5 亿 m^3,其中最大 1 d 洪量 0.496 1 亿 m^3,最大 3 d 洪量 0.843 1 亿 m^3,最大 7 d

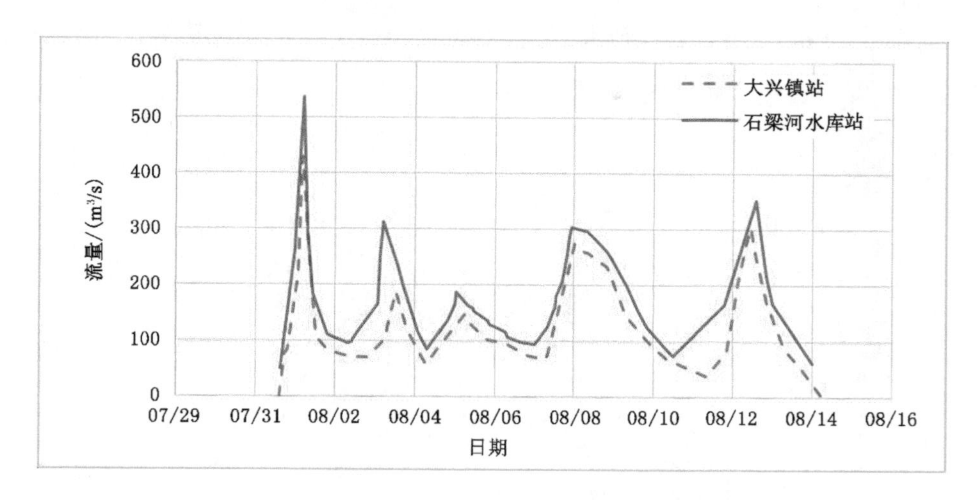

图 3-67　2005.7.31—8.13 大兴镇、石梁河水库站瞬时流量过程线

洪量 0.954 5 亿 m³，瞬时流量过程线见图 3-68。

根据洪水分析成果，石梁河水库的次洪水组成中大兴镇水文站控制来水量占 66%，为 0.629 5 亿 m³；区间来水占 34%，为 0.325 0 亿 m³。具体情况见表 3-1。

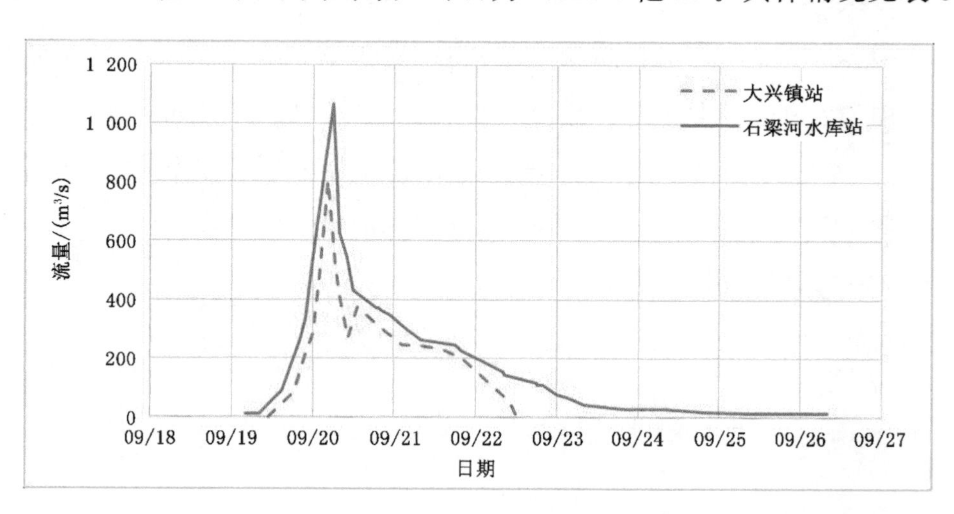

图 3-68　2007.9.19—9.22 大兴镇、石梁河水库站瞬时流量过程线

2012 年 7 月 8—16 日次洪水经分析计算，大兴镇水文站次洪水总量 2.788 亿 m³，其中最大 1 d 洪量 0.881 2 亿 m³，最大 3 d 洪量 1.900 亿 m³，最大 7 d 洪量 2.651 亿 m³，瞬时流量过程线见图 3-69；石梁河水库入库洪水总量 3.575 亿 m³，其中最大 1 d 洪量 1.235 0 亿 m³，最大 3 d 洪量 2.350 亿 m³，最大 7 d 洪量 3.410 亿 m³，瞬时流量过程线见图 3-69。

根据洪水分析成果,石梁河水库的次洪水组成中大兴镇水文站控制来水量占78%,为2.788亿m^3;区间来水占22%,为0.787 0亿m^3。具体情况见表3-1。

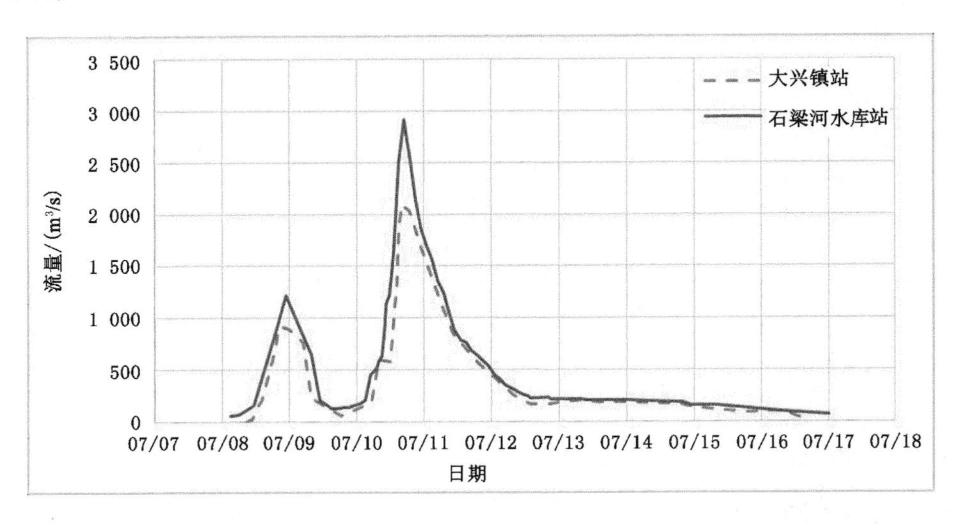

图3-69 2012.7.8—7.16大兴镇、石梁河水库站瞬时流量过程线

2019年8月10—19日次洪水经分析计算,大兴镇水文站次洪水总量5.064亿m^3,其中最大1 d洪量1.944亿m^3,最大3 d洪量3.865亿m^3,最大7 d洪量4.748亿m^3,瞬时流量过程线见图3-70;石梁河水库入库洪水总量5.778亿m^3,其中最大1 d洪量2.172亿m^3,最大3 d洪量4.318亿m^3,最大7 d洪量5.360亿m^3,瞬时流量过程线见图3-70。

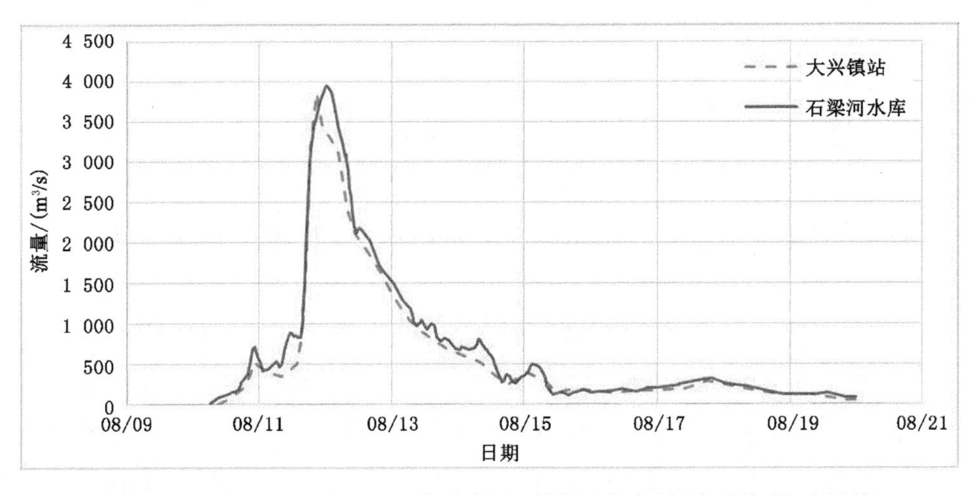

图3-70 2019.8.10—8.19大兴镇、石梁河水库站瞬时流量过程线

根据洪水分析成果，石梁河水库的次洪水组成中大兴镇水文站控制来水量占 88%，为 5.064 亿 m^3；区间来水占 12%，为 0.7140 亿 m^3。具体情况见表 3-1。

根据以上 8 场次洪水统计分析，石梁河水库总入库洪量 32.81 亿 m^3，大兴镇水文站断面径流总量 27.01 亿 m^3，区间入库洪量 5.808 亿 m^3，大兴镇水文站径流总量占石梁河水库入库洪量的 82%，区间入库洪量占石梁河水库入库洪量的 18%，详细情况见表 3-1。

二、蔷薇河

蔷薇河为新沭河支流，其洪涝水汇入新沭河后通过三洋港闸入海，蔷薇河流域面积 1 453 km^2（包括鲁兰河流域面积 309 km^2）由临洪水文站控制，上游小许庄站主要控制区域外来水，控制流域面积 382 km^2。

1974 年 8 月 11—26 日次洪水经分析计算，小许庄水文站次洪水总量 1.388 亿 m^3，其中最大 1 d 洪量 0.225 5 亿 m^3，最大 3 d 洪量 0.550 4 亿 m^3，最大 7 d 洪量 0.962 5 亿 m^3，瞬时流量过程线见图 3-71；临洪水文站次洪水总量 4.130 亿 m^3，其中最大 1 d 洪量 0.426 8 亿 m^3，最大 3 d 洪量 1.252 亿 m^3，最大 7 d 洪量 2.545 亿 m^3，瞬时流量过程线见图 3-71。由于临洪站断面流量直接受开关闸影响，造成流量过程严重变形（下同）。

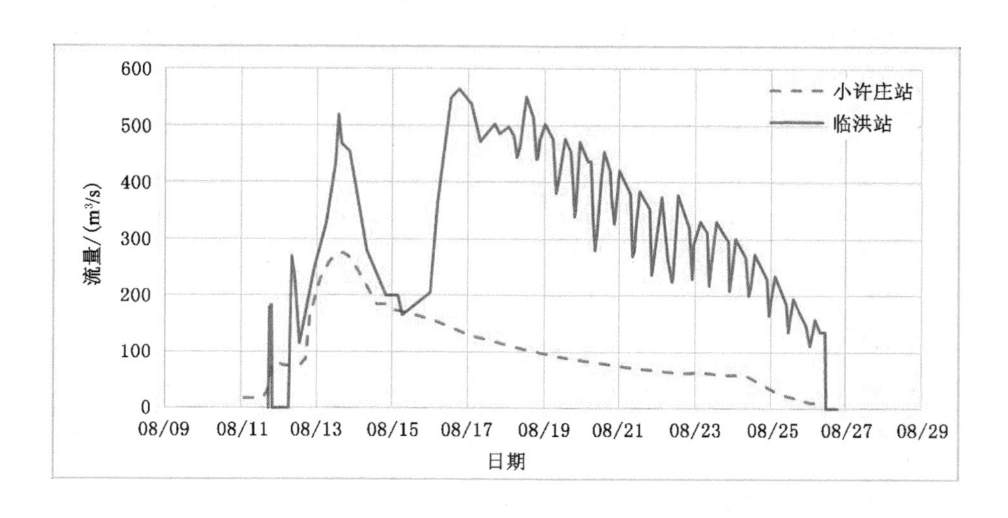

图 3-71　1974.8.11—8.26 小许庄、临洪站瞬时流量过程线

根据洪水分析成果，临洪站的次洪水组成中小许庄水文站控制来水量占34%，为1.388亿m^3；区间来水占66%，为2.742亿m^3。具体情况见表3-2。

表3-2　蔷薇河不同年份典型场次洪水临洪站洪量组成表

洪水起讫时间(年.月.日—月.日)	临洪站洪量/(万m^3)	小许庄水文站		区间	
		洪量/(万m^3)	占总量/%	洪量/(万m^3)	占总量/%
1974.8.11—8.26	41 300	13 880	34	27 420	66
1991.7.14—7.20	21 350	4 687	22	16 663	78
2000.8.28—9.6	29 370	10 740	37	18 630	63
2003.7.14—7.26	25 970	5 486	21	20 480	79
2005.7.31—8.12	34 860	13 350	38	21 510	62
2007.9.18—9.25	19 070	3 721	20	15 349	80
2012.7.8—7.15	11 460	1 382	12	10 080	88
2019.8.10—8.18	22 290	8 642	39	13 650	61
合计	205 700	61 890	30	143 800	70

1991年7月14—20日次洪水经分析计算，小许庄水文站次洪水总量0.468 7亿m^3，其中最大1 d洪量0.155 5亿m^3，最大3 d洪量0.325 7亿m^3，最大7 d洪量0.468 7亿m^3，瞬时流量过程线见图3-72；临洪水文站次洪水总量2.135亿m^3，其中最大1 d洪量0.474 3亿m^3，最大3 d洪量1.308亿m^3，最大7 d洪量2.135亿m^3，瞬时流量过程线见图3-72。

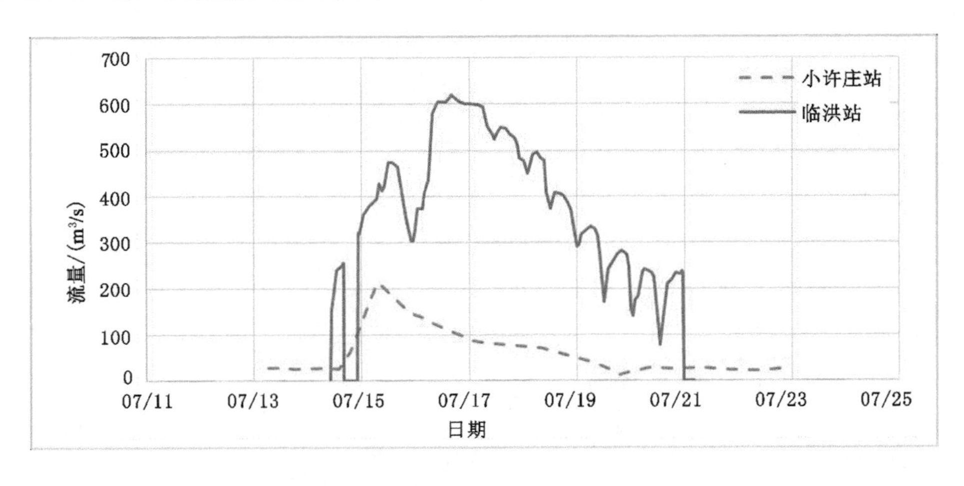

图3-72　1991.7.14—7.20小许庄、临洪站瞬时流量过程线

根据洪水分析成果，临洪站的次洪水组成中小许庄水文站控制来水量占22%，为0.468 7亿m^3；区间来水占78%，为1.663亿m^3。具体情况见表3-2。

2000年8月28日—9月06日次洪水经分析计算，小许庄水文站次洪水总量1.074亿m^3，其中最大1 d洪量0.230 7亿m^3，最大3 d洪量0.583 2亿m^3，最大7 d洪量10 270亿m^3，瞬时流量过程线见图3-73；临洪水文站次洪水总量2.937亿m^3，其中最大1 d洪量0.419 0亿m^3，最大3 d洪量1.056亿m^3，最大7 d洪量2.004亿m^3，瞬时流量过程线见图3-73。

根据洪水分析成果，临洪站的次洪水组成中小许庄水文站控制来水量占22%，为0.468 7亿m^3；区间来水占78%，为1.668亿m^3。具体情况见表3-2。

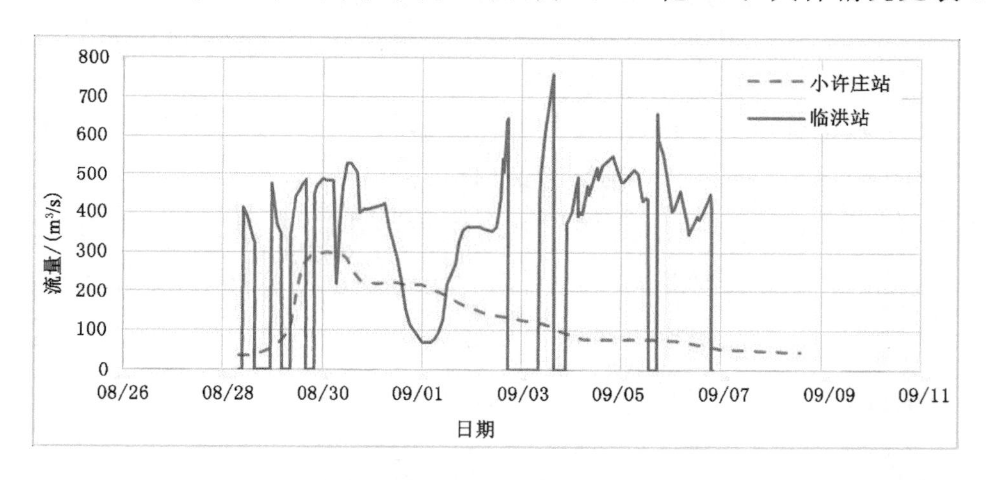

图3-73　2000.8.28—9.6小许庄、临洪站瞬时流量过程线

2003年7月14—26日次洪水经分析计算，小许庄水文站次洪水总量0.548 6亿m^3，其中最大1 d洪量0.076 7亿m^3，最大3 d洪量0.205 2亿m^3，最大7 d洪量0.381 4亿m^3，瞬时流量过程线见图3-74；临洪水文站次洪水总量2.597亿m^3，其中最大1 d洪量0.390 5亿m^3，最大3 d洪量1.004亿m^3，最大7 d洪量1.745亿m^3，瞬时流量过程线见图3-74。

根据洪水分析成果，临洪站的次洪水组成中小许庄水文站控制来水量占21%，为0.548 6亿m^3；区间来水占79%，为2.048亿m^3。具体情况见表3-2。

2005年7月31日—8月12日次洪水经分析计算，小许庄水文站次洪水总量1.335亿m^3，其中最大1 d洪量0.189 2亿m^3，最大3 d洪量0.537 4亿m^3，最大7 d洪量1.043亿m^3，瞬时流量过程线见图3-75；临洪水文站次洪水总量

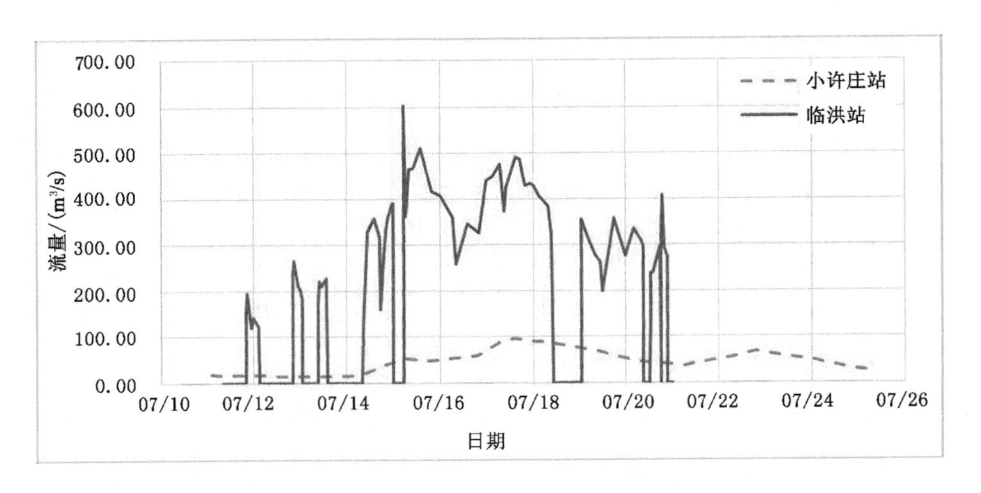

图 3-74　2003.7.14—7.26 小许庄、临洪站瞬时流量过程线

3.486 亿 m³，其中最大 1 d 洪量 0.483 8 亿 m³，最大 3 d 洪量 1.359 亿 m³，最大 7 d 洪量 2.692 亿 m³，瞬时流量过程线见图 3-75。

根据洪水分析成果，临洪站的次洪水组成中小许庄水文站控制来水量占 38%，为 1.335 亿 m³；区间来水占 62%，为 2.151 亿 m³。具体情况见表 3-2。

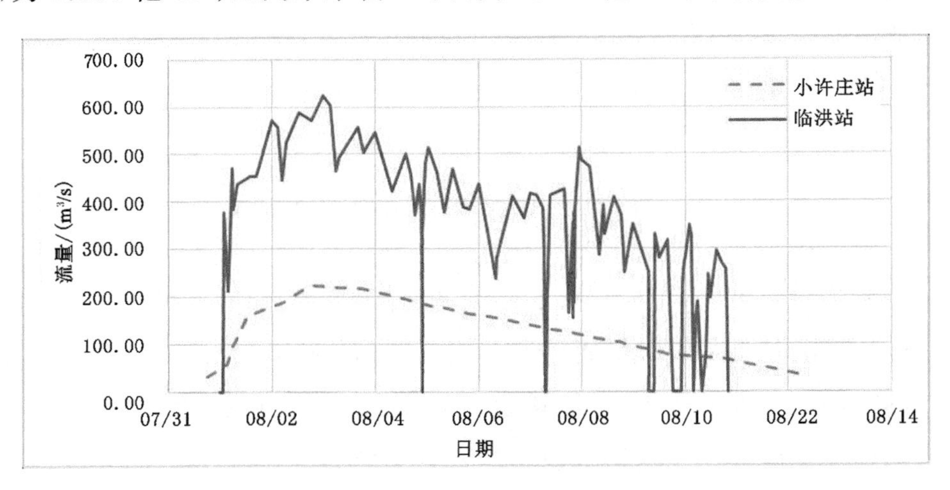

图 3-75　2005.7.31—8.12 小许庄、临洪站瞬时流量过程线

2007 年 9 月 18—25 日次洪水经分析计算，小许庄水文站次洪水总量 0.372 1 亿 m³，其中最大 1 d 洪量 0.076 4 亿 m³，最大 3 d 洪量 0.193 1 亿 m³，最大 7 d 洪量 0.351 1 亿 m³，瞬时流量过程线见图 3-76；临洪水文站次洪水总量 1.907 亿 m³，其中最大 1 d 洪量 0.453 6 亿 m³，最大 3 d 洪量 1.217 亿 m³，最大 7 d 洪量

1.806 亿 m^3，瞬时流量过程线见图 3-76。

根据洪水分析成果，临洪站的次洪水组成中小许庄水文站控制来水量占 20%，为 0.372 1 亿 m^3；区间来水占 80%，为 1.535 亿 m^3。具体情况见表 3-2。

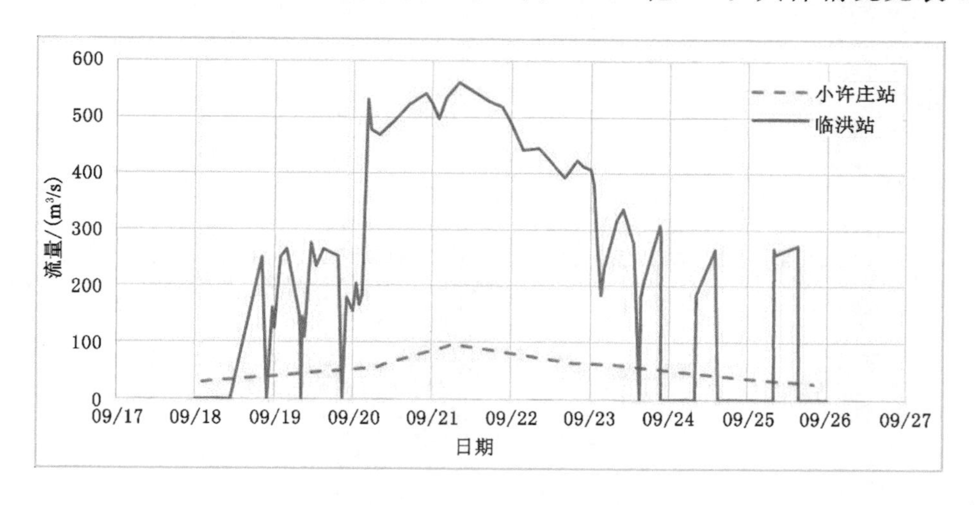

图 3-76　2007.9.18—9.25 小许庄、临洪站瞬时流量过程线

2012 年 7 月 8—15 日次洪水经分析计算，小许庄水文站次洪水总量 0.1382 亿 m^3，其中最大 1 d 洪量 0.029 0 亿 m^3，最大 3 d 洪量 0.076 8 亿 m^3，最大 7 d 洪量 0.138 2 亿 m^3，瞬时流量过程线见图 3-77；临洪水文站次洪水总量 1.146 亿 m^3，其中最大 1 d 洪量 0.352 5 亿 m^3，最大 3 d 洪量 0.850 1 亿 m^3，最大 7 d 洪量 1.146 亿 m^3，瞬时流量过程线见图 3-77。

根据洪水分析成果，临洪站的次洪水组成中小许庄水文站控制来水量占 12%，为 0.138 2 亿 m^3；区间来水占 88%，为 1.008 亿 m^3。具体情况见表 3-2。

2019 年 8 月 10—18 日次洪水经分析计算，小许庄水文站次洪水总量 0.864 2 亿 m^3，其中最大 1 d 洪量 0.190 9 亿 m^3，最大 3 d 洪量 0.502 8 亿 m^3，最大 7 d 洪量 0.793 1 亿 m^3，瞬时流量过程线见图 3-78；临洪水文站次洪水总量 2.229 亿 m^3，其中最大 1 d 洪量 0.492 5 亿 m^3，最大 3 d 洪量 1.240 亿 m^3，最大 7 d 洪量 2.045 亿 m^3，瞬时流量过程线见图 3-78。

根据洪水分析成果，临洪站的次洪水组成中小许庄水文站控制来水量占 39%，为 0.864 2 亿 m^3；区间来水占 41%，为 1.008 亿 m^3。具体情况见表 3-2。

根据以上 8 场次洪水统计分析，临洪站断面总径流量 20.57 亿 m^3，小许庄

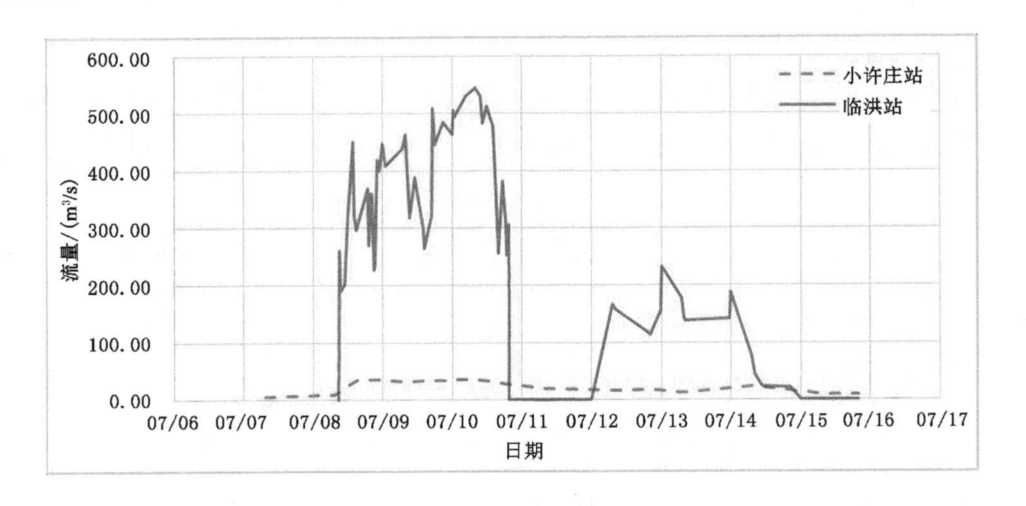

图 3-77　2012.7.8—7.15 小许庄、临洪站瞬时流量过程线

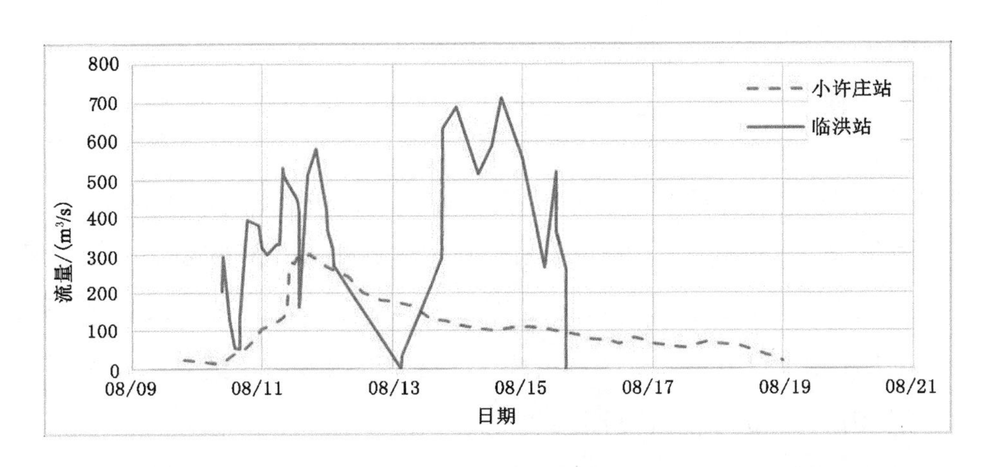

图 3-78　2019.8.10—8.18 小许庄、临洪站瞬时流量过程线

站断面总径流量 6.189 亿 m^3，区间总径流量 14.38 亿 m^3，小许庄站总径流量占临洪站总径流量的 30%，区间总径流量占临洪站总径流量的 70%，详细情况见表 3-2。

三、青口河

青口河洪水经小塔山水库调蓄后下泄经青口河闸入海，黑林水文站为小塔山水库入库控制站，小塔山水库控制流域面积 386 km^2，黑林水文站控制流域面积 190 km^2，黑林水文站至小塔山水库水文站区间流域面积 356 km^2。

1974 年 8 月 11—15 日次洪水经分析计算，本年黑林水文站未建站，小塔山水库水文站次洪水总量 1.031 亿 m^3，其中最大 1 d 洪量 0.790 0 亿 m^3，最大 3 d 洪量 0.979 2 亿 m^3，最大 7 d 洪量 1.031 亿 m^3，瞬时流量过程线见图 3-79。

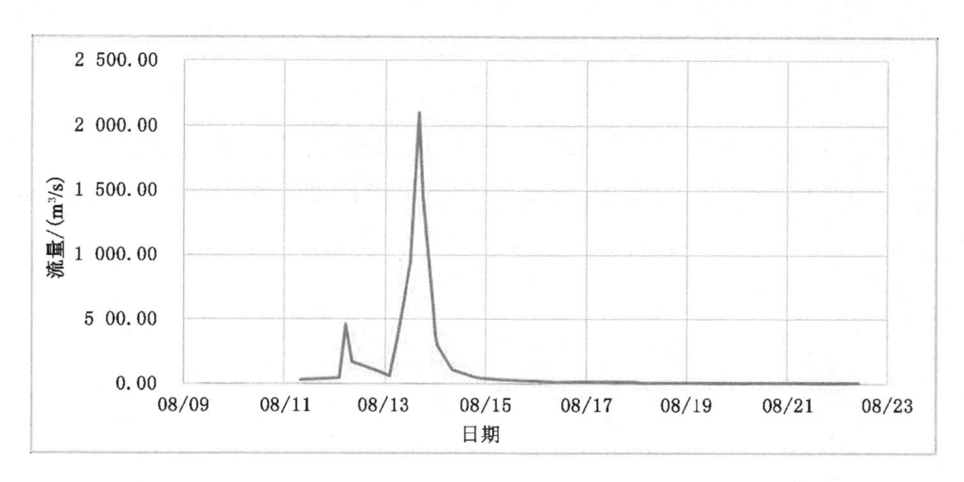

图 3-79　1974.8.11—8.15 小塔山水库站瞬时流量过程线

由于黑林水文站未建站，根据面上降雨情况直接采用面积比分割小塔山水库入库洪量，即小塔山水库的次洪水组成中现状黑林站断面控制来水量占 49%，为 0.505 2 亿 m^3；区间来水占 51%，为 0.525 8 亿 m^3。具体情况见表 3-3。

表 3-3　青口河不同年份典型场次洪水小塔山水库入库洪量组成表

洪水起讫时间 (年.月.日—月.日)	入库洪量 /(万 m^3)	黑林水文站		区间	
		洪量 /(万 m^3)	占总量 /%	洪量 /(万 m^3)	占总量/%
1974.8.11—8.15	10 310	5 052	49	5 258	51
1991.7.14—7.19	2 398	1 161	48	1 237	52
2000.8.29—9.5	4 703	2 181	46	2 522	54
2003.7.12—7.19	2 801	1 529	55	1 272	45
2005.8.10—8.15	878	497	57	381	43
2007.9.19—9.23	1 807	1 403	78	404	22
2012.7.5—7.15	6 437	3 964	54	2473	46
2019.8.10—.8.17	2 472	1 705	69	767	31
合计	31 806	17 492	55	14 314	45

1991 年 7 月 14—19 日次洪水经分析计算，黑林水文站次洪水总量 0.116 1 亿 m^3，其中最大 1 d 洪量 0.075 0 亿 m^3，最大 3 d 洪量 0.100 0 亿 m^3，最大 7 d 洪量 0.116 1 亿 m^3，瞬时流量过程线见图 3-80；小塔山水库水文站次洪水总量 0.239 8亿 m^3，其中最大 1 d 洪量 0.169 6 亿 m^3，最大 3 d 洪量 0.213 8 亿 m^3，最大 7 d 洪量 0.239 8 亿 m^3，瞬时流量过程线见图 3-80。

根据洪水分析成果，小塔山水库站的次洪水组成中黑林水文站控制来水量占 48%，为 0.1161 亿 m^3；区间来水占 52%，为 0.123 7 亿 m^3。具体情况见表 3-3。

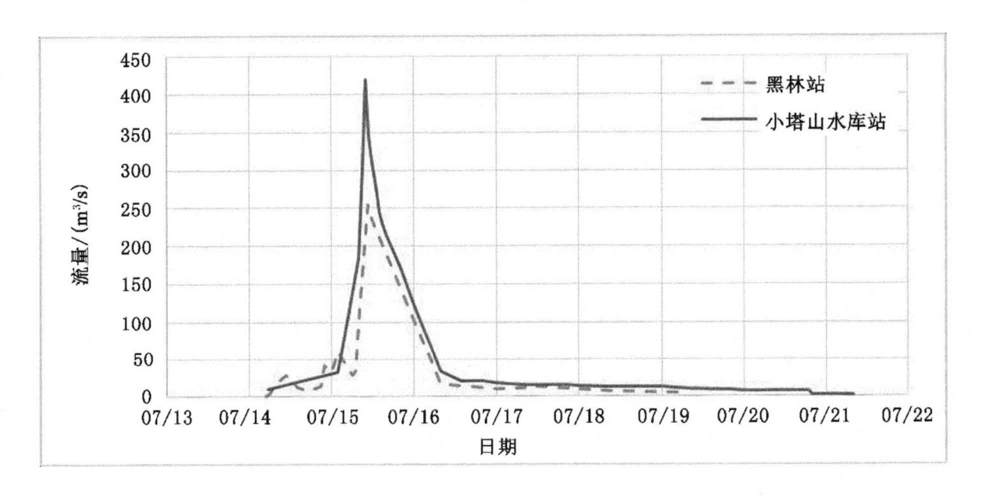

图 3-80　1991.7.14—7.19 黑林、小塔山水库站瞬时流量过程线

2000 年 8 月 28 日—9 月 5 日次洪水经分析计算，黑林水文站次洪水总量 0.218 1亿 m^3，其中最大 1 d 洪量 0.104 5 亿 m^3，最大 3 d 洪量 0.169 1 亿 m^3，最大 7 d 洪量 0.211 2 亿 m^3，瞬时流量过程线见图 3-81；小塔山水库水文站次洪水总量0.470 3亿 m^3，其中最大 1 d 洪量 0.223 9 亿 m^3，最大 3 d 洪量 0.397 7 亿 m^3，最大 7 d 洪量 0.456 0 亿 m^3，瞬时流量过程线见图 3-81。

根据洪水分析成果，小塔山水库站的次洪水组成中黑林水文站控制来水量占 46%，为 0.218 1 亿 m^3；区间来水占 54%，为 0.252 2 亿 m^3。具体情况见表 3-3。

2003 年 7 月 12—19 日次洪水经分析计算，黑林水文站次洪水总量 0.152 9 亿 m^3，其中最大 1 d 洪量 0.056 2 亿 m^3，最大 3 d 洪量 0.077 2 亿 m^3，最大 7 d

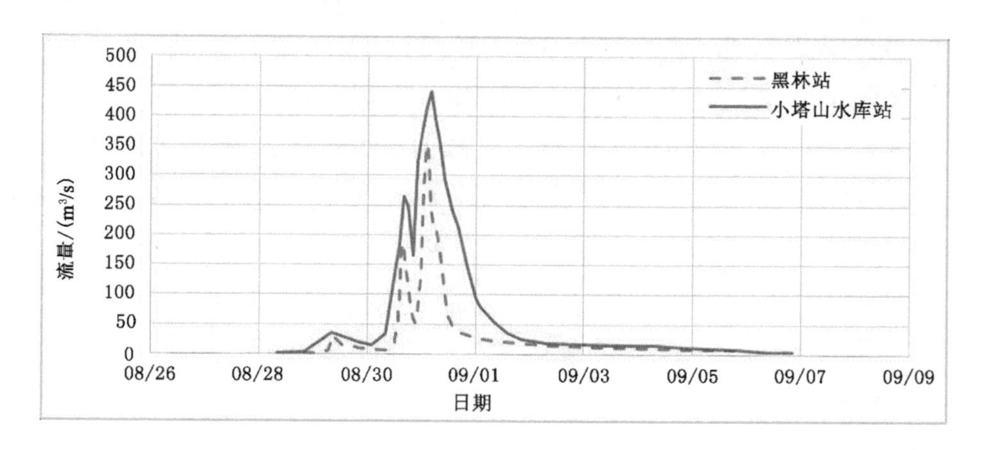

图 3-81　2000.8.28—9.05 黑林、小塔山水库站瞬时流量过程线

洪量 0.152 9 亿 m³，瞬时流量过程线见图 3-82；小塔山水库水文站次洪水总量 0.280 1亿 m³，其中最大 1 d 洪量 0.109 8 亿 m³，最大 3 d 洪量 0.145 3 亿 m³，最大 7 d 洪量 0.280 1 亿 m³，瞬时流量过程线见图 3-82。

根据洪水分析成果，小塔山水库站的次洪水组成中黑林水文站控制来水量占 55%，为 0.152 9 亿 m³；区间来水占 45%，为 0.127 2 亿 m³。具体情况见表 3-3。

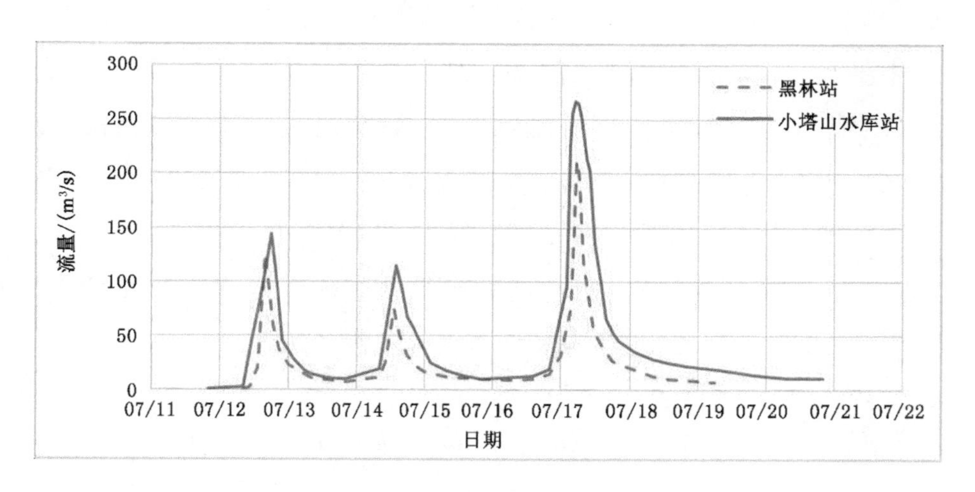

图 3-82　2003.7.12—7.19 黑林、小塔山水库站瞬时流量过程线

2005 年 8 月 10—15 日次洪水经分析计算，黑林水文站次洪水总量 0.049 7 亿 m³，其中最大 1 d 洪量 0.023 2 亿 m³，最大 3 d 洪量 0.039 7 亿 m³，最大 7 d 洪量 0.049 7 亿 m³，瞬时流量过程线见图 3-83；小塔山水库水文站次洪水总量

0.087 8亿 m³，其中最大 1 d 洪量 0.055 4 亿 m³，最大 3 d 洪量 0.076 1 亿 m³，最大 7 d 洪量 0.087 8 亿 m³，瞬时流量过程线见图 3-83。

根据洪水分析成果，小塔山水库站的次洪水组成中黑林水文站控制来水量占 57%，为 0.049 7 亿 m³；区间来水占 43%，为 0.038 1 亿 m³。具体情况见表 3-3。

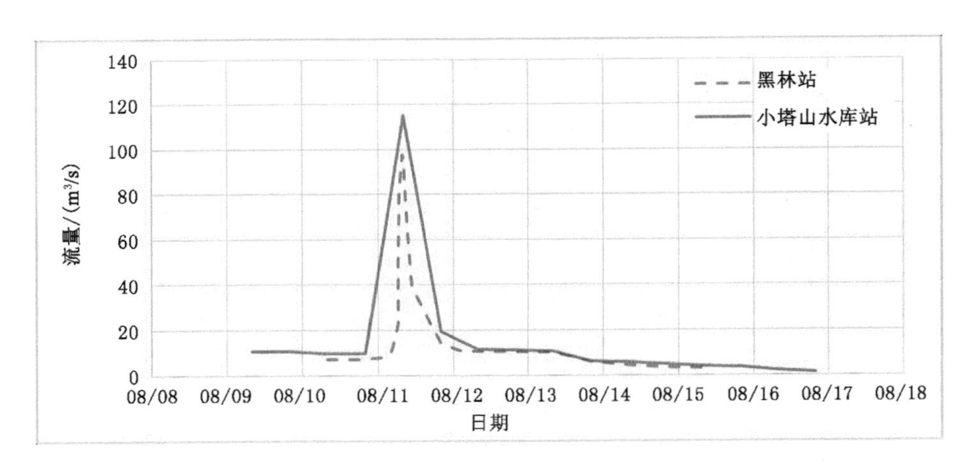

图 3-83　2005.8.10—8.15 黑林、小塔山水库站瞬时流量过程线

2007 年 9 月 19—23 日次洪水经分析计算，黑林水文站次洪水总量 0.140 3 亿 m³，其中最大 1 d 洪量 0.070 8 亿 m³，最大 3 d 洪量 0.137 4 亿 m³，最大 7 d 洪量 0.140 3 亿 m³，瞬时流量过程线见图 3-84；小塔山水库水文站次洪水总量 0.180 7亿 m³，其中最大 1 d 洪量 0.106 2 亿 m³，最大 3 d 洪量 0.166 1 亿 m³，最大 7 d 洪量 0.180 7 亿 m³，瞬时流量过程线见图 3-84。

根据洪水分析成果，小塔山水库站的次洪水组成中黑林水文站控制来水量占 78%，为 0.140 3 亿 m³；区间来水占 22%，为 0.040 4 亿 m³。具体情况见表 3-3。

2012 年 7 月 7—14 日次洪水经分析计算，黑林水文站次洪水总量0.396 4亿 m³，其中最大 1 d 洪量 0.166 8 亿 m³，最大 3 d 洪量 0.348 8 亿 m³，最大 7 d 洪量 0.396 4 亿 m³，瞬时流量过程线见图 3-85；小塔山水库水文站次洪水总量0.738 5 亿 m³，其中最大 1 d 洪量 0.313 8 亿 m³，最大 3 d 洪量 0.562 6 亿 m³，最大 7 d 洪量 0.630 6 亿 m³，瞬时流量过程线见图 3-85。

根据洪水分析成果，小塔山水库站的次洪水组成中黑林水文站控制来水量

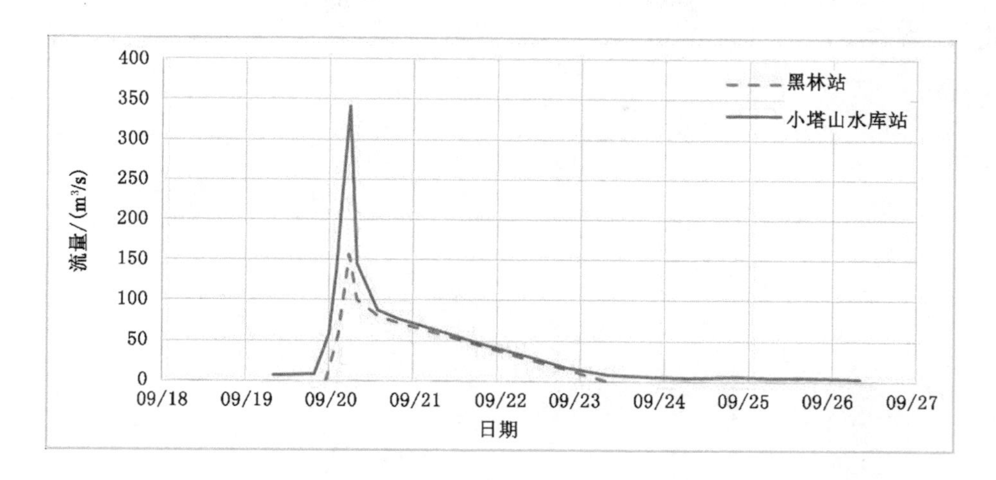

图 3-84 2007.9.19—9.23 黑林、小塔山水库站瞬时流量过程线

占 54%，为 0.396 4 亿 m^3；区间来水占 46%，为 0.342 1 亿 m^3。具体情况见表 3-3。

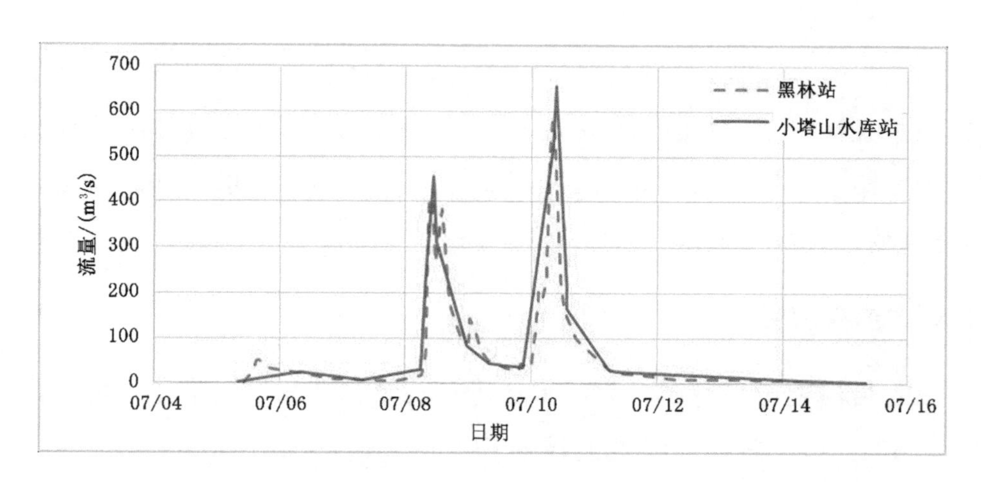

图 3-85 2012.7.7—7.14 黑林、小塔山水库站瞬时流量过程线

2019 年 8 月 10—17 日次洪水经分析计算，黑林水文站次洪水总量 0.170 5 亿 m^3，其中最大 1 d 洪量 0.079 7 亿 m^3，最大 3 d 洪量 0.129 0 亿 m^3，最大 7 d 洪量 0.164 1 亿 m^3，瞬时流量过程线见图 3-86；小塔山水库水文站次洪水总量 0.247 2亿 m^3，其中最大 1 d 洪量 0.137 9 亿 m^3，最大 3 d 洪量 0.192 6 亿 m^3，最大 7 d 洪量 0.238 3 亿 m^3，瞬时流量过程线见图 3-86。

根据洪水分析成果，小塔山水库站的次洪水组成中黑林水文站控制来水量的 69%，为 0.170 5 亿 m^3；区间来水占 31%，为 0.076 7 亿 m^3。具体情况见表 3-3。

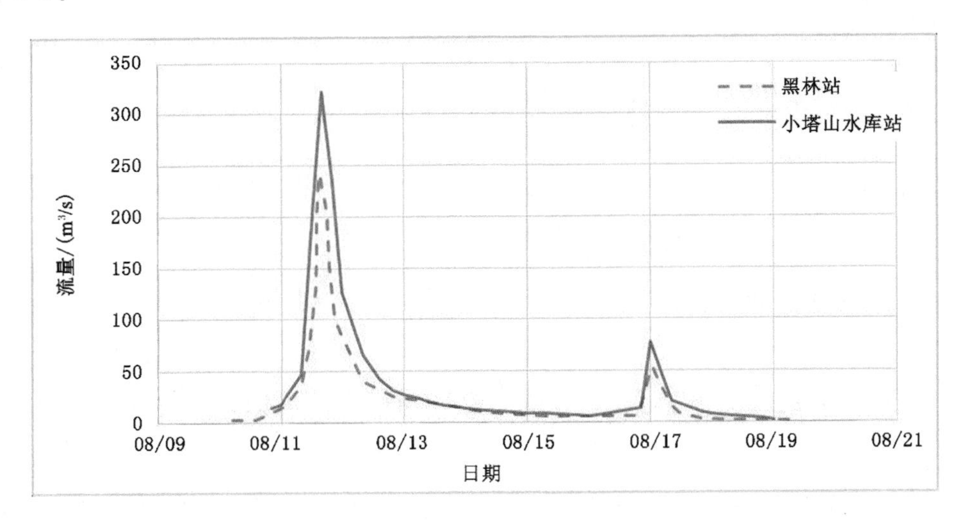

图 3-86　2019.8.10—8.17 黑林、小塔山水库站瞬时流量过程线

根据以上 8 场次洪水统计分析，小塔山水库站总入库洪量 3.181 亿 m^3，黑林站断面总径流量 1.749 亿 m^3，区间总径流量 1.431 亿 m^3，黑林站总径流量占小塔山水库站总入库洪量的 55%，区间总径流量占小塔山水库站总入库洪量的 45%，详细情况见表 3-3。

四、古泊善后河

古泊善后河上游段称古泊河（灌云县龙苴及以上段）、下游段称善后河，流域面积 1 471 km^2，其中区域外流域面积 906 km^2，区域内流域面积 565 km^2。由于古泊善后河上未设立水文站，洪水组成直接采用面积比，即区域外来水量占 61.6%，区域内来水量占 38.4%。

五、北六塘河

北六塘河流域面积 832 km^2，其中区域外流域面积 772 km^2，区域内流域面积 60 km^2。由于北六塘河上未设立水文站，洪水组成直接采用面积比，即区域外来水量占 92.8%，区域内来水量占 7.2%。

第四节　洪水重现期

洪水重现期是反映某量级洪水在很长时期内平均多少年出现一次，洪水越大重现期就越长，反之洪水就越小，反映洪水大小的特征值有洪量、洪峰流量、水位。对于本地河道、水库而言，最能反映洪水大小的特征值为洪量、水位。因为对于水库及闸坝站，洪峰流量的大小不仅与洪水大小有关，还与控制运用有关，所以洪水重现期着重于洪量及水位重现期分析。对石梁河水库、小塔山水库及受石梁河水库回水影响的大兴镇站着重洪量重现期分析；对小许庄、黑林站可以同时考虑洪峰流量、洪量及水位；对临洪站着重洪量及水位重现期分析；板浦、龙沟闸(上)仅为水位站。因此仅分析水位重现期。对本地河道、水库影响最大的为 1 d 洪量、3 d 洪量、7 d 洪量。

一、洪量计算

洪量计算不考虑水库或闸坝拦蓄的洪水，河道型水文站根据洪水要素摘录表、逐日平均流量表计算本场次洪水 1 d 洪量、3 d 洪量、7 d 洪量；水库水文站采用反推水库入库洪水过程计算 1 d 洪量、3 d 洪量、7 d 洪量。

(一) 水库水文站计算方法

本次洪水分析涉及石梁河水库水文站和小塔山水库水文站。

入库洪量计算首先根据水库水文站水文要素摘录表中的水库不同时刻水位对应的蓄水量，计算出时段内水库的蓄变量，进而分析出水库调节流量，再利用水库相应时刻的出库流量计算出水库相应时刻的入库流量，依此类推分析其他时刻入库流量，当本场次洪水节点入库流量全部计算完成后，点绘水库入库流量过程线，利用水量控制及入库站洪水过程线修匀入库流量过程线，当入库洪量、洪峰流量及峰现时间满足要求后，本流量过程线即为水库入库流量过程线，过程线上的最大流量即为本次洪水入库的洪峰流量，流量过程线包围的面积即为入库洪量，从而计算本场洪水总量、1 d 洪量、3 d 洪量和 7 d 洪量。

（二）河道水文站计算方法

各水文站全部编制了逐日平均流量表和洪水水文要素摘录表，首先通过水文站的洪水水文要素摘录表确定本场洪水的起讫时间、洪峰流量及峰现时间，然后配合逐日平均流量表计算本场洪水总量、1 d洪量、3 d洪量和7 d洪量。

临洪水文站采用临洪站和临洪（东）站合成值。

二、洪峰水位选择

每场暴雨都会在河道中形成洪水过程，洪峰流量到达时或过后，河道断面都会在某时刻达到最高水位，随着来水量的变小，断面水位会逐渐降低，本场洪水的最高水位即为洪峰水位。洪峰水位需要在瞬时水位过程中选择，一般情况下直接通过洪水水文要素摘录表或洪水水位摘录表选择。

三、重现期分析

根据石梁河水库、大兴镇、小许庄、临洪、小塔山水库和黑林水文站的各时段最大洪量统计表及逐日平均流量表，每年在各站表中选择一个最大洪峰流量、最大1 d、3 d和7 d洪量组成系列值，采用P-Ⅲ型曲线进行频率适线。板浦、龙沟闸（上）水位站直接在逐日平均水位表中每年选择一个最高水位组成系列值，采用P-Ⅲ型曲线进行频率适线。最后根据频率曲线适线成果查算出各场洪水、各站洪峰流量、洪峰水位，以及1 d、3 d和7 d洪量的重现期。

四、洪水重现期

（一）洪峰流量、水位及洪量

1. 大兴镇水文站

根据大兴镇水文站1974年8月11—25日、1991年7月14—21日、2000年8月29日—9月5日、2003年7月12—25日、2005年7月31日—8月13日、2007年9月19—22日、2012年7月8—16日、2019年8月10—19日等8场洪水瞬时流量过程，分别计算出大兴镇水文站各典型场次洪水最大洪峰流量，最大1 d、3 d和7 d洪量见表3-4。

表 3-4 新沭河不同年份大兴镇水文站典型场次洪水成果表

洪水起讫时间（年.月.日—月.日）	洪峰流量/(m³/s)	洪峰水位/m	洪量/(万 m³)		
			1 d	3 d	7 d
1974.8.11—8.25	3 870	27.21	31 620	68 690	86 110
1991.7.14—7.21	556	24.34	3 275	5 175	6 848
2000.8.29—9.5	1 650	25.58	11 320	24 910	32 090
2003.7.12—7.25	1 040	24.63	5 486	12 410	25 230
2005.7.31—8.13	428	24.52	2 169	4 493	8 174
2007.9.19—9.22	804	25.16	3 439	5 890	6 295
2012.7.8—7.16	2 100	25.17	8 812	19 000	26 510
2019.8.10—8.19	3 850	25.05	19 440	38 650	47 480

2. 石梁河水库水文站

根据石梁河水库水文站 1974 年 8 月 11—25 日、1991 年 7 月 14—21 日、2000 年 8 月 29 日—9 月 5 日、2003 年 7 月 12—25 日、2005 年 7 月 31 日—8 月 13 日、2007 年 9 月 19—22 日、2012 年 7 月 8—16 日、2019 年 8 月 10—19 日等 8 场洪水反推的入库流量瞬时过程，分别计算出石梁河水库水文站各典型场次洪水最大洪峰流量，最大 1 d、3 d 和 7 d 洪量见表 3-5。

表 3-5 新沭河不同年份石梁河水库水文站典型场次洪水成果表

洪水起讫时间（年.月.日—月.日）	洪峰流量/(m³/s)	洪峰水位/m	洪量/(万 m³)		
			1 d	3 d	7 d
1974.8.11—8.25	4 560	26.82	37 490	83 480	104 700
1991.7.14—7.21	878	23.83	4 880	6 938	10 330
2000.8.29—9.5	2 320	25.31	12 880	29 620	37 980
2003.7.12—7.25	1 420	24.54	7 377	15 470	31 610
2005.7.31—8.13	535	24.23	2 301	5 239	9 924
2007.9.19—9.22	1 060	25.10	4 961	8 431	9 545
2012.7.8—7.16	2 920	24.52	12 350	23 500	34 100
2019.8.10—8.19	3 950	24.93	21 720	43 180	53 600

3. 小许庄水文站

根据小许庄水文站 1974 年 8 月 11—26 日、1991 年 7 月 14—20 日、2000 年 8 月 28 日—9 月 6 日、2003 年 7 月 14—26 日、2005 年 7 月 31 日—8 月 12 日、

2007年9月18—25日、2012年7月8—15日、2019年8月10—18日等8场洪水瞬时流量过程，分别计算出小许庄水文站各典型场次洪水最大洪峰流量，最大1 d、3 d和7 d洪量见表3-6。

表3-6　蔷薇河不同年份小许庄水文站典型场次洪水成果表

洪水起讫时间	洪峰流量	洪峰水位	洪量/(万 m³)		
(年.月.日—月.日)	/(m³/s)	/m	1 d	3 d	7 d
1974.8.11—8.26	276	6.45	2 255	5 504	9 625
1991.7.14—7.20	214	6.08	1 555	3 257	4 687
2000.8.28—9.6	299	7.07	2 307	5 832	10 270
2003.7.14—7.26	96.1	6.05	767.2	2052	3 814
2005.7.31—8.12	224	6.06	1 892	5 374	10 430
2007.9.18—9.25	95.7	5.77	763.8	1 931	3 511
2012.7.8—7.15	37.9	4.39	290.3	768.1	1 382
2019.8.10—8.18	302	5.49	1 909	5 028	7 931

4. 临洪水文站

根据临洪水文站1974年8月11—26日、1991年7月14—20日、2000年8月28日—9月6日、2003年7月14—26日、2005年7月31日—8月12日、2007年9月18—25日、2012年7月8—15日、2019年8月10—18日等8场洪水瞬时流量过程，分别计算出临洪水文站各典型场次洪水最大洪峰流量，最大1 d、3 d和7 d洪量见表3-7。

表3-7　蔷薇河不同年份临洪水文站典型场次洪水成果表

洪水起讫时间	洪峰流量	洪峰水位	洪量/(万 m³)		
(年.月.日—月.日)	/(m³/s)	/m	1 d	3 d	7 d
1974.8.11—8.26	565	5.93	4 268	12 520	25 450
1991.7.14—7.20	619	5.20	4 743	13 080	21 350
2000.8.28—9.6	760	5.87	4 190	10 560	20 040
2003.7.14—7.26	604	4.15	3 905	10 040	17 450
2005.7.31—8.12	625	3.55	4 838	13 590	26 920
2007.9.18—9.25	563	3.47	4 536	12 170	18 060
2012.7.8—7.15	545	3.91	3 525	8 501	11 460
2019.8.10—8.18	863	4.50	4 925	12 400	20 450

5. 黑林水文站

根据黑林水文站1991年7月14—20日、2000年8月29日—9月4日、2003年7月14—20日、2005年7月31日—8月12日、2007年9月18—25日、2012年7月8—15日、2019年8月10—18日等8场洪水瞬时流量过程，分别计算出黑林水文站各典型场次洪水最大洪峰流量，最大1 d、3 d和7 d洪量见表3-8。

表3-8　青口河不同年份黑林水文站典型场次洪水成果表

洪水起讫时间（年.月.日—月.日）	洪峰流量/(m^3/s)	洪峰水位/m	洪量/(万 m^3)		
			1 d	3 d	7 d
1991.7.14—7.19	255	37.39	750.0	999.9	1 161
2000.8.29—9.5	352	37.17	1 045	1 691	2 112
2003.7.12—7.19	211	36.90	561.6	772.4	1 529
2005.8.10—8.15	97.5	36.28	232.4	397.4	497.0
2007.9.19—9.23	157	36.14	707.6	1 374	1 403
2012.7.5—7.15	583	37.10	1 668	3 488	3 964
2019.8.10—8.17	242	35.89	797.5	1 291	1 641

6. 小塔山水库水文站

根据小塔山水库水文站1974年8月11—15日、1991年7月14—20日、2000年8月29日—9月4日、2003年7月14—20日、2005年7月31日—8月12日、2007年9月18—25日、2012年7月8—15日、2019年8月10—18日等8场洪水反推的瞬时流量过程，分别计算出小塔山水库水文站各典型场次洪水最大洪峰流量，最大1 d、3 d和7 d洪量见表3-9。

表3-9　青口河不同年份小塔山水库水文站典型场次洪水成果表

洪水起讫时间（年.月.日—月.日）	洪峰流量/(m^3/s)	洪峰水位/m	洪量/(万 m^3)		
			1 d	3 d	7 d
1974.8.11—8.15	2 100	34.00	7 900	9 792	10 310
1991.7.14—7.19	420	30.64	1 696	2 138	2 398

表 3-9(续)

洪水起讫时间 (年.月.日—月.日)	洪峰流量 /(m^3/s)	洪峰水位 /m	洪量/(万 m^3)		
			1 d	3 d	7 d
2000.8.29—9.5	440	30.14	2 239	3 977	4 560
2003.7.12—7.19	267	28.87	1 098	1 453	2 801
2005.8.10—8.15	115	30.22	554.0	761.0	878.0
2007.9.19—9.23	342	32.70	1 062	1 661	1 807
2012.7.5—7.15	971	32.20	3 138	5 626	6 306
2019.8.10—8.17	322	31.25	1 379	1 926	2 383

(二) 重现期

根据次洪水特征值计算成果,分析出各站次洪水特征值重现期情况如下:

(1) 大兴镇站 1974 年次洪水各特征值重现期为最大,其洪峰流量达到 40 a 一遇,1 d、7 d 洪量达到 100 a 一遇,3 d 洪量也达到 85 a 一遇;次之为 2019 年次洪水,各项特征值重现期 14～40 a 一遇;第三大为 2000 年次洪水各项特征值重现期 3～6 a 一遇;其余各场次洪水特征值重现期全部小于 5 a 一遇。详细情况见表 3-10～表 3-17。

(2) 石梁河水库站 1974 年次洪水各特征值重现期为最大,其洪峰流量达到 38 a 一遇,1 d 洪量达到 150 a 一遇,3 d、7 d 洪量达到 200 a 一遇;次之为 2019 年次洪水,其洪峰流量达到 17 a 一遇,1 d、3 d、7 d 洪量 19～20 a 一遇;2000 年、2012 年各项特征值 4～11 a 一遇;其余各场次洪水中除 2003 年 7 d 洪量达到 7 a 一遇外,其他全部小于 5 a 一遇。详细情况见表 3-10～表 3-17。

(3) 小许庄站 2000 年次洪水各特征值重现期为最大,其洪峰水位达到 25 a 一遇,洪峰流量达到 30 a 一遇,1 d、3 d、7 d 洪量全部达到 35 a 一遇;次之为 1974 年次洪水,其洪峰水位达到 9 a 一遇,洪峰流量达到 18 a 一遇,1 d、3 d、7 d 洪量全部达到 30 a 一遇;2005 年、2019 年次洪水洪量 12～35 a 一遇,洪峰水位小于 5 a 一遇;其余各场次洪水特征值重现期全部小于 5 a 一遇。详细情况见表 3-10～表 3-17。

(4) 临洪站 1974 年次洪水洪峰水位重现期为最大,达到 38 a 一遇;次之为 2000 年次洪水,达到 35 a 一遇;第三大为 1991 年次洪水为 12 a 一遇。洪量重现期 30～40 a 一遇的有:1974 年、2005 年 7 d 洪量;10～20 a 一遇的有:1974 年

3 d洪量,1991年、2005年1 d、3 d洪量,2007年3 d洪量,2019年1 d、3 d洪量,5～10 a一遇的有:1974年1 d洪量,1991年7 d洪量,2007年1 d、7 d洪量,2019年7 d洪量,其余全部小于5 a一遇。在鲁兰河分开排水后,合成的洪峰流量与分开前的洪峰流量比较重现期无意义。详细情况见表3-10～表3-17。

(5) 黑林站2012年次洪水各特征值重现期为最大,其洪峰流量达到40 a一遇,1 d、3 d、7 d洪量18～50 a一遇;次之为2000年次洪水,其洪峰流量达到5 a一遇,1 d、3 d、7 d洪量4.5～5 a一遇;其余各场次洪水特征值重现期全部小于5 a一遇。详细情况见表3-10～表3-17。

(6) 小塔山水库站1974年次洪水各特征值重现期为最大,其洪峰流量达到200 a一遇,1 d、3 d、7 d洪量70～400 a一遇;次之为2012年次洪水,其洪峰流量达到15 a一遇,1 d、3 d、7 d洪量8～18 a一遇;其余各场次洪水特征值重现期仅2000年3 d、7 d洪量达7 a一遇,其他全部小于5 a一遇。详细情况见表3-10～表3-17。

(7) 板浦水位站2000年洪峰水位重现期为最大,达到40 a一遇,次之为2012年,达到8 a一遇,第三大2005年达到7 a一遇。详细情况见表3-10～表3-17。

(8) 龙沟闸(上)水位站2000年洪峰水位重现期为最大,达到40 a一遇,其他全部小于5 a一遇。详细情况见表3-10～表3-17。

表3-10　1974年8月中旬代表站点洪水重现分析成果

站名	洪水要素	C_v	C_s/C_v	洪峰水位/m	洪峰流量/(m^3/s)	洪量/(万m^3)	重现期/a	备注
大兴镇	洪峰水位			27.21				
	洪峰流量	0.8	2.0		3 870		40	
	最大1 d	0.99	1.9			31 620	100	
	最大3 d	1.1	1.9			68 690	85	
	最大7 d	0.97	1.9			86 110	100	
石梁河水库	洪峰水位			26.82				
	洪峰流量	1.14	1.7		4 560		38	
	最大1 d	1.24	1.8			37 490	150	
	最大3 d	1.3	1.9			83 480	200	
	最大7 d	1.18	2.0			104 700	200	

表 3-10(续)

站名	洪水要素	C_v	C_s/C_v	洪峰水位 /m	洪峰流量 /(m^3/s)	洪量 /(万 m^3)	重现期 /a	备注
小许庄	洪峰水位	0.18	1.5	6.45			9	
	洪峰流量	0.7	1.2		276		18	
	最大 1 d	0.67	2.3			2 255	30	
	最大 3 d	0.65	2.5			5 504	30	
	最大 7 d	0.64	2.7			9 625	30	
临洪	洪峰水位	0.19	9.0	5.93			38	
	洪峰流量				565		2.2	
	最大 1 d					4 268	5	
	最大 3 d					12 520	14	
	最大 7 d	0.45	0.87			25 450	30	
黑林								未设站
小塔山水库	洪峰水位			34.00				
	洪峰流量	0.9	2.3		2 100		200	
	最大 1 d	0.8	2.5			7 900	400	
	最大 3 d	1.0	2.8			9 792	70	
	最大 7 d	0.75	3.5			10 310	90	
板浦	洪峰水位	0.125	9.0	3.07			5	
龙沟闸(上)	洪峰水位							未设站

表 3-11　1991 年 7 月中旬代表站点洪水重现分析成果

站名	洪水要素	C_v	C_s/C_v	洪峰水位 /m	洪峰流量 /(m^3/s)	洪量 /(万 m^3)	重现期 /a	备注
大兴镇	洪峰水位			24.34				
	洪峰流量	0.8	2.0		556		1.3	
	最大 1 d	0.99	2.0			3 275	1.1	
	最大 3 d	1.1	2.0			5 175	1.4	
	最大 7 d	0.97	2.0			6 848	1.2	
石梁河水库	洪峰水位			23.83				
	洪峰流量	1.14	1.7		878		1.5	
	最大 1 d	1.24	1.8			4 880	2.2	
	最大 3 d	1.3	1.9			6 938	2.2	
	最大 7 d	1.18	2.0			10 330	2	

表 3-11(续)

站名	洪水要素	C_v	C_s/C_v	洪峰水位/m	洪峰流量/(m³/s)	洪量/(万 m³)	重现期/a	备注
小许庄	洪峰水位	0.18	1.5	6.08			4.5	
	洪峰流量	0.7	1.2		214		7	
	最大 1 d	0.67	2.3			1 555	8	
	最大 3 d	0.65	2.5			3 257	4	
	最大 7 d	0.64	2.7			4 687	3.5	
临洪	洪峰水位	0.19	9.0	5.20			12	
	洪峰流量				619		3.5	
	最大 1 d					4 743	10	
	最大 3 d					13 080	16	
	最大 7 d	0.45	0.87			21 350	9	
黑林	洪峰水位	0.025	6	37.39			5.5	
	洪峰流量	0.5	3.0		255		2.5	
	最大 1 d	0.8	1.5			750.0	2.3	
	最大 3 d	0.8	2.0			999.9	2.3	
	最大 7 d	0.74	2.0			1 161	2.3	
小塔山水库	洪峰水位			30.64				未泄洪
	洪峰流量	0.9	2.3		420		3	
	最大 1 d	0.8	2.5			1 696	2.6	
	最大 3 d	1.0	2.8			2 138	2.7	
	最大 7 d	0.75	3.5			2 398	2.5	
板浦	洪峰水位	0.125	9.0	2.67			2	
龙沟闸(上)	洪峰水位	0.103	9.5	3.57			1.5	

表 3-12 2000 年 8 月下旬代表站点洪水重现分析成果

站名	洪水要素	C_v	C_s/C_v	洪峰水位/m	洪峰流量/(m³/s)	洪量/(万 m³)	重现期/a	备注
大兴镇	洪峰水位			25.58				
	洪峰流量	0.8	2.0		1 650		3	
	最大 1 d	0.99	2.0			11 320	4.5	
	最大 3 d	1.1	2.0			24 910	6	
	最大 7 d	0.97	2.0			32 090	6	

表 3-12(续)

站名	洪水要素	C_v	C_s/C_v	洪峰水位/m	洪峰流量/(m^3/s)	洪量/(万 m^3)	重现期/a	备注
石梁河水库	洪峰水位			25.31				
	洪峰流量	1.14	1.7		2 320		4	
	最大 1 d	1.24	1.8			12 880	6	
	最大 3 d	1.3	1.9			29 620	9	
	最大 7 d	1.18	2.0			37 980	8	
小许庄	洪峰水位	0.18	1.5	7.07			25	
	洪峰流量	0.7	1.2		299		25	
	最大 1 d	0.67	2.3			2 307	35	
	最大 3 d	0.65	2.5			5 832	35	
	最大 7 d	0.64	2.7			10270	35	
临洪	洪峰水位	0.19	9.0	5.87			35	
	洪峰流量				760		18	
	最大 1 d					4 190	4	
	最大 3 d					10 560	4	
	最大 7 d	0.45	0.87			20 040	7	
黑林	洪峰水位	0.025	6	37.17			4.5	
	洪峰流量	0.5	3.0		352		5	
	最大 1 d	0.8	1.5			1 045	4.5	
	最大 3 d	0.8	2.0			1 691	5	
	最大 7 d	0.74	2.0			2 112	4.5	
小塔山水库	洪峰水位			30.14				未泄洪
	洪峰流量	0.9	2.3		440		3	
	最大 1 d	0.8	2.5			2 239	4	
	最大 3 d	1.0	2.8			3 977	7	
	最大 7 d	0.75	3.5			4 560	7	
板浦	洪峰水位	0.125	9.0	3.57			40	
龙沟闸(上)	洪峰水位	0.103	9.5	4.60			40	

表 3-13 2003 年 7 月中旬代表站点洪水重现分析成果

站名	洪水要素	C_v	C_s/C_v	洪峰水位/m	洪峰流量/(m^3/s)	洪量/(万 m^3)	重现期/a	备注
大兴镇	洪峰水位			24.63				
	洪峰流量	0.8	2.0		1 040		1.8	
	最大 1 d	0.99	2.0			5 486	2.5	
	最大 3 d	1.1	2.0			12 410	2.5	
	最大 7 d	0.97	2.0			25 230	3.5	
石梁河水库	洪峰水位			24.54				
	洪峰流量	1.14	1.7		1 420		2	
	最大 1 d	1.24	1.8			7 377	3.5	
	最大 3 d	1.3	1.9			15 470	3.5	
	最大 7 d	1.18	2.0			31 610	7	
小许庄	洪峰水位	0.18	1.5	6.05			4.5	
	洪峰流量	0.7	1.2		96.1		1.7	
	最大 1 d	0.67	2.3			767.2	2	
	最大 3 d	0.65	2.5			2 052	2.5	
	最大 7 d	0.64	2.7			3 814	2.5	
临洪	洪峰水位	0.19	9.0	4.15			3	
	洪峰流量				604		3	
	最大 1 d					3 905	3.5	
	最大 3 d					10 040	4	
	最大 7 d	0.45	0.87			17 450	4	
黑林	洪峰水位	0.025	6	36.90			3	
	洪峰流量	0.5	3.0		211		1.8	
	最大 1 d	0.8	1.5			561.6	1.7	
	最大 3 d	0.8	2.0			772.4	1.8	
	最大 7 d	0.74	2.0			1 529	2.6	
小塔山水库	洪峰水位			28.87				
	洪峰流量	0.9	2.3		267		1.5	
	最大 1 d	0.8	2.5			1 098	1.8	
	最大 3 d	1.0	2.8			1 453	2.2	
	最大 7 d	0.75	3.5			2 801	3.3	
板浦	洪峰水位	0.125	9.0		2.99		4.5	
龙沟闸(上)	洪峰水位	0.103	9.5		3.72		2	

表 3-14 2005 年 8 月上旬代表站点洪水重现分析成果

站名	洪水要素	C_v	C_s/C_v	洪峰水位 /m	洪峰流量 /(m³/s)	洪量 /(万 m³)	重现期 /a	备注
大兴镇	洪峰水位			24.52				
	洪峰流量	0.8	2.0		428		1.1	
	最大 1 d	0.99	2.0			2 169	1.0	
	最大 3 d	1.1	2.0			4 493	1.1	
	最大 7 d	0.97	2.0			8 174	1.3	
石梁河水库	洪峰水位			24.23				
	洪峰流量	1.14	1.7		535		1.3	
	最大 1 d	1.24	1.8			2 301	1.2	
	最大 3 d	1.3	1.9			5 239	1.8	
	最大 7 d	1.18	2.0			9 924	1.8	
小许庄	洪峰水位	0.18	1.5	6.06			4.5	
	洪峰流量	0.7	1.2		224		8	
	最大 1 d	0.67	2.3			1 892	15	
	最大 3 d	0.65	2.5			5 374	20	
	最大 7 d	0.64	2.7			10 430	35	
临洪	洪峰水位	0.19	9.0	3.55			1.3	
	洪峰流量				625		3.5	
	最大 1 d					4838	15	
	最大 3 d					13590	18	
	最大 7 d	0.45	0.87			26920	40	
黑林	洪峰水位	0.025	6	36.28			1.6	
	洪峰流量	0.5	3.0		97.5		1	
	最大 1 d	0.8	1.5			232.4	1.2	
	最大 3 d	0.8	2.0			397.4	1.2	
	最大 7 d	0.74	2.0			497.0	1	
小塔山水库	洪峰水位			30.22				
	洪峰流量	0.9	2.3		115		1.1	
	最大 1 d	0.8	2.5			554.0	1.2	
	最大 3 d	1.0	2.8			761.0	1.2	
	最大 7 d	0.75	3.5			878.0	0.5	
板浦	洪峰水位	0.125	9.0		3.13		7	
龙沟闸(上)	洪峰水位	0.103	9.5		3.82		3	

表 3-15　2007 年 9 月中旬代表站点洪水重现分析成果

站名	洪水要素	C_v	C_s/C_v	洪峰水位/m	洪峰流量/(m^3/s)	洪量/(万 m^3)	重现期/a	备注
大兴镇	洪峰水位			25.16				
	洪峰流量	0.8	2.0		804		1.5	
	最大 1 d	0.99	2.0			3 439	1.1	
	最大 3 d	1.1	2.0			5 891	1.4	
	最大 7 d	0.97	2.0			6 295	1.2	
石梁河水库	洪峰水位			25.10				
	洪峰流量	1.14	1.7		1 060		1.6	
	最大 1 d	1.24	1.8			4 961	2.5	
	最大 3 d	1.3	1.9			8 431	2.5	
	最大 7 d	1.18	2.0			9 545	1.5	
小许庄	洪峰水位	0.18	1.5	5.77			3	
	洪峰流量	0.7	1.2		95.7		1.7	
	最大 1 d	0.67	2.3			763.8	2	
	最大 3 d	0.65	2.5			1931	2	
	最大 7 d	0.64	2.7			3511	2.2	
临洪	洪峰水位	0.19	9.0	3.47			1.25	
	洪峰流量				563		2.2	
	最大 1 d					4 536	8	
	最大 3 d					12 170	11	
	最大 7 d	0.45	0.87			18 060	5	
黑林	洪峰水位	0.025	6	36.14			1.5	
	洪峰流量	0.5	3.0		157		1.3	
	最大 1 d	0.8	1.5			707.6	2.2	
	最大 3 d	0.8	2.0			1 374	3.5	
	最大 7 d	0.74	2.0			1 403	2.3	
小塔山水库	洪峰水位			32.70				
	洪峰流量	0.9	2.3		342		2.2	
	最大 1 d	0.8	2.5			1 062	1.6	
	最大 3 d	1.0	2.8			1 661	2.4	
	最大 7 d	0.75	3.5			1 807	1.8	
板浦	洪峰水位	0.125	9.0		3.07		5	
龙沟闸(上)	洪峰水位	0.103	9.9		3.76		2.5	

表 3-16　2012 年 7 月上旬代表站点洪水重现分析成果

站名	洪水要素	C_v	C_s/C_v	洪峰水位/m	洪峰流量/(m³/s)	洪量/(万 m³)	重现期/a	备注
大兴镇	洪峰水位			25.17				
	洪峰流量	0.8	2.0		2 100		4	
	最大 1 d	0.99	2.0			8 813	3.5	
	最大 3 d	1.1	2.0			19 000	3.5	
	最大 7 d	0.97	2.0			26 510	3.5	
石梁河水库	洪峰水位			24.52				
	洪峰流量	1.14	1.7		2 920		7	
	最大 1 d	1.24	1.8			12 350	5	
	最大 3 d	1.3	1.9			23 500	6	
	最大 7 d	1.18	2.0			34 100	8	
小许庄	洪峰水位	0.18	1.5	4.39			1.2	
	洪峰流量	0.7	1.2		37.9		1	
	最大 1 d	0.67	2.3			290.3	1.1	
	最大 3 d	0.65	2.5			768.1	1.1	
	最大 7 d	0.64	2.7			1 382	1.1	
临洪	洪峰水位	0.19	9.0	3.91			2.2	
	洪峰流量				545		2.2	
	最大 1 d					3 525	2.5	
	最大 3 d					8 501	2.2	
	最大 7 d	0.45	0.87			11 460	1.6	
黑林	洪峰水位	0.025	6	37.10			3.6	
	洪峰流量	0.5	3.0		583		40	
	最大 1 d	0.8	1.5			1 668	18	
	最大 3 d	0.8	2.0			3 488	50	
	最大 7 d	0.74	2.0			3 964	38	
小塔山水库	洪峰水位			32.20				
	洪峰流量	0.9	2.3		971		15	
	最大 1 d	0.8	2.5			3 138	8	
	最大 3 d	1.0	2.8			5 626	14	
	最大 7 d	0.75	3.5			6 306	18	
板浦	洪峰水位	0.125	9.0	3.19			8	
龙沟闸(上)	洪峰水位	0.103	9.5	3.71			2	

表 3-17 2019 年 8 月中旬代表站点洪水重现分析成果

站名	洪水要素	C_v	C_s/C_v	洪峰水位/m	洪峰流量/(m³/s)	洪量/(万 m³)	重现期/a	备注
大兴镇	洪峰水位			25.05				
	洪峰流量	0.8	2.0		3 850		40	
	最大 1 d	0.99	2.0			19 440	18	
	最大 3 d	1.1	2.0			38 650	14	
	最大 7 d	0.97	2.0			47 480	14	
石梁河水库	洪峰水位			24.93				
	洪峰流量	1.14	1.7		3 950		17	
	最大 1 d	1.24	1.8			21 720	19	
	最大 3 d	1.3	1.9			43 180	20	
	最大 7 d	1.18	2.0			53 600	19	
小许庄	洪峰水位	0.18	1.5	5.49			2.5	
	洪峰流量	0.7	1.2		302		30	
	最大 1 d	0.67	2.3			1 909	18	
	最大 3 d	0.65	2.5			5 028	19	
	最大 7 d	0.64	2.7			7 931	12	
临洪	洪峰水位	0.19	9.0	4.50			4.5	
	洪峰流量				863		100	
	最大 1 d					4 925	18	
	最大 3 d					12 400	14	
	最大 7 d	0.45	0.87			20 450	7	
黑林	洪峰水位	0.025	6	35.89			1.3	
	洪峰流量				242		2.3	
	最大 1 d	0.8	1.5			797.5	2.5	
	最大 3 d	0.8	2.0			1 291	3	
	最大 7 d	0.74	2.0			1 641	3	
小塔山水库	洪峰水位			31.25				
	洪峰流量	0.9	2.3		322		2	
	最大 1 d	0.8	2.5			1 379	2.2	
	最大 3 d	1.0	2.8			1 926	2.6	
	最大 7 d	0.75	3.5			2 383	2.5	
板浦	洪峰水位	0.125	9.0	3.08			5	
龙沟闸(上)	洪峰水位	0.103	9.5	3.75			2.5	

第五节　洪 水 特 点

一、新沭河

1974 年 8 月 11 日洪水与其他场次洪水相比：① 洪峰水位高：起涨水位、水位涨幅大，洪峰水位最高、超警时间长，石梁河水库水位超过了设计水位；② 洪峰流量、各时段洪量大；③ 洪水持续时间长；④ 发生洪水范围大。

1974 年 8 月 11 日次洪水石梁河水库、大兴镇站起涨水位分别都超过 24.50 m，二站发生的最高水位为建站以来最大值。石梁河水库站水位超警时长达 209.2 h，最高水位超过了 100 a 一遇设计水位 0.01 m；大兴镇站水位超警时长达 217.5 h。大兴镇站洪峰流量重现期为 30 a 一遇，石梁河水库站洪峰流量重现期为 38 a 一遇为；大兴镇站各时段洪量的重现期 85～100 a 一遇，石梁河水库站各时段洪量的重现期 150～200 a 一遇。

次大洪水场次为 2019 年 8 月 10 日次洪水，洪水特点为：① 洪峰水位不高：石梁河水库站起涨水位低于汛限水位，水位涨幅中等，石梁河水库站未达警戒水位；② 洪峰流量大，与 1974 年次洪水接近；③ 涨水历时长，各时段洪量大。

石梁河水库、大兴镇站起涨水位 23.05～23.10 m，石梁河水库站起涨水位低于汛限水位，由于积极开闸泄洪，形成的洪峰水位不高，仅大兴镇站水位略超警，超警水位为 25.05 m，超警时长 22.3 h。但是，石梁河水库、大兴镇站洪峰流量、时段洪量较大，大兴镇站洪峰流量重现期达 40 a 一遇，石梁河水库站洪峰流量重现期达 38 a 一遇；大兴镇站各时段洪量的重现期 14～18 a 一遇，石梁河水库站各时段洪量的重现期 19～20 a 一遇。

第三大洪水场次为 2000 年 8 月 28 日次洪水，洪水特点为：① 洪峰水位较高；② 涨水速度较快；③ 洪峰流量、洪量属中偏大洪水。

石梁河水库、大兴镇站起涨水位介于 22.74～22.81 m 之间，稍偏低，涨速较快，最高水位高于 2019 年 8 月 10 日洪水，石梁河水库、大兴镇站水位全部超警，超警时长分别 17.3 h 及 31.6 h。大兴镇站洪峰流量重现期为 3 a 一遇，石梁河水库站洪峰流量重现期为 7 a 一遇；大兴镇站各时段洪量的重现期 14～18 a 一遇，石梁河水库站各时段洪量的重现期 4.5～6 a 一遇，石梁河水库站各时段洪量的重现期 6～9 a 一遇。

2012 年 7 月 8 日次洪水仅次于 2000 年 8 月 28 日次洪水，洪水特点为：① 洪峰水位正常，石梁河水库站最高水位未超警戒水位；② 起涨水位低，水位涨幅大；③ 洪峰流量大，洪量中等。

石梁河水库、大兴镇站起涨水位介于 21.95～22.13 m 之间，起涨水位较低，仅大兴镇站水位超警，超警时长 8 h。大兴镇站洪峰流量重现期为 4 a 一遇，石梁河水库站洪峰流量重现期为 11 a 一遇；大兴镇站各时段洪量的重现期全部为 3.5 a 一遇，石梁河水库站各时段洪量的重现期 5～8 a 一遇。

其余四场次洪水，仅 2007 年 9 月 19 日次洪水水位超警，石梁河水库、大兴镇站水位超警时长分别为 41 h 和 21 h；洪峰流量及洪量重现期除 2003 年石梁河水库 7 d 洪量达 7 a 一遇外，其余都低于 5 a 一遇，一般 1～3 a 一遇。

1991 年 7 月 14 日次洪水，洪水特点为：① 洪峰水位不高，涨幅小；② 涨水快，时间短；③ 区域局部洪水，洪峰流量、洪量小。

2003 年 7 月 12 日次洪水，洪水特点为：① 洪峰水位不高；② 起涨水位低，涨幅大，涨水时间长；③ 洪峰流量、洪量属中等。

2005 年 7 月 31 日次洪水，洪水特点为：① 洪峰水位不高；② 起涨水位高，涨幅小，涨水速度慢；③ 区域局部洪水，洪峰流量、洪量小。

2007 年 9 月 19 日次洪水，洪水特点为：① 洪峰水位偏高；② 起涨水位高，涨幅小；③ 区域局部洪水，洪峰流量、洪量不大。

新沭河洪水涨落特点见表 3-18。

二、蔷薇河

蔷薇河次洪水大小以临洪站 7 d 洪量进行排序。

2005 年 7 月 31 日次洪水与其他次洪水相比：① 洪峰水位低；② 临洪站涨水时间最长；③ 洪量最大。

2005 年 7 月 31 日次洪水，临洪站起涨水位 1.89 m，洪峰水位 3.55 m，重现期仅为 1.3 a 一遇，涨水历时长达 169.5 h。小许庄站起涨水位 3.09 m，洪峰水位 6.06 m，重现期为 4.5 a 一遇；临洪站洪峰流量 625 m^3/s，重现期 3.5 a 一遇。小许庄站洪峰流量 224 m^3/s，重现期 8 a 一遇；临洪站 1 d、3 d、7 d 时段洪量 15～40 a 一遇，洪量重现期都最长。小许庄站 1 d、3 d、7 d 时段洪量 15～35 a 一遇。

次大洪水场次为 1974 年 8 月 11 日洪水，洪水特点为：① 临洪站洪峰水位最高；② 洪水涨幅大；③ 洪量大。

1974 年 8 月 11 日次洪水，临洪站起涨水位属常水位为 2.03 m，洪峰水位为历年最高达 5.93 m，重现期达 38 a 一遇，超警时长达 79.7 h，洪水涨幅 3.90 m。小许庄站洪峰水位为 6.45 m，重现期为 9 a 一遇，排历史第二高；临洪站洪峰流量 565 m^3/s，重现期为 2.2 a 一遇，小许庄站洪峰流量 276 m^3/s，重现期为 18 a 一遇。小许庄站 1 d、3 d、7 d 时段洪量、临洪站 7 d 时段洪量重现期全部为 30 a 一遇。

第三大洪水场次为 1991 年 7 月 14 日次洪水，洪水特点为：① 洪峰水位较高；② 涨水速度快，涨幅大；③ 洪峰流量、洪量较大。

1991 年 7 月 14 日次洪水，临洪站起涨水位较低为 1.56 m，洪峰水位 5.20 m，重现期达 12 a 一遇，超警时长达 23.5 h，洪水涨幅 3.64 m。小许庄站洪峰水位 6.08 m，重现期为 4.5 a 一遇；临洪站洪峰流量 619 m^3/s，重现期为 3.5 a 一遇，小许庄站洪峰流量 214 m^3/s，重现期为 7 a 一遇；临洪站 1 d、3 d、7 d 时段洪量重现期 9～16 a 一遇。小许庄站 1 d、3 d、7 d 时段洪量重现期 3.5～8 a 一遇。

其余 5 场次洪水具体情况如下：

2000 年 8 月 28 日次洪水，洪水特点为：① 洪峰水位高；② 涨幅大；③ 洪峰流量大，洪量较大。

临洪站起涨水位属常水位为 2.22 m，洪峰水位 5.87 m，重现期达 35 a 一遇，超警时长 53.8 h，涨幅大。小许庄站洪峰水位 7.07 m，重现期达 25 a 一遇，历史最高；临洪站洪峰流量 760 m^3/s，重现期达 18 a 一遇，排列蔷薇河与鲁兰河分开排洪前的第一位。小许庄站峰流量 299 m^3/s，重现期达 25 a 一遇，排历史第二；临洪站 1 d、3 d、7 d 时段洪量重现期 4～7 a 一遇。小许庄站 1 d、3 d、7 d 时段洪量重现期全部为 35 a 一遇。

2003 年 7 月 12 日次洪水，洪水特点为：① 洪峰水位属中等；② 涨幅不大；

③ 小许庄站洪峰流量较小，临洪站、小许庄站洪量中等。

临洪站起涨水位较低为 1.61 m，洪峰水位 4.15 m，重现期 3 a 一遇，低警戒水位 0.35 m。小许庄站洪峰水位 6.05 m，重现期 4.5 a 一遇；临洪站洪峰流量 604 m^3/s，重现期 3 a 一遇。小许庄站洪峰流量 96.1 m^3/s，重现期为 1.7 a 一遇；临洪站、小许庄站 1 d、3 d、7 d 时段洪量重现期 2～4 a 一遇，重现期不高。

2007 年 9 月 18 日次洪水，洪水特点为：① 洪峰水位不高；② 涨幅不大，涨水历时较短；③ 洪峰流量、洪量较大。

临洪站起涨水位属常水位为 2.24 m，洪峰水位 3.47 m，重现期为 1.25 a 一遇，低警戒水位 1.03 m。小许庄站洪峰水位 5.77 m，重现期 3 a 一遇；临洪站洪峰流量 563 m^3/s，重现期 2.2 a 一遇。小许庄站洪峰 224 m^3/s，重现期 8 a 一遇；临洪站 1 d、3 d、7 d 时段洪量重现期 5～11 a 一遇。小许庄站 1 d、3 d、7 d 时段洪量重现期 2～2.2 a 一遇。

2012 年 7 月 8 日次洪水，洪水特点为：① 洪峰水位低；② 水位涨幅小，涨水历时短；③ 洪峰流量、洪量不大。

临洪站起涨水位偏高为 2.53 m，洪峰水位 3.91 m，重现期为 2.2 a 一遇，低警戒水位 0.59 m。小许庄站洪峰水位 4.39 m，重现期 1.2 a 一遇；临洪站洪峰流量 545 m^3/s，重现期 2.2 a 一遇。小许庄站洪峰 37.9 m^3/s，流量很小；临洪站 1 d、3 d、7 d 时段洪量重现期 1.6～2.5 a 一遇。小许庄站 1 d、3 d、7 d 时段洪量重现期全部为 1.1 a 一遇。

2019 年 8 月 10 日次洪水，洪水特点为：① 洪峰水位中等；② 涨水历时长；③ 洪峰流量、洪量大。

临洪站起涨水位偏高为 2.51 m，洪峰水位 4.50 m，重现期 4.5 a 一遇，平警戒水位。小许庄站洪峰水位 5.49 m，重现期为 2.5 a 一遇；临洪站洪峰流量 863 m^3/s（合成值），重现期 100 a 一遇。小许庄站洪峰 302 m^3/s，重现期 30 a 一遇；临洪站 1 d、3 d、7 d 时段洪量重现期 7～18 a 一遇。小许庄站 1 d、3 d、7 d 时段洪量重现期 12～19 a 一遇。

蔷薇河洪水涨落特点见表 3-18。

三、青口河

1974 年 8 月 11 日次洪水，洪水特点为：① 洪峰水位历史最高；② 洪峰流量、洪量历史最大；③ 洪水涨幅大、涨水速度快。

小塔山水库起涨水位 30.85 m，最高水位 34.00 m，高于警戒水位 1.00 m；洪峰流量 2 100 m^3/s，重现期 200 a 一遇，水库泄洪流量达 373 m^3/s，接近设计泄洪流量 400 m^3/s；1 d、3 d、7 d 时段洪量重现期 70～400 a 一遇。

次大洪水场次为 2012 年 7 月 7 日次洪水，洪水特点为：① 洪峰水位高；② 洪峰流量、洪量大；③ 涨水时间较长。

小塔山水库起涨水位 29.42 m，最高水位 32.20 m，超过汛限水位 1.90 m。黑林站最高水位 37.10 m，重现期 3.6 a 一遇；小塔山水库站洪峰流量 971 m^3/s，重现期 15 a 一遇，泄洪流量 34.0 m^3/s。黑林站洪峰流量 583 m^3/s，重现期 40 a 一遇；小塔山水库站 1 d、3 d、7 d 时段洪量重现期 8～18 a 一遇。黑林站 1 d、3 d、7 d 时段洪量重现期 18～50 a 一遇。

第三大次洪水为 2000 年 8 月 29 日次洪水，洪水特点为：① 洪峰水位偏高；② 洪水涨幅大；③ 洪峰流量大、洪量较大。

小塔山水库起涨水位 26.86 m，最高水位 30.14 m，低于汛限水位 0.16 m。黑林站最高水位 37.17 m，重现期 4.5 a 一遇；小塔山水库站洪峰流量 440 m^3/s，重现期 3 a 一遇，水库未泄洪。黑林站洪峰流量 352 m^3/s，重现期 5 a 一遇；小塔山水库站 1 d、3 d、7 d 时段洪量重现期 4～7 a 一遇。黑林站 1 d、3 d、7 d 时段洪量重现期 4.5～5 a 一遇。

其余 5 场次洪水具体情况如下：

1991 年 7 月 14 日次洪水，洪水特点为：① 黑林站洪峰水位最高；② 洪峰流量、洪量较大；③ 涨水时间较短，涨幅不大。

小塔山水库起涨水位 29.58 m，最高水位 30.63 m，超汛限水位 0.33 m。黑林站最高水位 37.39 m，重现期 5.5 a 一遇；小塔山水库站洪峰流量 420 m^3/s，重现期 3 a 一遇，水库未泄洪。黑林站洪峰流量 255 m^3/s，重现期 2.5 a 一遇；小塔山水库站 1 d、3 d、7 d 时段洪量重现期 2.5～2.7 a 一遇。黑林站 1 d、3 d、7 d 时段洪量重现期 2.3 a 一遇。

2003年7月12日次洪水,洪水特点为:① 小塔山水库洪峰水位低;② 洪峰流量、洪量偏大;③ 涨水时间长,涨幅较大。

小塔山水库起涨水位25.63 m,最高水位28.87 m,水位较低。黑林站最高水位36.90 m,重现期3 a一遇;小塔山水库站洪峰流量267 m^3/s,重现期1.5 a一遇,水库未泄洪。黑林站洪峰流量211 m^3/s,重现期1.8 a一遇;小塔山水库站1 d、3 d、7 d时段洪量重现期2.5~2.7 a一遇。黑林站1 d、3 d、7 d时段洪量重现期1.8~3.3 a一遇。

2005年8月10日次洪水,洪水特点为:① 小塔山水库洪峰水位低;② 洪峰流量、洪量小;③ 涨水时间短,涨幅较小。

小塔山水库起涨水位29.77 m,最高水位30.22 m,低于汛限水位。黑林站最高水位36.28 m,重现期1.6 a一遇;小塔山水库站洪峰流量115 m^3/s,重现期1.1 a一遇,水库未泄洪。黑林站洪峰流量97.5 m^3/s,重现期1 a一遇;小塔山水库站1 d、3 d、7 d时段洪量重现期全部为1.2 a一遇。黑林站1 d、3 d、7 d时段洪量重现期全部为1.2 a一遇。

2007年8月10日次洪水,洪水特点为:① 洪峰水位较高;② 洪峰流量、洪量中等;③ 涨水时间短,涨幅较小。

小塔山水库起涨水位32.01 m,最高水位32.70 m,低于警戒水位0.3 m。黑林站最高水位36.14 m,重现期1.5 a一遇;小塔山水库站洪峰流量342 m^3/s,重现期2.2 a一遇,水库未泄洪。黑林站洪峰流量157 m^3/s,重现期1.3 a一遇;小塔山水库站1 d、3 d、7 d时段洪量重现期1.6~2.4 a一遇。黑林站1 d、3 d、7 d时段洪量重现期2.2~3.5 a一遇。

2019年8月11日次洪水,洪水特点为:① 黑林站洪峰水位低;② 洪峰流量、洪量中等;③ 涨水时间不长,涨幅中等。

小塔山水库起涨水位30.14 m,最高水位31.25 m,超汛限水位。黑林站最高水位35.89 m,重现期1.3 a一遇;小塔山水库站洪峰流量322 m^3/s,重现期2 a一遇,水库未泄洪。黑林站洪峰流量242 m^3/s,重现期2.3 a一遇;小塔山水库站1 d、3 d、7 d时段洪量重现期2.2~2.6 a一遇。黑林站1 d、3 d、7 d时段洪量重现期2.5~3 a一遇。

青口河洪水涨落特点见表3-18。

四、善后河

2000 年 8 月 28 日次洪水为历年最大，洪水特点为：① 洪峰水位超历史；② 涨幅大，超警戒水位时间长，涨速中等。板浦站起涨水位偏高为 1.87 m，洪峰水位 3.57 m，为历年最高，超警戒水位 0.47 m，超警时长 117.5 h，涨水历时 72 h，涨速 0.024 m/h。

次大洪水为 2012 年 7 月 7 日次洪水，洪水特点为：① 洪峰水位高；② 涨幅不大，涨速不快。板浦站起涨水位偏高 2.09 m，洪峰水位 3.19 m，超警戒水位 0.09 m，超警时长 17 h，涨水历时 55 h，涨速达 0.020 m/h。

第三大洪水为 2005 年 7 月 30 日次洪水，洪水特点为：① 洪峰水位高；② 涨幅、涨速中等。板浦站起涨水位为常水位 1.83 m，洪峰水位 3.13 m，超警戒水位 0.03 m，超警时长 8.5 h，涨水历时 54 h，涨速达 0.024 m/h。

其余 5 场次洪水具体情况如下：

1974 年 8 月 10 日次洪水，洪水特点为：① 洪峰水位较高；② 涨幅、涨速中等。板浦站起涨水位偏低为 1.41 m，洪峰水位 3.07 m，低警戒水位 0.03 m，涨水历时 72 h，涨速达 0.022 m/h。

1991 年 7 月 12 日次洪水，洪水特点为：① 洪峰水位低；② 涨幅小、涨速慢。板浦站起涨水位较低为 1.48 m，洪峰水位 2.67 m，低警戒水位 0.43 m，涨水历时 66 h，涨速达 0.018 m/h。

2003 年 7 月 12 日次洪水，洪水特点为：① 洪峰水位中等；② 涨幅大、涨速慢。板浦站起涨水位较低为 1.30 m，洪峰水位 2.99 m，低警戒水位 0.11 m，涨水历时 114 h，涨速达 0.015 m/h。

2007 年 9 月 19 日次洪水，洪水特点为：① 洪峰水位较高；② 涨幅中等、涨速较快。板浦站起涨水位为常水位 1.77 m，洪峰水位 3.07 m，低警戒水位 0.03 m，涨水历时 30 h，涨速达 0.043 m/h。

2019 年 8 月 10 日次洪水，洪水特点为：① 洪峰水位较高；② 涨幅较大、涨速快。板浦站起涨水位偏低为 1.52 m，洪峰水位 3.11 m，高于警戒水位 0.01 m，涨水历时 28.3 h，涨速达 0.056 m/h。

善后河洪水涨落特点见表 3-18。

五、北六塘河

2000 年 8 月 28 日次洪水为历年最大，洪水特点为：① 洪峰水位超历史；② 涨幅大，超警戒水位时间长，涨速偏快。龙沟闸（上）站起涨水位为常水位 2.23 m，洪峰水位 4.60 m，为历年最高，超警戒水位 0.90 m，超警时长 93.6 h，涨水历时 76.4 h，涨速 0.031 m/h。

次大洪水为 2019 年 8 月 10 日次洪水，洪水特点为：① 洪峰水位高；② 涨幅大，涨速很快。龙沟闸（上）站起涨水位 1.78 m，洪峰水位 3.85 m，超警戒水位 0.15 m，涨水历时 4 h，涨速 0.52 m/h。

第三大洪水为 2005 年 8 月 1 日次洪水，洪水特点为：① 洪峰水位高；② 涨幅较大，涨速慢。龙沟闸（上）站起涨水位为常水位 2.04 m，洪峰水位 3.82 m，超警戒水位 0.12 m，超警时长 2 h，涨水历时 125.9 h，涨速 0.014 m/h。

其余 5 场次洪水具体情况如下：

1991 年 7 月 13 日次洪水，洪水特点为：① 洪峰水位不高；② 涨幅不大，涨速较慢。龙沟闸（上）站起涨水位为常水位 2.18 m，洪峰水位 3.57 m，低警戒水位 0.13 m，涨水历时 77 h，涨速 0.018 m/h。

2003 年 7 月 12 日次洪水，洪水特点为：① 洪峰水位较高；② 涨幅中等，涨速较快。龙沟闸（上）站起涨水位为常水位 2.09 m，洪峰水位 3.72 m，超警戒水位 0.03 m，超警时长 0.25 h，涨水历时 52.3 h，涨速 0.031 m/h。

2007 年 9 月 19 日次洪水，洪水特点为：① 洪峰水位较高；② 涨幅中等，涨速较快。龙沟闸（上）站起涨水位为常水位 2.27 m，洪峰水位 3.76 m，超警戒水位 0.06 m，超警时长 3.3 h，涨水历时 45 h，涨速 0.033 m/h。

2012 年 7 月 4 日次洪水，洪水特点为：① 洪峰水位较高；② 涨幅小，涨速中等。龙沟闸（上）站起涨水位偏高 2.57 m，洪峰水位 3.71 m，超警戒水位 0.01 m，超警时长 2 h，涨水历时 52 h，涨速 0.029 m/h。

北六塘河洪水涨落特点见表 3-18。

表 3-18　典型次洪水水位涨落情况分析表

河名	站名	年份	洪水起讫时间	起涨水位/m	洪峰水位/m	最大涨幅/m	涨水历时/h	警戒水位/m	超警时长/h
新沭河	大兴镇	1974	8.11.20:00—8.22.6:00	24.61	27.21	2.60	80	25.00	至1975
		1991	7.14.15:00—7.19.6:30	23.26	24.34	1.08	21.5		0
		2000	8.28.20:00—9.3.22:00	22.81	25.58	2.77	59.6		31.6
		2003	7.12.8:20—7.19.10:00	21.96	24.63	2.67	131.7		0
		2005	7.31.14:36—8.13.17:42	23.80	24.28	0.48	69.8		0
		2007	9.19.10:48—9.22.12:00	24.25	25.16	0.91	51.2		6
		2012	7.8.8:30—7.12.0:00	22.13	25.17	3.04	58.2		8
		2019	8.10.9:10—8.20.0:00	23.10	25.05	1.95	154.8		22.3
	石梁河水库	1974	8.11.20:06—8.22.6:20	24.51	26.82	2.31	78.3	25.00	至1975
		1991	7.14.14:00—7.20.8:00	23.18	23.83	0.65	18		0
		2000	8.28.20:00—9.3.22:00	22.74	25.31	2.57	60.3		17.3
		2003	7.12.10:00—7.19.10:00	21.85	24,54	2.69	127.8		0
		2005	7.31.8:00—8.7.22:25	23.73	24.23	0.50	84		0
		2007	9.19.8:00—9.22.18:10	24.17	25.10	0.93	48		41
		2012	7.7.8:00—7.11.17:55	21.95	24.52	2.57	85.7		0
		2019	8.10.14:00—8.20.22:00	23.05	24.93	1.88	149.6		0
蔷薇河	小许庄	1974	8.11.2:00—8.26.8:00	2.35	6.45	4.10	84	5.50	110
		1991	7.14.14:00—7.20.23:00	2.59	6.08	3.49	30		59
		2000	8.28.8:00—9.6.19:12	3.47	7.07	3.60	81.4		141.6
		2003	7.1214:00—7.26.21:12	2.41	6.05	3.64	84		51
		2005	7.31.18:06—8.12.19:42	3.09	6.06	2.97	71		96
		2007	9.18.2:00—9.25.21:35	3.16	5.77	2.61	72		38
		2012	7.8.8:00—7.15.11:50	2.40	4.39	1.99	47.5		0
		2019	8.10.8:00—8.18.16:00	2.55	5.49	2.94	52.9		0
	临洪	1974	8.11.11:00—8.26.8:00	2.03	5.93	3.90	81	4.50	79.7
		1991	7.14.16:00—7.20.23:00	1.56	5.20	3.64	33		23.5
		2000	8.28.15:12—9.6.19:12	2.22	5.87	3.65	84.8		53.8
		2003	7.12.2:42—7.26.21:12	1.61	4.15	2.54	74.3		0
		2005	7.31.19:28—8.12.19:42	1.89	3.55	1.66	169.5		0
		2007	9.18.0:00—9.25.21:35	2.92	3.47	0.55	76		0
		2012	7.8.8:55—7.15.11:50	2.53	3.91	1.38	32.1		0
		2019	8.10.9:20—8.18.16:00	2.51	4.50	1.99	81		0

表 3-18(续)

河名	站名	年份	洪水起讫时间	起涨水位/m	洪峰水位/m	最大涨幅/m	涨水历时/h	警戒水位/m	超警时长/h
青口河	黑林	1974	未设站						
		1991	7.14.5:00—7.19.8:00	35.60	37.39	1.79	29.5		
		2000	8.28.20:00—9.5.20:00	35.05	37.17	2.12	53.8		
		2003	7.12.8:00—7.19.6:00	34.75	36.90	2.15	117.3		
		2005	8.10.18:30—8.15.8:00	35.08	36.28	1.20	13.2		
		2007	9.19.23:00—9.23.8:00	35.01	36.14	1.13	6.5		
		2012	7.7.20:00—7.15.8:00	33.44	37.10	3.66	59.9		
		2019	8.10.5:00—8.17.8:00	33.92	35.89	1.97	35.7		
	小塔山水库	1974	8.11.4:00—8.22.10:20	30.85	34.00	3.15	68	33.00	1
		1991	7.14.5:30—7.19.8:00	29.58	30.63	1.05	146.5		未泄洪
		2000	8.28.8:00—9.5.20:00	26.86	30.14	3.28	324		未泄洪
		2003	7.12.8:00—7.19.6:00	25.63	28.87	3.24	288		未泄洪
		2005	8.10.8:00—8.15.8:00	29.77	30.22	0.45	264		未泄洪
		2007	9.18.20:00—9.23.8:00	32.01	32.70	0.69	108		未泄洪
		2012	7.4.8:00—7.15.8:00	29.42	32.20	2.78	165.5		0
		2019	8.11.0:00—8.17.8:00	30.14	31.25	1.11	188		未泄洪
善后河	板浦	1974	8.10.8:00—8.25.8:00	1.41	3.07	1.66	72	3.10	0
		1991	7.12.20:00—7.18.20:00	1.48	2.67	1.19	66		0
		2000	8.28.8:00—9.7.20:00	1.87	3.57	1.70	72		117.5
		2003	7.12.20:00—7.17.14:00	1.29	2.99	1.70	114		0
		2005	7.30.8:00—8.15.20	1.83	3.13	1.30	54		8.5
		2007	9.19.8:00—9.27.20:00	1.77	3.07	1.30	30		0
		2012	7.7.8:00—7.12.8:00	2.09	3.19	1.10	55		17
		2019	8.10.12:15—8.18.19:00	1.52	3.11	1.59	28.3		0.6
北六塘河	龙沟河闸(上)	1974	未设站					3.70	
		1991	7.13.8:00—7.18.8:00	2.18	3.57	1.39	77		0
		2000	8.28.5:24—9.5.23:24	2.23	4.60	2.37	76.4		93.6
		2003	7.12.5:00—7.26.16:06	2.09	3.72	1.63	52.3		0.25
		2005	8.1.4:00—8.15.0:00	2.04	3.82	1.78	77.3		2
		2007	9.19.8:00—9.28.19:00	2.27	3.76	1.49	45		3.3
		2012	7.4.8:00—7.10.8:00	2.57	3.71	1.14	52		2
		2019	8.11.2:05—8.16.23:45	1.78	3.85	2.07	4		1.8

第六节 洪水比较

1949年至20世纪70年代，沂沭泗水系在1956年、1957年、1959年、1961年、1962年、1963年、1970年、1974年发生了大的洪水，其中以1957年洪水为最大，其次为1974年。由于1957年年代相对更远，水文资料不完整及当时水利工程防洪除涝能力很低。因此，选择1974年洪水作为对比，分析洪水特征值变化情况。

一、新沭河控制站洪水比较

新沭河洪水主要为山东省沂蒙山区的外来水，洪水量大、峰高，对连云港市市区、东海县及赣榆区产生影响较大，特别影响蔷薇河流域（包括鲁兰河、乌龙河）行洪排涝，当石梁河水库行洪达到2 500 m^3/s时，蔷薇河洪水几乎无法排放，只能依靠强排措施。

新沭河控制站警戒水位、保证水位及设计流量见表3-19，选择的8场次洪水的洪峰水位、流量及发生时间见表3-19。

（一）新沭河控制站洪水特征值比较

新沭河选择的8场次洪水中（大兴镇站与石梁河水库站同步，以石梁河水库站特征值进行比较分析），1974年8月11日次洪水为历史洪水，同时也是8场洪水量级最大值，作为其他7场次洪水比较对象，洪峰水位以及1 d、3 d、7 d洪量比较结果见表3-20。

7 d洪水总量排第二的为2019年8月10日次洪水，其7 d洪水总量占1974年8月11日次洪水7 d洪量的52%，洪峰水位比1974年8月10日次洪水低1.89 m。

第三大为2000年8月29日次洪水，其7 d洪量占1974年8月11日次洪水7 d洪量的36%，洪峰水位比1974年8月11日次洪水低1.51 m。

2012年7月8日与2003年7月12日洪水接近，其7 d洪量分别占1974年8月11日次洪水7 d洪量的33%和30%，洪峰水位分别比1974年8月11日次洪水低2.30 m和2.28 m。其余次洪水7 d洪量都不足1974年8月11日次洪水7 d洪量的10%。

表 3-19 典型年典型场次洪水特征值比较表

河名	站名	发生年份	警戒水位/m	保证水位/m	保证流量/(m³/s)	典型年次洪最大值				1974 年次洪最大值				备注
						最高水位/m	出现时间（月—日—时:分）	最大流量/(m³/s)	出现时间（月—日—时:分）	最高水位/m	出现时间（月—日—时:分）	最大流量/(m³/s)	出现时间（月—日—时:分）	
新沭河	大兴镇	1991	25.00	28.21	7 590	24.34	7—15—12:30	556	7—15—13:48	27.21	8—15—4:00	3870	8—14—12:00	
新沭河	石梁河	1991	25.00	26.81	6 000	23.83	7—15—8:00	1 500	7—15—11:00	26.82	8—15—2:24	3 510	8—15—2:24	出库流量、下同
蔷薇河	临洪	1991	4.50	5.92/6.27	861	5.20	7—16—1:00	619	7—16—16:18	5.93	8—14—20:00	565	8—16—18:00	
善后河	板浦	1991	3.10	3.45		2.67	7—15—14:00			2.97	8—13—8:00			水位站
北六塘河	龙沟闸(上)	1991	3.70	4.30		3.57	7—16							水位站，1974 年未设站
青口河	黑林	1991				37.39	7—15—10:30	255	7—15—10:30					1974 年未设站
青口河	小塔山水库	1991	33.00	35.37	400					34.00	8—14—0:00	373	8—14—0:00	未泄洪
新沭河	大兴镇	2000	25.00	28.21	7590	25.58	8—31—7:35	1650	8—31—7:20	27.21	8—15—4:00	3870	8—14—12:00	
新沭河	石梁河	2000	25.00	26.81	6000	25.31	8—31—8:20	2420	8—31—8:20	26.82	8—15—2:24	3510	8—15—2:24	
蔷薇河	临洪	2000	4.50	5.92/6.27	861	5.87	9—1—4:00	760	9—3—15:06	5.93	8—14—20:00	565	8—16—18:00	
善后河	板浦	2000	3.10	3.45		3.57	8—31—8:00			2.97	8—13—8:00			
北六塘河	龙沟闸(上)	2000	3.70	4.30		4.60	8—31—9:46							
青口河	黑林	2000				37.17	8—31—2:12	352	8—31—2:12					
青口河	小塔山水库	2000	33.00	35.37	400					34.00	8—14—0:00	373	8—14—0:00	未泄洪

表 3-19(续)

河名	站名	发生年份	警戒水位/m	保证水位/m	保证流量/(m^3/s)	典型年次洪最大值				1974年次洪最大值				备　注
						最高水位/m	出现时间(月—日—时:分)	最大流量/(m^3/s)	出现时间(月—日—时:分)	最高水位/m	出现时间(月—日—时:分)	最大流量/(m^3/s)	出现时间(月—日—时:分)	
新沭河	大兴镇	2003	25.00	28.21	7590	24.63	7—17—20:00	1040	7—14—9:03	27.21	8—15—4:00	3870	8—14—12:00	
新沭河	石梁河	2003	25.00	26.81	6000	24.54	7—17—17:48	1164	7—15—14:30	26.82	8—15—2:24	3510	8—15—2:24	
蔷薇河	临洪	2003	4.50	5.92/6.27	861	4.15	7—15—5:00	604	7—15—5:18	5.93	8—14—20:00	565	8—16—18:00	
善后河	板浦	2003	3.10	3.45		2.99	7—14—14:00			2.97	8—13—8:00			
北六塘河	龙沟闸(上)	2003	3.70	4.30		3.72	7—14—9:18							
青口河	黑林	2003				36.90	7—15—5:18	211	7—15—5:18					
青口河	小塔山水库	2003	33.00	35.37	400					34.00	8—14—0:00	373	8—14—0:00	未泄洪
新沭河	大兴镇	2005	25.00	28.21	7590	24.52	8—13—6:00	428	8—1—4:20	27.21	8—15—4:00	3870	8—14—12:00	
新沭河	石梁河	2005	25.00	26.81	6000	24.23	8—3—20:00	800	8—5—21:05	26.82	8—15—2:24	3510	8—15—2:24	
蔷薇河	临洪	2005	4.50	5.92/6.27	861	3.55	8—7—21:00	625	8—3—0:00	5.93	8—14—20:00	565	8—16—18:00	
善后河	板浦	2005	3.10	3.45		3.13	8—1—14:00			2.97	8—13—8:00			水位站
北六塘河	龙沟闸(上)	2005	3.70	4.30		3.82	8—6—9:54							水位站，1974年未设站
青口河	黑林	2005				36.28	8—11—7:42	97.5	8—11—7:42					1974年未设站
青口河	小塔山水库	2005	33.00	35.37	400					34.00	8—14—0:00	373	8—14—0:00	未泄洪

表 3-19(续)

河名	站名	发生年份	警戒水位/m	保证水位/m	保证流量/(m^3/s)	典型年次洪最大值				1974 年次洪最大值				备注
						最高水位/m	出现时间(月—日—时:分)	最大流量/(m^3/s)	出现时间(月—日—时:分)	最高水位/m	出现时间(月—日—时:分)	最大流量/(m^3/s)	出现时间(月—日—时:分)	
新沭河	大兴镇	2007	25.00	28.21	7590	25.16	9—21—14:00	804	9—20—4:36	27.21	8—15—4:00	3870	8—14—12:00	
新沭河	石梁河		25.00	26.81	6000	25.10	9—21—8:00	204	9—21—2:00	26.82	8—15—2:24	3510	8—15—2:24	
蔷薇河	临洪		4.50	5.92/6.27	861	3.47	9—21—4:00	563	9—21—8:00	5.93	8—14—20:00	565	8—16—18:00	
善后河	板浦		3.10	3.45		3.07	9—20—14:00			2.97	8—13—8:00			
北六塘河	龙沟闸(上)		3.70	4.30		3.76	9—21—5:00							
青口河	黑林					36.14	9—20—5:30	157	9—20—5:39					
青口河	小塔山水库		33.00	35.37	400					34.00	8—14—0:00	373	8—14—0:00	未泄洪
新沭河	大兴镇	2012	25.00	28.21	7590	25.17	7—10—18:40	2100	7—10—16:10	27.21	8—15—4:00	3870	8—14—12:00	
新沭河	石梁河		25.00	26.81	6000	24.52	7—10—21:40	2270	7—11—10:05	26.82	8—15—2:24	3510	8—15—2:24	
蔷薇河	临洪		4.50	5.92/6.27	861	3.91	7—9—17:00	545	7—10—8:00	5.93	8—14—20:00	565	8—16—18:00	
善后河	板浦		3.10	3.45		3.19	7—9			2.97	8—13—8:00			
北六塘河	龙沟闸(上)		3.70	4.30		3.71	7—6							
青口河	黑林					37.10	7—10—7:55	583	7—10—8:00					
青口河	小塔山水库		33.00	35.37	400	32.20	7—11—5:45	34.4	7—11—5:45	34.00	8—14—0:00	373	8—14—0:00	泄洪

表 3-19(续)

河名	站名	发生年份	警戒水位/m	保证水位/m	保证流量/(m^3/s)	典型年次洪最大值				1974 年次洪最大值				备注
						最高水位/m	出现时间(月—日—时:分)	最大流量/(m^3/s)	出现时间(月—日—时:分)	最高水位/m	出现时间(月—日—时:分)	最大流量/(m^3/s)	出现时间(月—日—时:分)	
新沭河	大兴镇	2019	25.00	28.21	7590	25.05	8—16—20:00	3850	8—11—20:55	27.21	8—15—4:00	3870	8—14—12:00	
新沭河	石梁河		25.00	26.81	6000	24.93	8—16—19:35	3420	8—12—8:00	26.82	8—15—2:24	3510	8—15—2:24	
蔷薇河	临洪		4.50	5.92 6.27	861	4.50	8—13—18:20	419	8—13—23:55	5.93	8—14—20:00	565	8—16—18:00	
善后河	板浦		3.10	3.45		3.08	8—11—16:45			2.97	8—13—8:00			水位站
北六塘河	龙沟闸(上)		3.70	4.30		3.75	8—11—17:25							水位站，1974 年未设站
青口河	黑林					35.89	8—11—16:40	242	8—11—15:10					1974 年未设站
青口河	小塔山水库		33.00	35.37	400					34.00	8—14—0:00	373	8—14—0:00	未泄洪

表 3-20　新沭河不同年份石梁河水库水文站典型场次洪水特征值比较表

洪水起讫时间(年.月.日—月.日)	洪峰流量/(m^3/s)	洪峰水位/m		洪量/(万 m^3)					
				1 d		3 d		7 d	
1974.8.11—8.25	4 560	26.82	比 1974 年低	37 490	占 1974 年/%	83 480	占 1974 年/%	104 700	占 1974 年/%
1991.7.14—7.21	878	23.83	2.99	4 880	13.02	6 938	8.31	10330	9.87
2000.8.29—9.5	2 320	25.31	1.51	12 880	34.36	29 620	35.48	37 980	36.28
2003.7.12—7.25	1 420	24.54	2.28	7 377	19.68	15 470	18.53	31 610	30.19
2005.7.31—8.13	535	24.23	2.59	2 301	6.14	5 239	6.28	9 924	9.48
2007.9.19—9.22	1 060	25.10	1.72	5 005	13.35	8 467	10.14	9 523	9.10
2012.7.8—7.16	2 920	24.52	2.30	12 350	32.94	23 500	28.15	34 100	32.57
2019.8.10—8.19	3 950	24.93	1.89	21 720	57.94	43 180	51.72	53 600	51.19

1974 年 8 月 11 日次洪水石梁河水库水位超过现状石梁河水库 100 a 一遇设计水位，主要原因为：① 新沭河行洪能力不足；② 区域涝灾严重。

1974 年 8 月 11 日次洪水石梁河水库泄洪最大值为 3 510 m^3/s，大兴镇断面流量最大值为 3 870 m^3/s，在涨水段泄洪量小于来水量，致使石梁河水库水位迅速上涨，同时石梁河水库一直在高水位运行，洪水起涨水位达 24.68 m，蔷薇河流域涝灾严重，又需要石梁河水库减小泄洪流量。因此，石梁河水库水位达到历史最大值。具体情况见图 3-87。

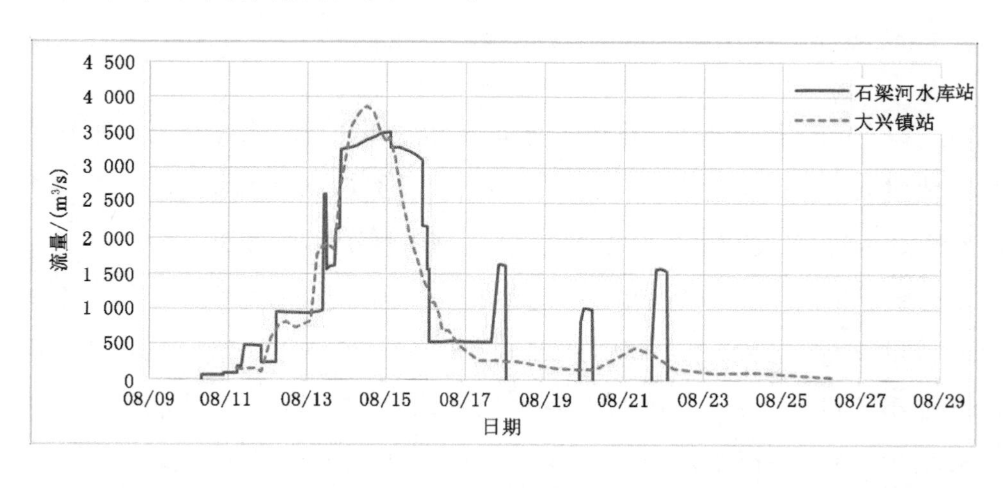

图 3-87　1974 年 8 月 11 日次洪水大兴镇站、石梁河水库站行洪流量过程线

从表 3-20 可以看出，2000 年 8 月 29 日、2007 年 9 月 19 日次洪水洪量全部低于 2019 年 8 月 10 日次洪水。但是洪峰水位全部高于 2019 年 8 月 10 日次洪水，究其原因主要为石梁河水库控制运用影响所致。

例如：2000 年 8 月 29 日次洪水，石梁河水库在大兴镇站水位从 22.81 m 涨到 24.78 m 后才开闸泄洪，并在大兴镇站断面流量达到最大值 1 650 m^3/s、断面水位抬高至 25.58 m 后，石梁河水库才将闸门逐渐调至泄洪最大值 2 420 m^3/s，随着水位下降石梁河水库又逐渐调低闸门开度直至最后关闸。具体情况见图 3-88。

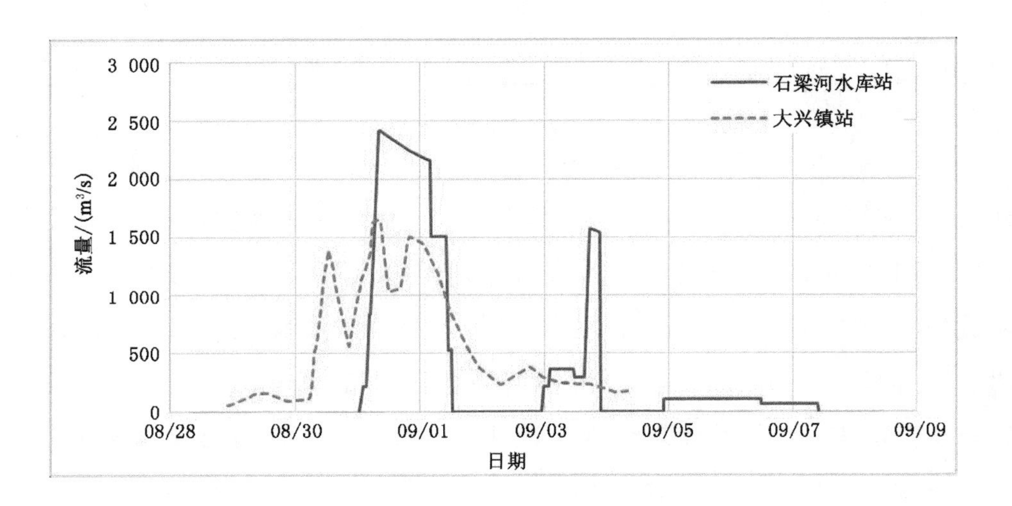

图 3-88　2000 年 8 月 29 日次洪水大兴镇站、石梁河水库站行洪流量过程线

2019 年 8 月 10 日次洪水，石梁河水库从起涨就开始围绕着大兴镇来水量进行开闸泄洪，并且基本按照大兴镇站来多少，石梁河水库就放多少，严格控制石梁河水库水位未突破 25.00 m 警戒水位。具体情况见图 3-89。

总之，2000 年后新沭河按 50 a 一遇治理完成，石梁河水库以下段至太平庄闸段设计行洪流量 6 000 m^3/s，从设计行洪流量看，2000 年后的 5 场洪水的洪峰流量全部小于设计流量，石梁河水库水位的高低主要取决于洪水调度。在洪水调度过程中，当大兴镇来水量小于 4 000 m^3/s 时，主要考虑规避蔷薇河流域洪水，利用水库调蓄能力与蔷薇河错峰行洪，减少蔷薇河流域受灾。

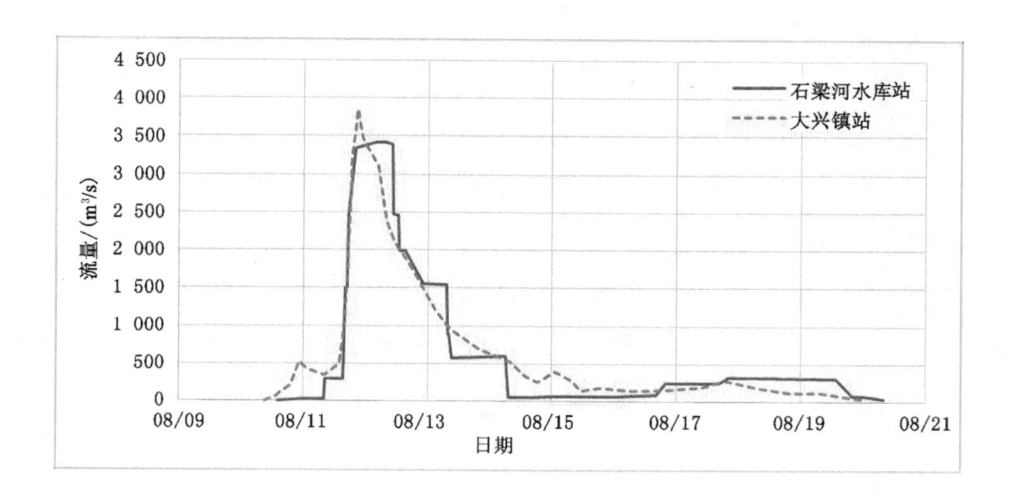

图 3-89　2019 年 8 月 10 日次洪水大兴镇站、石梁河水库站行洪流量过程线

（二）新沭河控制站水位超警时长及洪水重现期比较

新沭河大兴镇、石梁河水库站不同年份典型场次洪水超警时长及重现期比较结果见表 3-21。

表 3-21　新沭河不同年份大兴镇、石梁河水库站典型场次洪水超警时长及重现期比较表

站名	项目	1974.8	1991.7	2000.8	2003.7
大兴镇	超警时长/h	至 1975 年	0	31.6	0
	洪水重现期/a	100	1.2	6	3.5
石梁河水库	超警时长/h	至 1975 年	0	17.3	0
	洪水重现期/a	200	2	8	7
站名	项目	2005.7	2007.9	2012.7	2019.8
大兴镇	超警时长/h	0	6	8	22.3
	洪水重现期/a	1.3	1.2	3.5	14
石梁河水库	超警时长/h	0	41	0	0
	洪水重现期/a	1.8	1.5	8	19

从表 3-21 中可以看出，1974 年 8 月次洪水大兴镇站洪水重现期达 100 a 一遇，石梁河水库站达 200 a 一遇，属特大洪水，洪水重现期为 7 d 洪量适线结果，水库水位一直在超警水位下运行至 1975 年，后期水位维持在 25.00 m（警戒水位）以上，主要考虑蓄水利用。2000 年 8 月次洪水重现期大兴镇站 6 a 一遇、超

警时长 31.6 h；石梁河水库站 8 a 一遇、超警时长 17.3 h。2007 年 9 月次洪水重现期大兴镇站 1.2 a 一遇、超警时长 6 h；石梁河水库站 1.5 a 一遇、超警时长 41 h，其余年份石梁河水库未超警。在石梁河水库未超警年份中 2019 年 8 月次洪水大兴镇站洪水重现期达 14 a 一遇，石梁河水库站洪水重现期达 19 a 一遇，为 8 场次洪水第二大，而 2007 年 9 月次洪水量级较小，但是石梁河水库水位超警时长却排第二长，说明新沭河洪峰流量在 4 000 m^3/s 以下，石梁河水库水位高低主要取决于洪水调度，地方在调度洪水时考虑了与蔷薇河错峰排涝及蓄水利用。

二、蔷薇河控制站洪水比较

蔷薇河是东海县最重要的行洪排涝河道，同时也是市区的行洪排涝河道。2013 年建成富安调度闸后，蔷薇河与鲁兰河流域洪水分开排放，实行高水高排、低水低排原则，极大地降低了蔷薇河排涝压力。但是，由于蔷薇河排水与新沭河排水在下游共用临洪河，新沭河为高水河道，新沭河排洪影响蔷薇河排洪。

蔷薇河控制站警戒水位、保证水位及设计流量见表 3-19，选择的 8 场次洪水的洪峰水位、流量及发生时间见表 3-19。

（一）蔷薇河控制站洪水特征值比较

蔷薇河选择的 8 场次洪水中（以临洪站作为代表，进行特征值比较分析），1974 年 8 月 11 日次洪水为历史洪水，同时也是 8 场次洪水中临洪站水位最高的一次洪水，作为其他 7 场次洪水比较对象，洪峰水位以及 1 d、3 d、7 d 洪量比较结果见表 3-22。

表 3-22　蔷薇河不同年份临洪水文站典型场次洪水特征值比较表

洪水起讫时间（年.月.日—月.日）	洪峰流量/(m^3/s)	洪峰水位/m		洪量/（万 m^3）					
				1 d		3 d		7 d	
1974.8.11—8.26	565	5.93	比 1974 年低	4 268	占 1974 年/%	12 520	占 1974 年/%	25 450	占 1974 年/%
1991.7.14—7.20	619	5.20	0.73	4 743	111.1	13 080	104.5	21 350	83.89
2000.8.28—9.6	760	5.87	0.06	4 190	98.17	10 560	84.35	20 040	78.74
2003.7.14—7.26	604	4.15	1.78	3 905	91.49	10 040	80.19	17 450	68.57

表 3-22(续)

洪水起讫时间 (年.月.日—月.日)	洪峰流量 /(m³/s)	洪峰水位 /m		洪量/(万 m³)					
				1 d		3 d		7 d	
2005.7.31—8.12	625	3.55	2.38	4 838	113.4	13 590	108.5	26 920	105.8
2007.9.18—9.25	563	3.47	2.46	4 536	106.3	12 160	97.12	18 060	70.96
2012.7.8—7.15	545	3.91	2.02	3 525	82.59	8 502	67.91	11 460	45.03
2019.8.10—8.18	863	4.50	1.43	4 925	115.4	12 400	99.04	20 450	80.35

蔷薇河在选择的 8 场暴雨洪水中(2019 年采用蔷薇河与鲁兰河合成值)，2005 年 7 月 31 日次洪水为 7 d 洪量最大值，与 1974 年 8 月 11 日次洪水相比，其 1 d、3 d、7 d 洪量全部超过 1974 年 8 月 11 日次洪水。但是，最高水位却较低，仅为 3.55 m，比 1974 年 8 月 11 日次洪水低 2.38 m，排在 8 场次洪水倒数第二低。究其原因为：在蔷薇河流域遭遇大暴雨时，沭河大官庄以上流域降雨小，石梁河水库行洪流量主要为区间来水，石梁河水库最大行洪流量仅为 800 m³/s(见图 3-90)，此流量对蔷薇河行洪基本无影响，这从图 3-90 临洪站、石梁河水库站行洪流量过程线可以明显看出。因此，本次蔷薇河流域虽然洪水量级最大，洪峰水位却较低。

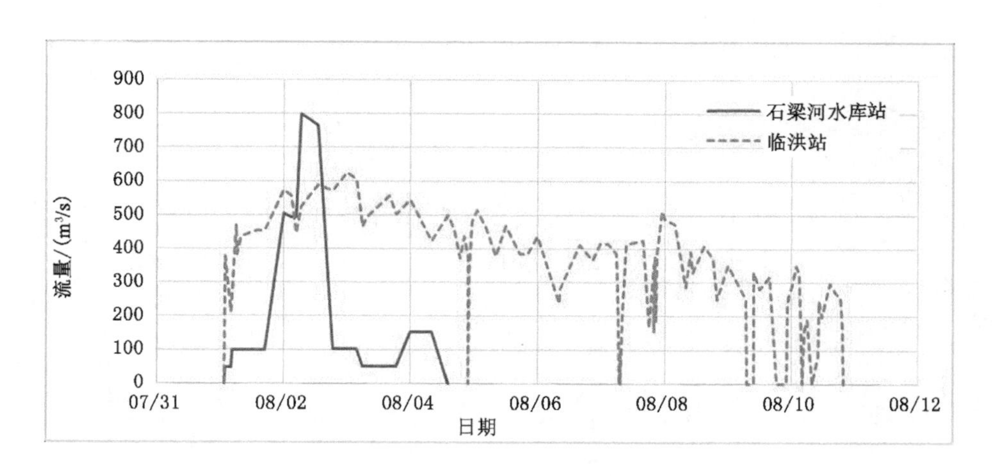

图 3-90　2005 年 7 月 31 日次洪水临洪站、石梁河水库站行洪流量过程线

1991 年 7 月 14 日次洪水、2019 年 8 月 10 日次洪水与 1974 年 8 月 11 日次洪水量级接近。但是，1991 年 7 月 14 日次洪水最高水位比 1974 年 8 月 11 日次洪水最高水位低 0.73 m；2019 年 8 月 10 日次洪水最高水位比 1974 年 8 月 11

日次洪水最高水位低 1.43 m，比 1991 年 7 月 14 日次洪水最高水位低 0.70 m。究其原因：1974 年 8 月 11 日次洪水石梁河水库泄洪还早于蔷薇河临洪闸开闸行洪，使得新沭河洪水严重影响蔷薇河行洪排涝，蔷薇河临洪站发生最高水位时间为 8 月 14 日 20:00，此时正好处在石梁河水库行洪超过 3 000 m^3/s 时间，当时又没有强排措施，故形成蔷薇河临洪站历史高水位，具体情况见图 3-91；1991 年 7 月 14 日次洪水蔷薇河早于石梁河水库开闸行洪，在石梁河水库开闸行洪并影响蔷薇河行洪时，蔷薇河已经排洪 1 天多时间，同时石梁河水库最大开闸行洪仅 1 500 m^3/s，时间又短。因此，石梁河水库行洪对蔷薇河排涝影响较小，具体情况见图 3-92；2019 年 8 月 10 日次洪水石梁河水库行洪对蔷薇河行洪的影响比 1974 年 8 月 11 日次洪水小，比 1991 年 7 月 14 日次洪水重。但是，2019 年 8 月 10 日次洪水最高水位却比 1991 年 7 月 14 日次洪水最高水位低 0.70 m，因为 2018 在沭新河口、马河口建设了节制闸，在石梁河水库泄洪影响蔷薇河排涝情况下（图 3-93），沭新河、马河节制闸未开闸，控制了沭新河、马河洪水进入蔷薇河，使蔷薇河水位基本没有继续上涨，见图 3-94。

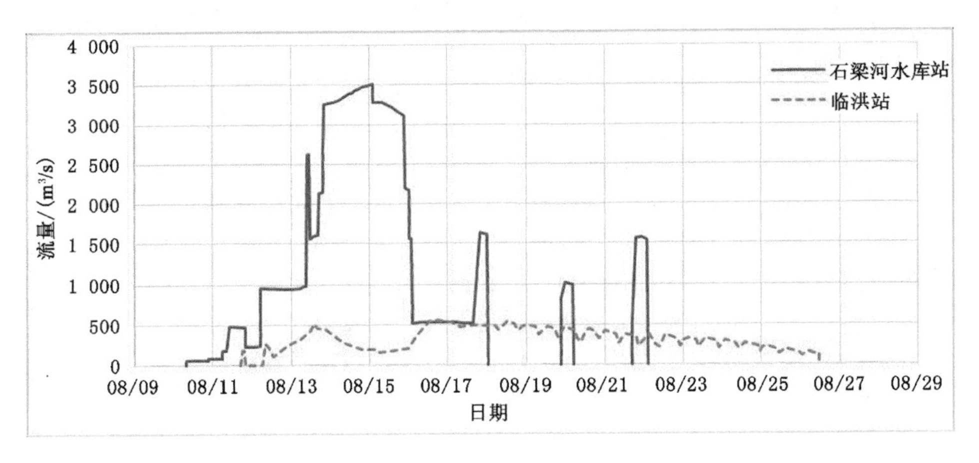

图 3-91　1974 年 8 月 11 日次洪水临洪站、石梁河水库站行洪流量过程线

2000 年 8 月 28 日洪水从洪量看在 8 场次洪水中处在中等位置。但是，蔷薇河水位却较高，仅比 1974 年 8 月 11 日洪水位低 0.06 m，比 1991 年 7 月 14 日次洪水最高水位高 0.67 m，究其原因为：① 石梁河水库行洪对 1991 年 7 月 14 日次洪水影响小；② 1991 年 7 月 14 日次洪水起涨水位比 2000 年 8 月 28 日次洪水起涨水位低 0.66 m。具体情况见图 3-95。

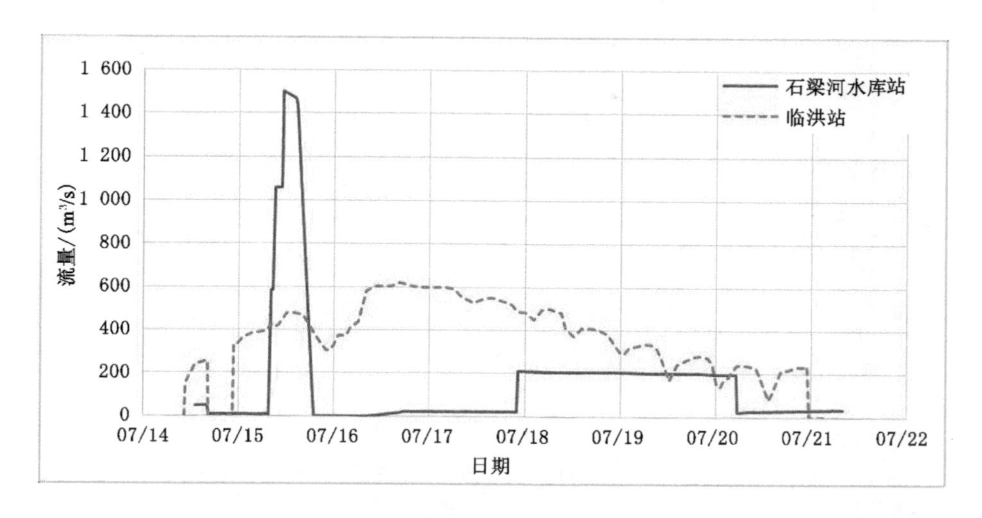

图 3-92 1991 年 7 月 14 日次洪水临洪站、石梁河水库站行洪流量过程线

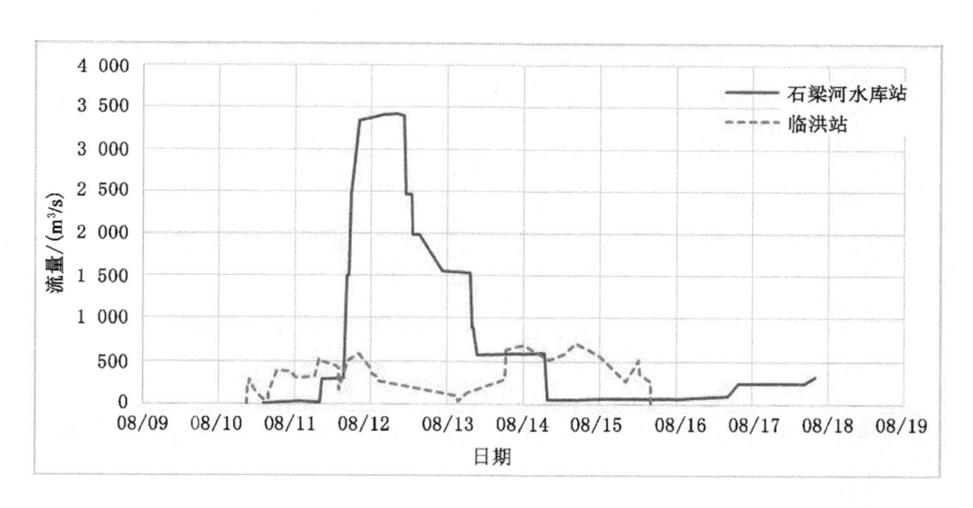

图 3-93 2019 年 8 月 10 日次洪水临洪站、石梁河水库站行洪流量过程线

2003 年 7 月 14 日、2007 年 9 月 18 日及 2012 年 7 月 8 日次洪水，石梁河水库行洪没有影响到蔷薇河最高水位，其中 2003 年 7 月 14 日、2012 年 7 月 8 日次洪水临洪站最高水位出现在石梁河水库行洪前，而 2007 年 9 月 18 日次洪水石梁河水库泄洪最大流量仅为 240 m^3/s，不会影响蔷薇河行洪。所以此 3 次洪水最高水位都小于河道警戒水位。

（二）蔷薇河控制站水位超警时长及洪水重现期比较

蔷薇河小许庄、临洪站典型场次洪水超警时长及重现期比较结果见表 3-23。

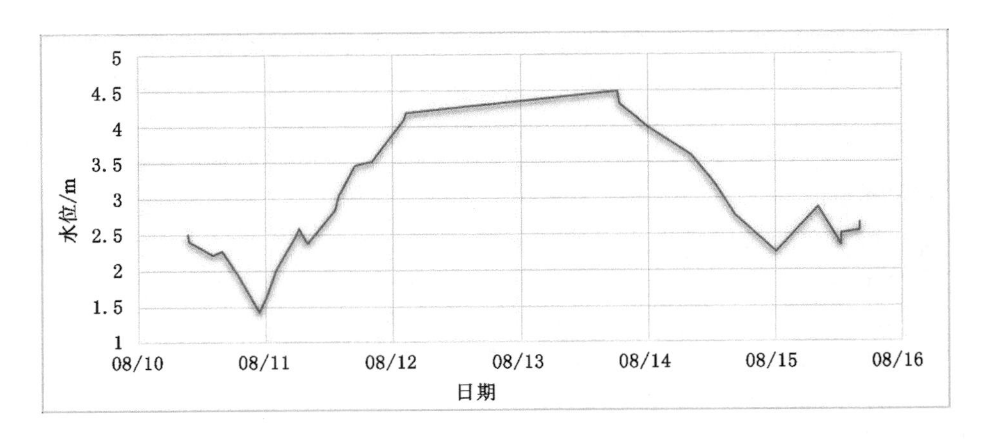

图 3-94　2019 年 8 月 10 日次洪水临洪站水位过程线

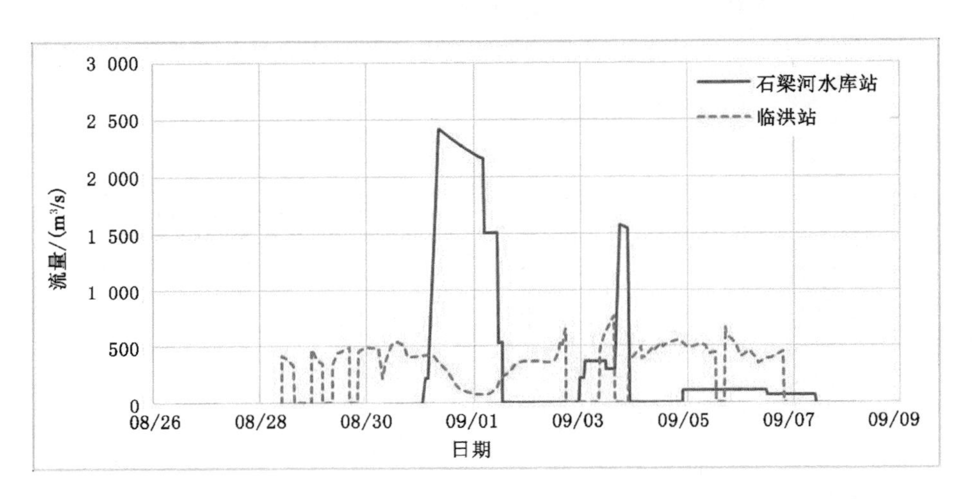

图 3-95　2000 年 8 月 28 日次洪水临洪站、石梁河水库站行洪流量过程线

表 3-23　蔷薇河不同年份小许庄、临洪站典型场次洪水超警时长及重现期比较表

站名	项目	1974.8	1991.7	2000.8	2003.7
小许庄	超警时长/h	110	59	141.6	51
	洪水重现期/a	30	3.5	35	2.5
临洪	超警时长/h	79.7	23.5	53.8	0
	洪水重现期/a	30	9	7	4
站名	项目	2005.7	2007.9	2012.7	2019.8
小许庄	超警时长/h	96	38	0	0
	洪水重现期/a	35	2.2	1.1	12
临洪	超警时长/h	0	0	0	0
	洪水重现期/a	40	5	1.6	7

从表 3-23 中可以看出，1974 年 8 月次洪水小许庄站、临洪站洪水重现期全部为 30 a 一遇，属超标准洪水，洪水重现期为 7 d 洪量适线结果(下同)，小许庄站超警时长 110 h，临洪站超警时长 79.7 h；1991 年 7 月次洪水小许庄站洪水重现期 3.5 a 一遇、临洪站洪水重现期 9 a 一遇，小许庄站超警时长 59 h，临洪站超警时长 23.5 h；2000 年 8 月次洪水小许庄站洪水重现期 35 a 一遇、临洪站洪水重现期 7 a 一遇，小许庄站超警时长 141.6 h，临洪站超警时长 53.8 h；其他年份次洪水临洪站全部未超警，小许庄站 2005 年 7 月次洪水超警 96 h、2007 年 9 月超警时长 38 h。从临洪站水位超警情况看 2019 年 8 月次洪水与 2000 年 8 月次洪水量级相当，而且石梁河水库泄洪流量大于 2000 年 8 月次洪水的泄洪流量，但是洪峰水位未超警，说明蔷薇河抗御大洪水能力较 2000 年前提高较大。

三、青口河控制站洪水比较

赣榆区行洪排涝河道基本为独立入海，其中青口河为赣榆区主要河道，在河道中游段建有小塔山水库，小塔山水库为大(2)型水库。但是整个水库流域面积仅 386 km²，一般情况下小塔山水库基本不行洪。

青口河控制站警戒水位、保证水位及设计流量见表 3-19，选择的 8 场次洪水的洪峰水位、流量及发生时间见表 3-19。

(一) 青口河控制站洪水特征值比较

青口河选择的 8 场次洪水中(以小塔山水库站作为代表，进行特征值比较分析)，1974 年 8 月 11 日次洪水为历史洪水，同时也是 8 场次洪水中小塔山水库站洪水量级最大的一次洪水，作为其他 7 场次洪水比较对象，洪峰水位、1 d、3 d、7 d 洪量比较结果见表 3-24。

表 3-24 青口河不同年份小塔山水库水文站典型场次洪水特征值比较表

洪水起讫时间(年.月.日—月.日)	洪峰流量/(m³/s)	洪峰水位/m		洪量/(万 m³)					
				1 d		3 d		7 d	
1974.8.11—8.15	2100	34.00	比 1974 年低	7900	占 1974 年/%	9792	占 1974 年/%	10310	占 1974 年/%
1991.7.14—7.19	420	30.64	3.36	1 696	21.47	2138	21.83	2398	23.26
2000.8.29—9.5	440	30.14	3.86	2 239	28.34	3977	40.61	4 560	44.23
2003.7.12—7.19	267	28.87	5.13	1 098	13.90	1 453	14.84	2 801	27.17

表 3-24(续)

洪水起讫时间 (年.月.日—月.日)	洪峰流量 /(m^3/s)	洪峰水位 /m		洪量/(万 m^3)					
				1 d		3 d		7 d	
2005.8.10—8.15	115	30.22	3.78	554.0	7.01	761.0	9.63	878.0	8.52
2007.9.19—9.23	342	32.70	1.30	1 062	13.44	1661	21.03	1 807	17.53
2012.7.5—7.15	971	32.20	1.80	3 138	39.72	5 626	71.22	6 306	61.16
2019.8.10—8.17	322	31.25	2.75	1379	17.46	1 926	19.67	2 383	23.11

从表 3-24 可以看出,2012 年 7 月 5 日次洪水 7 d 洪量占 1974 年 8 月 11 日 7 d洪量的 61.16%,为 7 场次洪水中最大者,也是 7 场次洪水中唯一泄洪的次洪水,最大泄洪量仅 34.4 m^3/s,总泄洪量为 1 392 万 m^3,如果小塔山水库不泄洪,则水库的蓄水位可以达到 32.55 m,比正常蓄水位低 0.25 m,小塔山水库入库、出库流量过程见图 3-96。其他 6 场次洪水全部没有开闸泄洪,其最高水位高低取决于来水量大小及起涨水位高低,例如:2000 年 8 月 29 日次洪水其 7 d 洪量是 2007 年 9 月 19 日次洪水 7 d 洪量的 2.52 倍。但是最高水位比 2007 年 9 月 19 日次洪水低 2.56 m,这是因为 2000 年 8 月 29 日次洪水小塔山水库起涨水位为 26.86 m,2007 年 9 月 19 日次洪水起涨水位为 32.01 m,起涨水位相差 5.15 m,导致最高水位与来水量大小不一致的原因。

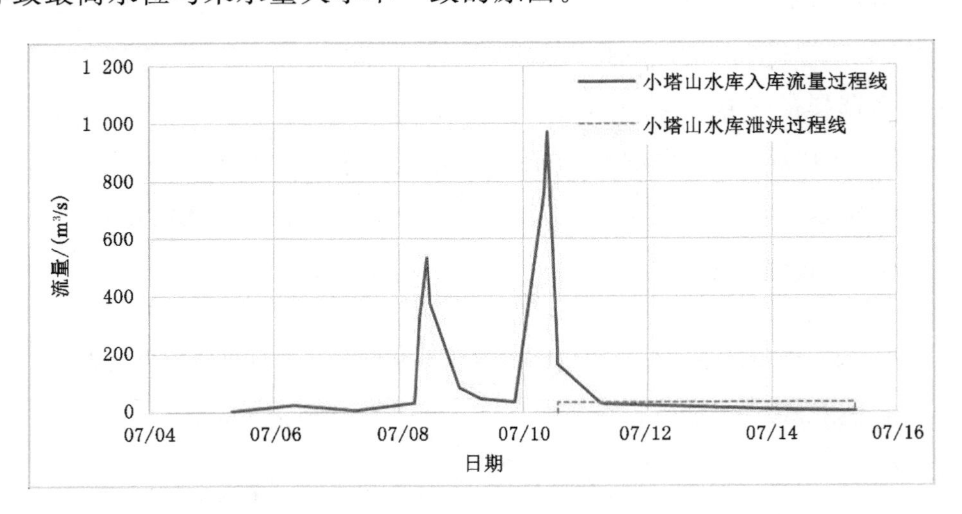

图 3-96　2012 年 7 月 5 日次洪水小塔山水库站入库、泄洪流量过程线

总之,70 年代以后发生的洪水,完全在小塔山水库可控范围,即使不泄洪,小塔山水库也不会超过警戒水位。

（二）青口河控制站水位超警时长及洪水重现期比较

青口河黑林、小塔山水库站典型场次洪水超警时长及重现期比较结果见表3-25。

从表3-25中可以看出，1974年8月次洪水小塔山水库站洪水重现期达90 a一遇，属特大洪水，洪水重现期为7 d洪量适线结果（下同），小塔山水库站超警时长1 h，除1974年超警外，其他年份小塔山水库站水位全部未超警，黑林站为丘陵区，附近河道无堤防，未设警戒水位。2000年8月次洪水黑林站洪水重现期4.5 a一遇、小塔山水库站洪水重现期7 a一遇；2012年7月次洪水黑林站洪水重现期38 a一遇、小塔山水库站洪水重现期18 a一遇；其他年份次洪水黑林站、小塔山水库站洪水重现期全部小于4 a一遇。

表3-25 青口河不同年份黑林、小塔山水库站典型场次洪水超警时长及重现期比较表

站名	项目	1974.8	1991.7	2000.8	2003.7
黑林	超警时长/h	未设站	—	—	—
	洪水重现期/a		2.3	4.5	2.6
小塔山水库	超警时长/h	1	0	0	0
	洪水重现期/a	90	2.5	7	3.3
站名	项目	2005.7	2007.9	2012.7	2019.8
黑林	超警时长/h	—	—	—	—
	洪水重现期/a	—	2.3	38	3
小塔山水库	超警时长/h	0	0	0	0
	洪水重现期/a	—	1.8	18	2.5

四、善后河控制站洪水比较

善后河是连云港市灌云、东海、市区及宿迁市沭阳县的一条行洪排涝河道，河道代表站点为板浦水位站。板浦水位站警戒水位、保证水位见表3-19，选择的8场次洪水的洪峰水位、发生时间见表3-19。

（一）善后河控制站洪水特征值比较

从选择的8场暴雨洪水中，2000年8月底洪水，其水位达到3.57 m，为历史最高，次高洪水为2012年7月上旬洪水，其水位达到3.19 m，第三高洪水为2005年8月上旬洪水，其水位达到3.13 m。三场次洪水其最高水位全部超过警戒水位，其余5场次洪水水位全部未超过警戒水位。在起涨水位中，水位最低的为2003年7月12日次洪水1.30 m，最高为2012年7月7日次洪水2.09 m，平均起涨水位1.67 m。涨水历时最小的为2019年8月10日次洪水17.1 h，最大为2003年7月12日次洪水120 h，平均涨水历时65.9 h。涨速最快、最慢的与涨水历时长短相一致。典型场次洪水特征值比较表见表3-26。

表3-26　善后河不同年份板浦水位站典型场次洪水特征值比较表

洪水起讫时间（年.月.日—月.日）	洪峰流量/(m^3/s)		起涨水位/m	涨幅/m		涨水历时/h	涨速/(m/s)	
1974.8.10—8.25	3.07	比1974年低	1.41	1.66	占1974年/%	72	0.023	占1974年/%
1991.7.12—7.18	2.67	0.40	1.48	1.19	71.68	66	0.018	78.26
2000.8.28—9.7	3.57	−0,50	1.87	1.70	102.4	72	0.024	104.3
2003.7.12—7.25	2.99	0.08	1.30	1.69	101.8	120	0.014	60.87
2005.7.30—8.13	3.13	−0.06	1.83	1.30	78.31	54	0.024	104.3
2007.9.19—9.27	3.07	0	1.77	1.30	78.31	74	0.018	78.26
2012.7.7—7.13	3.19	−0.12	2.09	1.10	66.27	52	0.021	91.30
2019.8.10—8.24	3.08	−0.01	1.64	1.44	86.75	17.1	0.084	365.2
平均	3.10		1.67	1.42		65.9	0.028	

（二）善后河控制站水位超警时长及洪水重现期比较

善后河板浦站典型场次洪水超警时长及重现期比较结果见表3-27。

表3-27　善后河不同年份板浦站典型场次洪水超警时长及重现期比较表

站名	项目	1974.8	1991.7	2000.8	2003.7
板浦	超警时长/h	0	0	117.5	0
	洪水重现期/a	5	2	40	4.5
站名	项目	2005.7	2007.9	2012.7	2019.8
板浦	超警时长/h	8.5	0	17	0.6
	洪水重现期/a	7	5	8	5

从表 3-27 中可以看出，2000 年 8 月次洪水板浦站洪水重现期达 40 a 一遇，属超标准洪水，洪水重现期为最高水位适线结果（下同），板浦站超警时长 117.5 h；2005 年 7 月次洪水板浦站洪水重现期为 7 a 一遇，板浦站超警时长 8.5 h；2012 年 7 月次洪水板浦站洪水重现期为 8 a 一遇，板浦站超警时长17 h；2019 年 8 月次洪水板浦站洪水重现期为 5 a 一遇，板浦站超警时长 0.6 h。其他年份板浦站水位全部未超警，水位未超警的最高洪水重现期为 5 a 一遇。

五、北六塘河洪水比较

北六塘河是连云港市灌南、宿迁市的一条行洪排涝河道，河道代表站点为龙沟闸（上）水位站。龙沟闸（上）水位站警戒水位、保证水位见表 3-19，选择的 8 场次洪水的洪峰水位、发生时间见表 3-19。

（一）北六塘河控制站洪水特征值比较

从选择的 8 场暴雨洪水中，2000 年 8 月底洪水，其水位达到 4.60 m，为历史最高，次高洪水位为 2005 年 8 月上旬洪水，其水位达到 3.82 m，第三高洪水位为 2007 年 9 月下旬洪水，其水位达到 3.76 m，三场次洪水其最高水位全部超过警戒水位，其余 5 场次洪水位中，2019 年 8 月中旬、2003 年 7 月中旬、2012 年 7 月上旬次洪水水位也超过警戒水位，1974 年龙沟河闸（上）虽然未设站。但是，8 月中旬次洪水最高水位不会超过警戒水位，1991 年 7 月中旬次洪水位未超过警戒水位。在起涨水位中，水位最低的为 2019 年 8 月 11 日次洪水 1.78 m，最高为 2012 年 7 月 4 日次洪水 2.57 m，平均起涨水位 2.17 m。涨水历时最小的为 2019 年 8 月 11 日次洪水 4 h，最大为 2005 年 8 月 1 日次洪水 77.3 h，平均涨水历时 54.9 h。涨速最快、最慢的与涨水历时长短相一致，平均涨速 0.097 m^3/s。典型场次洪水特征值比较见表 3-28。

表 3-28　北六塘河不同年份龙沟闸(上)水位站典型场次洪水特征值比较表

洪水起讫时间（年.月.日—月.日）	洪峰水位/m		起涨水位/m	涨幅/m		涨水历时/h	涨速/(m/s)	
2000.8.28—9.5	4.60	比 2000 年低	2.23	2.37	占 2000 年/%	76.4	0.031	占 2000 年/%
1991.7.13—7.18	3.57	1.03	2.18	1.39	58.65	77	0.018	58.06

表 3-28(续)

洪水起讫时间 (年.月.日—月.日)	洪峰水位/m		起涨 水位/m	涨幅 /m		涨水 历时/h	涨速/(m/s)	
2003.7.12—7.26	3.72	0.88	2.09	1.63	68.78	52.3	0.031	100
2005.8.1—8.15	3.82	0.78	2.04	1.78	75.11	77.3	0.023	74.19
2007.9.19—9.28	3.76	0.84	2.27	1.49	62.87	45	0.033	106.5
2012.7.4—7.10	3.71	0.89	2.57	1.14	48.10	52	0.022	70.97
2019.8.11—8.16	3.85	0.75	1.78	2.07	87.34	4	0.518	1670
平均	3.86		2.17	1.70		54.9	0.097	

(二) 北六塘河控制站水位超警时长及洪水重现期比较

北六塘河龙沟闸(上)水位站典型场次洪水超警时长及重现期比较结果见表 3-29。

表 3-29 北六塘河不同年份龙沟闸(上)站典型场次洪水超警时长及重现期比较表

站名	项目	1974.8	1991.7	2000.8	2003.7
龙沟闸(上)	超警时长/h	未设站	0	93.6	0.25
	洪水重现期/a		1.5	40	2
站名	项目	2005.7	2007.9	2012.7	2019.8
龙沟闸(上)	超警时长/h	2	3.3	2	1.8
	洪水重现期/a	3	2.5	2	2.5

从表 3-29 中可以看出,2000 年 8 月次洪水龙沟闸(上)站洪水重现期达 40 a 一遇,属超标准洪水,洪水重现期为最高水位适线结果(下同),龙沟闸(上)站超警时长 93.6 h;2005 年 8 月次洪水龙沟闸(上)站洪水重现期为 3 a 一遇,龙沟闸(上)站超警时长 2 h;2007 年 9 月次洪水板浦站洪水重现期为 2.5 a 一遇,龙沟闸(上)站超警时长 3.3 h;2019 年 8 月次洪水龙沟闸(上)站洪水重现期为 2.5 a 一遇,龙沟闸(上)站超警时长 1.8 h;2003 年 7 月次洪水龙沟闸(上)站洪水重现期为 2 a 一遇,龙沟闸(上)站超警时长 0.25 h;2012 年 7 月次洪水龙沟闸(上)站洪水重现期为 1.5 a 一遇,龙沟闸(上)站未超警。

第四章　洪水调度

第一节　洪水调度的基本原则、调度方案及典型案例

一、基本原则

（1）以人为本，依法防洪，科学调度。严格执行上级调度指令，按照统筹兼顾，调蓄结合的原则，确保标准内洪水，河库不垮坝，新沭河及蔷薇河市区段不漫决，超标准洪水有预案，把灾害损失减少到最低限度，在确保防洪安全的前提下，兼顾洪水资源利用。

（2）统筹兼顾，蓄泄兼筹，团结协作，局部利益服从全局利益。在农业用水高峰期间（5～6月），为满足农业用水需要，水库可适当提高蓄水水位，其中水库水位按水利部2019年5月23日下发的《汛限水位监督管理规定（试行）》执行，在8月下旬以后来水，水库注重蓄水、保水可至兴利水位，主汛期水库一律不准超蓄。流域性河道新沂河、新沭河按省防指苏防〔2012〕38号《关于转发沂沭泗河洪水调度方案批复的通知》执行。

（3）遇标准内洪水，合理利用水库、水闸、河道等，确保防洪工程安全。遇超标准洪水，除利用水闸、河道强迫行洪，采取应急措施处理超额洪水，地方政府组织防守，全力抢险，确保新沂河大堤、新沭河大堤、蔷薇河大堤、市区等重要城市城区的防洪安全，尽量减轻灾害损失。

（4）汛期，小水库要严格按照汛限水位控制，不得擅自超蓄。病险小水库在汛期降低或放空度汛，确保小水库安全。

（5）在确保防洪安全的前提下，兼顾洪水资源利用。当水库运行安全时，可

充分利用水库调蓄功能，照顾下游排洪和排涝。

二、调度方案

（一）流域性河道调度方案

1. 新沂河

新沂河承接骆马湖嶂山闸下泄洪水、老沭河和淮沭河来水，以及区间汇流入海。新沂河已按 50 a 一遇防洪标准治理，嶂山闸至口头、口头至海口段设计流量分别为 7 500 m^3/s、7 800 m^3/s，设计堤顶宽 8.0 m，超高 2.5 m。

新沂河行洪流量按沂沭泗水利管理局和省防指调度指令执行。新沂河行洪期间，封闭其沿河各口门，加强巡查和防守，确保行洪安全。

2. 新沭河

新沭河已按 50 a 一遇防洪标准治理，石梁河水库以上河段设计流量按新沭河闸泄洪 6 000 m^3/s，加区间汇流入石梁河水库为 7 590 m^3/s；石梁河水库至太平庄闸、太平庄闸下至海口段的设计流量分别为 6 000 m^3/s、6 400 m^3/s。石梁河水库以上河段堤防顶宽 6.0 m，超高 2.0 m；石梁河水库以下河段堤顶宽 8.0 m，超高 2.5 m。

（1）预报沭河大官庄枢纽洪峰流量（沭河干流洪水加分沂入沭来水，下同）小于 3 000 m^3/s 时，人民胜利堰闸（含灌溉孔）下泄流量不超过 1 000 m^3/s，余额洪水由新沭河闸下泄。预报石梁河水库水位将超过汛限水位时，水库预泄接纳上游来水。若石梁河水库需控制下泄流量，控制库水位不超过 24.5 m，并于洪峰过后尽快降至汛限水位。

（2）预报沭河大官庄枢纽洪峰流量为 3 000～7 500 m^3/s 时，来水尽量东调。视新沂河、老沭河洪水情况，人民胜利堰闸下泄流量不超过 2 500 m^3/s，新沭河闸下泄流量不超过 5 000 m^3/s；石梁河水库提前预泄腾库接纳上游来水，水库泄洪控制库水位不超过 25.0 m，并于洪峰过后尽快降至汛限水位。

（3）预报沭河大官庄枢纽洪峰流量为 7 500～8 500 m^3/s 时，来水尽量东调。视新沂河、老沭河洪水情况，人民胜利堰闸下泄流量不超过 2 500 m^3/s，新沭河闸下泄流量不超过 6 000 m^3/s；石梁河水库提前预泄腾库接纳上游来水，水库泄洪控制库水位不超过 26.0 m，并于洪峰过后尽快降至汛限水位。

（4）预报沭河大官庄枢纽洪峰流量超过 8 500 m^3/s 时，来水尽量东调，控制新沭河闸下泄流量不超过 6 500 m^3/s；视新沂河、老沭河洪水情况，人民胜利堰闸下泄流量不超过 3 000 m^3/s。

当采取上述措施仍不能满足要求时，超额洪水在大官庄枢纽上游地区采取应急措施处理。石梁河水库要提前预泄接纳上游来水。尽量加大下泄流量，必要时保坝泄洪。洪峰过后水库尽快降至汛限水位。

（二）水库调水方案

1. 石梁河水库

（1）当本地未降雨时，石梁河水库按省定泄洪方案执行。

（2）当本地与上游发生同频率洪水时，为照顾本地区排涝，充分利用上下游洪峰形成的时间差，实行错峰。在水情允许情况下，要充分发挥水库调蓄功能，腾出时间给蔷薇河、磨山河、范河及市区和农田排涝，以减轻下游灾害。

（3）当预报大官庄枢纽洪峰流量小于 3 000 m^3/s 时，人民胜利堰闸下泄流量不超过 1 000 m^3/s，余额洪水由新沭河闸下泄。当预报石梁河水库水位将超过汛限水位 23.50 m 时，水库预泄接纳上游来水，控制坝前水位不超 24.50 m，并于洪峰过后尽快降至汛限水位。

（4）当预报大官庄枢纽洪峰流量为 3 000～7 500 m^3/s 时，来水尽量东调。新沭河闸下泄流量不超过 5 000 m^3/s。石梁河水库提前预泄接纳上游来水，水库泄洪控制库水位不超过 25.00 m，并于洪峰过后尽快降至汛限水位。

（5）当预报大官庄枢纽洪峰流量为 7 500～8 500 m^3/s 时，来水尽量东调。新沭河泄洪闸下泄流量不超过 6 000 m^3/s，石梁河水库提前预泄接纳上游来水，水库泄洪控制库水位不超过 26.00 m，并于洪峰过后尽快降至汛限水位。

（6）当预报大官庄枢纽洪峰流量超过 8 500 m^3/s 时，来水尽量东调。控制新沭河闸下泄流量不超过 6 500 m^3/s，石梁河水库要提前预泄接纳上游来水，尽量加大下泄流量，必要时保坝泄洪，洪峰过后尽快降至汛限水位。

（7）南、北闸泄量分配。

① 当闸上水位升至 24.00 m 时南闸先放 2 500 m^3/s，然后北闸放 2 500 m^3/s；

② 当闸上水位升至 26.08 m 时，南闸泄量增加到 3 500 m^3/s，北闸保持

2 500 m^3/s；

③ 当闸上水位升至 26.81 m 时，南闸泄量增加到 4 000 m^3/s，北闸相应增加到 3 000 m^3/s；

④ 当闸上水位升至 27.95 m 时，南闸泄量增加到 5 131 m^3/s，北闸相应增加到 5 000 m^3/s。

2. 小塔山水库

水库设计洪水位 35.37 m，校核洪水位 37.31 m，汛限水位 32.0 m。遇 20 a 一遇暴雨时，应充分利用水库调蓄功能，采取错峰或控制泄洪，以减轻青口河的洪水压力。遇 20 a 一遇以上暴雨，当库水位超过 32.0 m 时，开启主坝泄洪闸泄洪；库水位达 34.5 m 时，最大泄量 400 m^3/s；当库水位达 35.37 m 时，主坝溢洪闸开启最大流量泄洪，水位仍持续上涨时，经省防指同意开启东副坝溢洪闸分洪，控制泄量 500 m^3/s，以确保水库大坝安全。

3. 安峰山水库

水库汛限水位 16.0 m。防洪调度原则按照省防指的要求：水库超汛限水位 16.00 m 后，先开副坝涵洞向房山水库泄洪，控制在 20.0 m^3/s 内；若水库水位仍上涨，开溢洪闸泄洪，兼顾蔷薇河的防洪安全；水库水位在防洪高水位 17.47～18.00 m 之间，溢洪闸泄洪流量按不超过 50.0 m^3/s 控制；水库水位在 18.00～18.67 m 之间，溢洪闸泄洪流量按不超过 335 m^3/s 控制；水库水位超过 18.67 m 后，视水雨情，必要时溢洪闸敞泄，其间，副坝涵洞持续泄洪 20.0 m^3/s。

4. 贺庄水库

当库水位超过汛限水位后，水库水位在 38.00～39.00 m 之间，在西双湖水库需要补水情况下，首先开尤塘调度涵洞（设计流量 45.0 m^3/s）泄洪；在西双湖水库不需要补库时，开启泄洪涵洞向南泄入阿湖水库，泄洪流量按不超过 134 m^3/s 控制；水库水位在 39.00～40.26 m 之间时，泄洪流量按不超过 152 m^3/s 控制；当库水位超过校核水位 40.26 m 后视水雨情，泄洪涵洞敞开泄洪，必要时可炸开已封堵的非常溢洪道进行分洪，确保水库安全。

5. 横沟水库

当库水位超过汛限水位后，开启溢洪闸泄洪，库水位在 27.00～27.50 m 之间时，泄洪流量从 20.0 m^3/s 逐步加大到 50.0 m^3/s；库水位超过 27.50 m 时，泄洪流量逐步加大到 80.0 m³/s,同时兼顾石安河行洪安全;库水位超过 28.08 m 时,溢洪闸全开泄洪,最大流量 375 m³/s,同时非常溢洪道自流分洪。

6. 昌梨水库

当区域发生洪水,库水位在汛限水位以下时,开启昌西进水闸引龙梁河水入库,可视来水情况采取预泄措施;当库水位超过汛限水位时,开启昌西进水闸分摊区域洪水,入库流量控制在 200～300 m³/s,同时开溢洪闸泄洪,泄洪流量 43.5 m³/s;如果水位持续上涨,库水位达到 49.00 m 时,泄洪流量逐渐加大到 79.8 m³/s;当库水位上涨接近 50.00 m 时,进水闸入库流量缩减到 100 m³/s,泄洪流量加大到 123 m³/s。水库泄洪时应兼顾石安河行洪安全,尽量错峰泄洪。

7. 房山水库

当库水位超过汛限水位 9. 50 m 时,开启溢洪闸泄洪,控制泄洪流量不超过 50.0 m³/s;当库水位上涨至 10.00 m 时,控制最大泄流量 125 m³/s;当库水位超过 10.37 m 时,溢洪闸闸门敞泄。当水库泄洪与排涝有矛盾时,或下游堤防有险情时,在保证水库安全的前提下,进行错峰泄洪,兼顾下游。

8. 大石埠水库

当库水位在汛限水位以下时,开启调度闸引龙梁河水入库,可视来水情况采取预泄措施;当库水位超过汛限水位 49.00 m 时,开启泄洪闸泄洪,根据水位情况适时调整泄洪流量,控制泄洪流量不超过 100 m³/s;当库水位上涨超过 51.00 m 时,下泄流量加大到 200 m³/s;当库水位达到 52.00 m 时,下泄流量加大到 400 m³/s。

9. 西双湖水库

当库水位低于汛限水位 32.00 m 时,开启水库上游贺庄水库尤塘闸,承担贺庄水库一部分洪水来量;当库水位达汛限水位时,关闭尤塘闸。当库水位超过汛限水位时,先开南泄洪闸泄洪,控制下泄流量 80.0 m³/s;当库水位达 32.5 m 时,同时开启东泄洪闸、南泄洪闸,下泄流量逐步加大到 127 m³/s(其中南泄洪闸下泄流量不超过 100 m³/s,东泄洪闸下泄流量不超过 27.0 m³/s)。

10. 羽山水库

当库水位不足 47.5 m 时,尽可能开启进库闸引龙梁河拦截的区间洪水入库;当库水位达到 47.5 m 时,羽山节制闸上游(进库闸侧)龙梁河水位超过 48.0

m,关闭进库闸开羽山节制闸排龙梁河洪水;当羽山节制闸全开排洪不及,河水仍迅速上涨,则先开启泄洪涵洞,后开启进库闸,进出流量按泄洪涵洞最大泄量48.0 m^3/s控制排泄龙梁河洪水,以减轻龙梁河及羽山节制闸防洪压力;当龙梁河羽山节制闸下游水位也超过警戒水位44.0 m时,在横沟水库水位允许的情况下,开启官庄闸控制48.0 m^3/s分洪入横沟水库,同时关闭羽山水库泄洪涵洞,羽山水库起滞蓄龙梁河洪水作用,但库水位不能超过49.0 m,待龙梁河羽山节制闸下水位低于警戒水位再开启泄洪涵洞泄洪。

11. 八条路水库

当库水位为31.50 m时,按来水流量进行泄洪,尽量将库水位维持在31.50 m;当库水位超过31.50 m低于32.00 m时,开启泄洪闸泄洪,控制泄洪流量不超过53.0 m^3/s;当库水位超过32.00 m低于33.13 m时,加大泄洪流量,控制泄洪流量不超过100 m^3/s;当库水位超过33.13 m时,泄洪闸敞开泄洪,在保证水库安全的前提下,尽可能兼顾下游河道安全;当库水位超过100 a一遇洪水位泄洪时,非常溢洪道自动溢流,以全力保护大坝防洪安全。

12. 小水库

全市156座小水库除张谷和大村水库有泄洪闸外,其余小水库泄洪均无控制,无法进行调节,库水位超过汛限水位立即进行泄洪。

(三)骨干河道调度方案

1. 蔷薇河调度方案

汛期临洪东站自排闸上水位一般控制在2.0~2.2 m,其他时间临洪东站自排闸上水位一般按2.5~2.8 m控制,遇干旱时可适当蓄高。在遇本地降暴雨或上游地区降大暴雨,要根据水位情况,提前开闸预降蔷薇河水位,以确保及时排涝泄洪。

(1)根据气象部门预报及蔷薇河实际水情情况,提前进行适当预降蔷薇河水位,接纳后期暴雨洪水。

(2)蔷薇河临洪站水位达到4.5 m且持续上涨,石梁河水库泄洪量流量3 000 m^3/s及以下时:市防指根据上游水情、雨情,及时预测水情变化,病险小水库、塘坝要根据实际情况降低库水位运行;关闭狮树闸,把善后河高水挡于市区之外;市区各排涝涵闸伺机开闸全力排水;大浦站、大浦二站、临洪西站和临洪东站做好开机强排准备，并视情况适时开机强排。

（3）蔷薇河临洪站水位达到 5.0 m 且持续上涨，石梁河水库泄洪流量超过 4 000 m^3/s 时：蔷薇河进入全面防守阶段，必要时开启临洪东站强排；在大浦闸不能自排时，大浦站、大浦二站开机强排市区涝水；在乌龙河涝水不能自排时，开启临洪西站机组全力强排乌龙河流域涝水。

（4）蔷薇河临洪站水位达到 5.5 m 且持续上涨，石梁河水库泄洪流量超过 5 000 m^3/s 时，市防指随时会商，必要时请省防指协调上游大官庄枢纽来水，减小进入石梁河水库流量，减缓石梁河水库上涨趋势；同时请省防指同意控制石梁河水库泄洪流量，减轻市区排涝压力；调度蔷薇河流域内安峰山、房山等大中型水库充分拦蓄洪水，控制下泄流量，保证蔷薇河市区段不破堤。

2. 大浦河调度方案

市区排污河道大浦闸、三洋港排水闸平时每天固定排污一次，特殊情况下每天排水两次，涨潮关闸，落潮开闸。

3. 排淡河调度方案

汛期大板跳闸上水位按 1.8～2.0 m 控制，非汛期闸上水位控制在 2.0～2.2 m，遇降雨提前开启大板跳闸预降雨位，平时涨潮关闸、落潮开闸。

4. 西盐河调度方案

汛期水位控制在 2.0 m，新浦闸视西盐河水质情况开闸排水。遇市区降暴雨时，提前开闸预降。

5. 龙尾河调度方案

龙尾闸视龙尾河水质情况及新浦闸下游水位情况，安排开闸排水。遇市区降暴雨时，要提前开闸预降。

6. 临洪东（西）站、大浦抽水站调度方案

按市防办指令开机强排涝水。

7. 乌龙河调度闸调度方案

按市防办指令向赣榆调水时开闸。当临洪闸上游水位低于 1.5 m 时，关闭闸门，以保证淮沭河灌区正常用水。

8. 沭南（北）闸调度方案

按市防办指令向赣榆调水、排涝时开闸。

9. 太平庄闸调度方案

在非汛期闸上控制水位为 2.5 m，在汛期或上游泄洪期，按市防办指令预降闸上水位，以确保及时泄洪。

10. 沿海涵闸调度方案

赣榆区的范河闸、青口河闸和朱稽河闸在非汛期闸上水位控制在 2.5～2.8 m，汛期水位按 1.5～2.5 m 控制。兴庄河闸汛期按 1.8～2.5 m 控制，官庄河闸和柘汪河闸汛期按 2.5 m 控制。灌云县的燕尾闸、五图闸、烧香河北闸、图西闸汛期水位一般按 1.2～1.4 m 控制。遇本地降大到暴雨时，所有沿海涵闸要根据水位情况提前开闸预降雨位，确保防洪安全。

11. 盐东控制工程调度方案

正常蓄水位为 2.5 m，在冬灌、春灌期不超过 2.8 m，干旱期间可适当蓄高。遇本地降暴雨或上游泄洪时，要提前预降雨位，确保工程安全。

三、重要典型暴雨洪水调度

（一）2000 年 8.30 暴雨洪水调度简介

在这次抗御暴雨洪水过程中，连云港市防汛指挥部充分利用先进科学手段，通过提前预降、错峰排洪、及时开机强排等一系列手段，使各地超标准洪水、涝水得以及时排除。主要采取以下几方面调试措施。

一是在特大暴雨发生前即通知各沿海挡潮闸提前预降。虽然当时已是汛末，本着宁可信其有不可信其无的原则，要求各河道一律按主汛期控制水位执行，其中临洪河水位提前预降至 2.00 m 以下，盐东控制水位提前预降至 2.00 m 以下，大大降低了河道槽蓄量，为后期容纳大量洪水创造了条件，极大地降低了本次洪水的洪峰水位。

二是提前决策，临洪东西翻水站及时投入运行。在接到防御 12 号台风通知后，于 8 月 30 日 8 时通知两强排站随时做好开机准备，并联系供电部门送电。从而保证石梁河水库泄洪、临洪闸无法开闸自排期间，及时开启临洪东西翻水站强排蔷薇河和乌龙河洪水，本次洪水临洪东翻水站实际排涝水量达到 12 000 万 m^3，临洪西翻水站实际排涝水量达到 1 950 万 m^3，总排涝水量 13 950 万 m^3，避免了蔷薇河漫堤和堤防决口的重大险情。

三是错峰排洪，高低兼顾。在确保石梁河水库安全的前提下，市防指征得省防指同意后，实行大流量短历时泄洪的措施，其最大流量达到2 500 m^3/s，使石梁河水库水位在短时间内迅速降低至24.21 m，腾空库容承接上游来水，让出河道给蔷薇河排洪。在蔷薇河达到最高水位时为减轻蔷薇河压力，防止洪涝水漫溢或河道决堤，指令东海县境内几座向蔷薇河泄洪的水库充分发挥水库调洪作用，停止泄洪。在蔷薇河开机强排的同时开启临洪闸26孔闸实施自排，最大排泄流量达1 000 m^3/s，利用较短时间大流量排除蔷薇河洪水。通过分析计算，在确保蔷薇河能够安全接纳上游来水的情况下，紧急关闭临洪闸以及临洪东、西翻水站，让出河道给大浦闸排除市区积水。实现了错峰排洪、高低水兼顾，既保证了石梁河水库和蔷薇河堤防的安全，又照顾到市区积水排除。

（二）2012年7.8暴雨洪水调度简介

1. 适时调度，合理排泄洪水

（1）新沂河：嶂山闸于7月10日11:25开闸泄洪，初始泄洪流量为1 000 m^3/s，12:40加大到3 000 m^3/s；12日11:42减至1 000 m^3/s，13日11:12减至500 m^3/s，18:12减至为300 m^3/s，16日11:06关闸。

嶂山闸水情调度情况见表4-1。

表4-1　嶂山闸水情调度情况表

时间	7月10日 11:25	7月10日 12:40	7月12日 11:42	7月13日 11:12	7月13日 18:12	7月16日 11:06
流量/（m^3/s）	1 000	3 000	1 000	500	300	0

（2）新沭河：沭河大官庄（总）站流量为新沭河闸和老沭河闸人民胜利堰的合成流量，其洪水由沭河重沟站、分沂入沭彭家道口闸站和区间来水组成。

7月8日14:42人民胜利堰闸开闸泄洪；17:30新沭河闸开闸泄洪，流量677 m^3/s，17:00大官庄（总）站流量1 020 m^3/s，9日3:48新沭河闸关闭；10日0:00大官庄（总）站流量从352 m^3/s再次起涨，13:00新沭河闸再次开启，流量1 080 m^3/s；10日17:00大官庄（总）站出现年最大洪峰流量2 860 m^3/s，18:00新沭河闸达最大流量2 030 m^3/s；12日6:00新沭河闸流量493 m^3/s，12:30流量 215 m^3/s,16 日 10:30 新沭河闸关闭。石梁河水库 10 日 10:01 开闸泄洪,流量 1000 m^3/s,13:49 加大至 2 000 m^3/s;11 日 10:19 加大至 2 481 m^3/s,12:00 调减至 2 180 m^3/s,18:09 调减至 504 m^3/s,23:22 调减至 200 m^3/s,15 日 9:45 关闸。

新沭河沿线控制工程水情调度情况见表 4-2、表 4-3。

表 4-2　大官庄枢纽新沭河闸水情调度情况表

时间	7 月 8 日 17:30	7 月 9 日 3:48	7 月 9 日 13:00	7 月 9 日 18:00	7 月 12 日 6:00	7 月 12 日 12:30	7 月 16 日 10:30
泄洪流量/(m^3/s)	666	0	1080	2030	493	215	0

表 4-3　石梁河水库水情调度情况表

时间	7 月 10 日 10:01	7 月 10 日 13:49	7 月 11 日 10:19	7 月 11 日 12:00	7 月 11 日 18:09	7 月 11 日 23:22	7 月 15 日 09:45
泄洪流量/(m^3/s)	1 000	2 000	2 481	2 180	504	200	0

(3) 蔷薇河:由于暴雨中心在市区,大浦河和乌龙河水位快速上涨,大浦站、大浦二站和临洪西站先后开机。大浦站 7 月 8 日 11:00 开机,至 12 日 16:30 关机,开机台时 341.2 h,排水 983 万 m^3;大浦二站 8 日 13:00 开机,至 12 日 17:15 关机,开机台时 356.7 h,排水 1 284 万 m^3;临洪西站 8 日 19:10 开机,开机 1 h 后关机,于 9 日 9:10 再次开机,至 12 日 16:30 关机,开机台时 223.8 h,排水 2 417万 m^3;临洪东站 7 月 10—12 日开机 3 d,开机台时 543 h,排水 5 841 万 m^3。

受流域内降雨影响,蔷薇河临洪站水位于 7 月 8 日 5:00 开始上涨。由于石梁河水库采用大流量泄洪,尽早尽快排泄水库洪水,为蔷薇河和市区排洪腾出时间,沭河水位快速上升,为防止洪水倒灌进入蔷薇河,临洪闸于 7 月 10 日 19:48关闸;在下游水位回落后,临洪闸于 7 月 12 日 12:36 开闸。

连云港市市区排涝泵站调度情况见表 4-4。

表 4-4　连云港市市区排涝泵站调度情况表

序号	站名	开机时间	关机时间	开机台时/h	排水量/(万 m^3)
1	临洪东站	7 月 10 日	7 月 12 日	543	5 841
2	临洪西站	7 月 08 日 19:10	7 月 08 日 20:10	3	32.4
		7 月 09 日 9:10	7 月 12 日 16:30	220.8	2 385
合计					8 258
3	大浦站	7 月 08 日 11:00	7 月 12 日 16:30	341.2	983
4	大浦二站	7 月 08 日 13:00	7 月 12 日 17:15	356.7	1 284
合计					2 267
总合计					10 525

2. 调度外围洪水南下，减轻市区排涝压力

省、市汛情会商，调度外围洪水南下，减轻连云港市市区排涝压力。7 月 6—17 日新沭河闸排泄洪水量为 2.6 亿 m^3，人民胜利堰排泄洪水量为 1.3 亿 m^3，有三分之一的水量向南经人民胜利堰由老沭河进入新沂河。

3. 分片负责，及时排除积水

针对连云港市市区部分片区积水严重的实际情况，市领导果断决策，在关键地段投入大量人力物力，明确了 23 位市级层面的领导和 28 家责任单位，分别负责 28 个积水片区退水排涝工作，在短时间里排除了积水。

在抗御特大洪水暴雨中，市防指顺利实施了提前预降、错峰排洪、低潮抢排、开机强排等一系列科学调度，使得这次远远超过水利工程防洪排涝标准的洪水、涝水及时排除，为将洪涝灾害损失降低到最低限度发挥了应有的职能作用。在防御台风影响期间，对河道实施提前预降，对蓄水不足的水库充分利用台风降雨的有利时机，增加水库蓄水，不仅减轻了水库下游的防洪压力，也为后期抗旱用水储备了必要的水源，充分发挥了水利工程的防灾和增长保灌综合效益。

（三）2019 年 8.10 暴雨洪水调度

1. 适时调度，合理排泄洪水

（1）新沂河：新沂河洪水流经新沂、宿迁、沭阳、灌云、灌南，经海口闸入海。沿线控制站点有嶂山闸、沭阳闸、盐河南闸、小潮河闸、东友涵洞、三百弓、海口闸。

嶂山闸于8月10日8:00开闸泄洪，初始泄洪流量为535 m^3/s，后期逐渐加大；11日7:00加大到3 000 m^3/s，12:00加大到5 000 m^3/s，17:00下泄流量5 020 m^3/s，为最大泄洪量；后逐渐减小，12日0:00为4 000 m^3/s，4:30调到最低2 000 m^3/s；后又逐渐加大，10:30加大到3 000 m^3/s，14:00时加大至3 730 m^3/s，16:20调减至3 000 m^3/s，22:30加大至4 000 m^3/s；13日9:30加大至5 000 m^3/s；14日11:00调减至3 500 m^3/s，20:00调减至2 000 m^3/s；15日12:00调减至1 000 m^3/s，19:00调减至500 m^3/s；17日17:00关闸。

嶂山闸水情调度情况见表4-5。

表4-5　嶂山闸水情调度情况表

时间	8月10日 8:00	8月11日 7:00	8月11日 12:00	8月11日 17:00	8月12日 00:00	8月12日 4:30	8月12日 10:30	8月12日 14:00
流量/(m^3/s)	535	3 000	5 000	5 020	4 000	2 000	3 000	3 730
时间	8月12日 16:20	8月12日 22:30	8月13日 9:30	8月14日 11:00	8月14日 20:00	8月15日 12:00	8月15日 19:00	8月17日 17:00
流量/(m^3/s)	3 000	4 000	5 000	3 500	2 000	1 000	500	0

（2）新沭河：为迎战沂沭河洪水，流域工程管理部门及时调度刘家道口枢纽、大官庄枢纽提前预泄。刘家道口闸11日8:00下泄流量1 930 m^3/s，9:00加大泄量至2 170 m^3/s；11:00下泄流量4 700 m^3/s，12:00下泄流量5 290 m^3/s，13:00下泄量5 820 m^3/s，17:00最大泄流量5 880 m^3/s；彭道口闸于11日11:13开闸，下泄流量351 m^3/s，14:00加大到最大下泄流量1 420 m^3/s。大官庄枢纽新沭河闸11日13:00开启，下泄流量502 m^3/s，后逐步加大，17:45加大至4 000 m^3/s，12日21:00出现最大下泄流量4 020 m^3/s，后逐步调减流量。石梁河水库于11日8:00开闸，下泄流量300 m^3/s，16:00加大至1 524 m^3/s，17:00加大至2 500 m^3/s，18:30加大至最大下泄量3 500 m^3/s，后逐步调减流量。三洋港挡潮闸于11日14:20开闸，开高2.0 m，21孔；17:45增加开高开孔，开高4.5 m，31孔；至14日16:45关闸。新沭河沿线控制工程的科学调度为沂沭河洪水安全下泄和洪水尽量东调入海创造有利条件。新沭河沿线控制工程水情调度情况见表4-6～表4-8。

表 4-6 大官庄枢纽新沭河闸水情调度情况表

时间	8月11日 16:30	8月11日 16:30	8月11日 18:00	8月11日 23:30	8月12日 21:00	8月13日 08:00	8月13日 19:30
泄洪流量/(m^3/s)	502	2 500	3 480	4 000	4 020	800	508

表 4-7 石梁河水库水情调度情况表

时间	8月11日 08:00	8月11日 16:00	8月11日 18:30	8月12日 11:30	8月12日 13:20	8月12日 19:30	8月13日 08:00	8月13日 09:13
泄洪流量/(m^3/s)	300	1 524	3 500	2 460	1 969	1 556	896	580

表 4-8 三洋港挡潮闸水情调度情况表

时间	8月11日 14:20	8月11日 16:20	8月11日 17:45	8月14日 16:45
开高/m	2.0	3.0	4.5	0
孔数/孔	21	21	33	0

(3) 蔷薇河：蔷薇河洪水流经东海县、海州区，在太平庄闸下游与新沭河汇流，经三洋港挡潮闸入海。

受流域内降雨影响，蔷薇河临洪(东)水位于8月11日00:00开始上涨。由于石梁河水库加大泄洪流量，新沭河水位快速上升，为防止洪水倒灌进入蔷薇河，临洪闸于8月12日00:00关闸，临洪东站自排闸于8月11日13:30关闸。在下游水位回落后，临洪闸于8月13日3:30开闸，临洪东站自排闸于8月13日18:20开启自排。临洪东站于8月11日14:30开机，开机12台，强排流量(大于)350 m^3/s，排涝水量3672万m^3；临洪西站于8月11日22:00开机，开机3台，强排流量(大于)60 m^3/s，排涝水量561.6万m^3；大浦站8月11日9:50开机，开机48台时，强排流量(大于)40 m^3/s，排涝水量138.2万m^3；大浦二站8月11日9:50开机，开机24台时，强排流量(大于)40 m^3/s，排涝水量86.40万m^3。临洪枢纽水情调度情况见表4-9。

表 4-9 临洪枢纽水情调度情况表

序号	站名	开机时间	强排流量/(m^3/s)	开机台时	排水量/(万 m^3)
1	临洪东站	8 月 11 日 14:30	>350	340	3672
2	临洪西站	8 月 11 日 22:00	>60	52	561.6
合计					4 234
3	大浦站	8 月 11 日 9:50	>40	48	138.2
4	大浦二站	8 月 11 日 9:50	>40	24	86.4
合计					224.6
总合计					4 458.6

2. 提前预泄,腾出河库库容

为防御台风"利奇马"带来的降雨影响并接纳新沂河、新沭河、蔷薇河流域内及上游洪水,8 月 10 日连云港市防指要求各县沿海闸站在潮位合适时抢排降低河道水位。水库、塘坝保持汛限水位以下运行,病险水库、塘坝确保保持低水位或空库运行(连水调〔2019〕16 号)。

8 月 11 日 8:00,在大官庄闸泄洪最大流量尚未到达石梁河水库,连云港市防指调度石梁河水库开闸预泄 300 m^3/s(连水调〔2019〕18 号),8 月 11 日 16:00 加大到 1 500 m^3/s(连水调〔2019〕19 号)。为后期有效调蓄上游来水、减轻市区防洪压力做好准备。

3. 严控水库汛限水位,确保水库安全

水利部于 2019 年 5 月 23 日下发《汛限水位监督管理规定(试行)》,水利部、流域机构和省防办高度重视且加强监督,在我市各大中小水库出现超汛限水位时立即调度开闸泄洪。由于前期连云港全市干旱严重,地方有保水心理,又是执行新政策的第一年,需要转变旧有思维,连云港市防办对超汛限水库立即调度开闸泄洪,并日夜加强监督。

4. 控制石梁河水库泄洪流量,尽快排泄蔷薇河和市区洪水

8 月 11 日 8:00,在大官庄闸泄洪最大流量尚未到达石梁河水库,连云港市防指调度石梁河水库开闸预泄 300 m^3/s(连水调〔2019〕18 号),8 月 11 日 16:00 加大到 1 500 m^3/s(连水调〔2019〕19 号),临洪闸于 8 月 12 日 00:00 关闸,临洪东站自排闸于 8 月 11 日 13:30 关闸,大浦连通闸于 8 月 11 日 9:30 关闸。石梁河水库小流量泄洪为蔷薇河和市区洪水自排赢得了时间,也节约了泵站的部分

开机电费，临洪闸、东站自排闸和大浦闸延长自排时间分别约为 16 h、5.5 h 和 1.5 h，多排水量分别约为 2 304 万 m^3、792 万 m^3 和 54 万 m^3。

5. 部分河库及时关闸，阻止蔷薇河水位快速上涨

在蔷薇河超警戒水位且持续快速上涨时，及时关闭了安峰山水库和房山水库泄洪闸以及马河闸、民主河闸、富安调度闸，确保市区主城区安全，待蔷薇河水位上涨平稳后再分先后调度各闸适度开闸排泄洪水进入蔷薇河。通过上述调度，使蔷薇河临洪（东）最高水位（4.50 m）比临洪最高水位（5.28 m）低 0.78 m，使得蔷薇河在市区临洪（东）断面水位未超过警戒水位。

6. 统筹安排，防汛防污兼顾

在本次洪水退水期，分别向赣榆区和市区送水改善河道水质。在 8 月份新沭河洪水退水期打开沭北闸分 5 次向赣榆区送水 230 万 m^3，在蔷薇河洪水退水期打开电厂闸向主城区送水 1 000 万 m^3，使主城区各主要河道水质由原不达标提升为三类水，圆满达标，使赣榆区河道水质有明显好转。

7. 拦蓄洪水，储备后期抗旱水源

本次降雨从 10 月 8 日开始，由于前期全市干旱所有大中小水库开始蓄水，至下次洪水降雨前，全市大中水库共蓄水 1.78 亿 m^3，储备了后期抗旱水源。

第二节　水利工程运用对洪水的影响

水库的拦蓄洪水作用表现在两个方面，一是拦蓄洪水；二是削减下游河道的洪峰流量。重要典型暴雨洪水调度情况如下。

一、石梁河水库

石梁河水库位于新沭河中游，苏鲁两省的赣榆、东海、临沭三区县交界处，原设计集水面积 5 265 km^2，沂沭河洪水东调工程实施后，增加了沂河（集水面积 10 100 km^2）部分洪水经分沂入沭水道由新沭河汇入水库。该水库建于 1958 年，总库容 5.31 亿 m^3，是一座具有防洪、灌溉、供水、发电、水产养殖、旅游等综合功能的大(2)型水库。

1974 年 8 月 11 日暴雨洪水，石梁河水库自 8 月 11 日 00:00—8 月 25 日

24:00，新沭河来水 115 600 万 m^3，石梁河水库拦蓄了 7 198 万 m^3，拦蓄率 6.2%，新沭河石梁河水库站最大出库流量 3 510 m^3/s，如果没有石梁河水库调蓄，洪峰流量将为 4 560 m^3/s，削峰率 23.0%。连云港市大型水库拦蓄量和削峰率见表 4-10、图 4-1。

表 4-10　石梁河水库拦蓄率和削峰率表

年份	起讫时间	入库水量/(万 m^3)	水库拦蓄水量/(万 m^3)	拦蓄率/%	最大入库流量/(m^3/s)	最大出库流量/(m^3/s)	削峰率/%
1974	8 月 11 日 0:00—8 月 26 日 0:00	115 600	7 198	6.2	4 560	3 510	23.0
2000	8 月 29 日 0:00—9 月 5 日 0:00	39 580	10 180	25.7	2 320	2 420	0
2012	7 月 8 日 0:00—7 月 17 日 0:00	35 750	7 910	22.1	2 920	2 270	22.3
2019	8 月 10 日 9:30—8 月 20 日 0:00	57 780	8 510	14.7	3 950	3 420	13.4
青口河	8 月 11 日 15 时—8 月 14 日 10 时	1 133	1 133		242	0	100

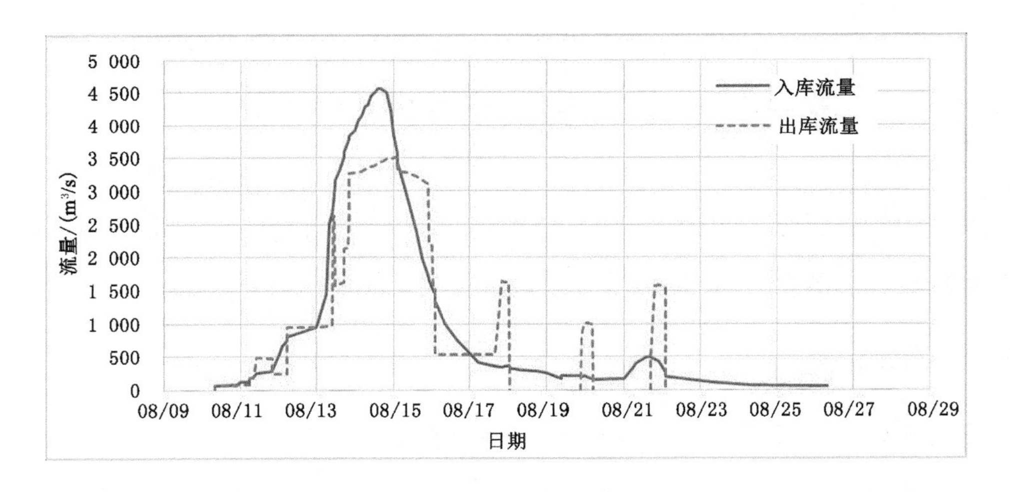

图 4-1　1974 年 8 月 11—25 日石梁河水库入库和出库流量过程线

2000 年 8 月 28 日暴雨洪水，石梁河水库自 8 月 29 日 00:00—9 月 5 日00:00，新沭河来水 39 580 万 m^3，石梁河水库拦蓄了 10 180 万 m^3，拦蓄率 25.7%，新沭河石梁河水库站最大出库流量 2 420 m^3/s、最大入库流量 2 320 m^3/s，未削峰。石梁

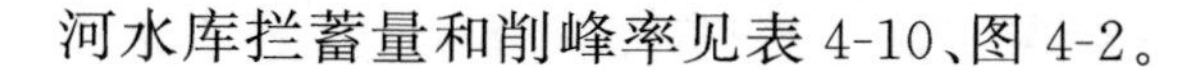
河水库拦蓄量和削峰率见表 4-10、图 4-2。

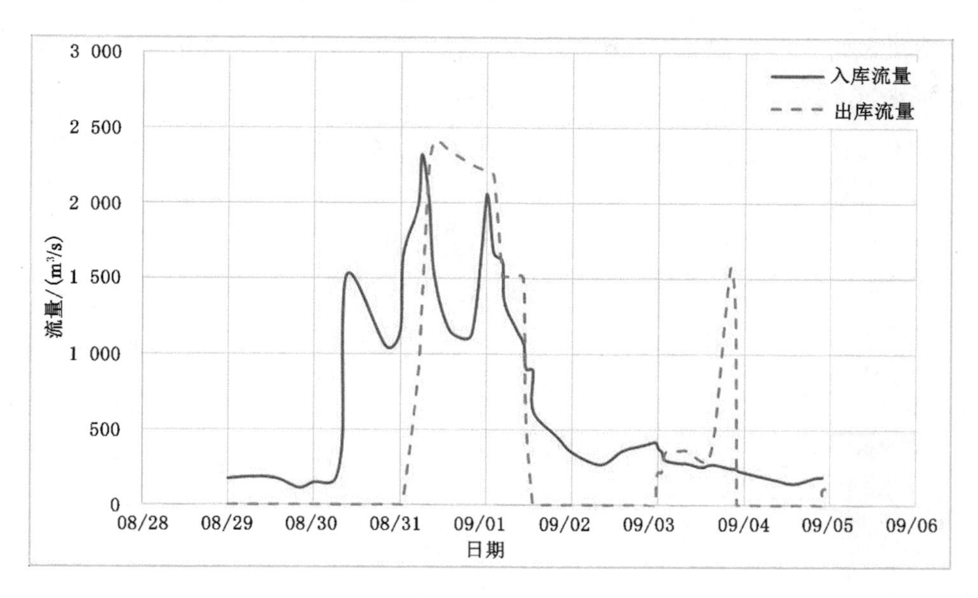

图 4-2 2000 年 8 月 29 日—9 月 5 日石梁河水库入库和出库流量过程线

2012 年 7 月 8 日暴雨洪水，石梁河水库自 7 月 8 日 00:00—7 月 17 日 00:00，新沭河来水 35 750 万 m^3，石梁河水库拦蓄了 7 910 万 m^3，拦蓄率 22.1%，新沭河石梁河水库站最大出库流量 2 270 m^3/s，如果没有石梁河水库调蓄，洪峰流量将为 2 920 m^3/s，削峰率 22.3%。石梁河水库拦蓄量和削峰率表见表 4-10、图 4-3。

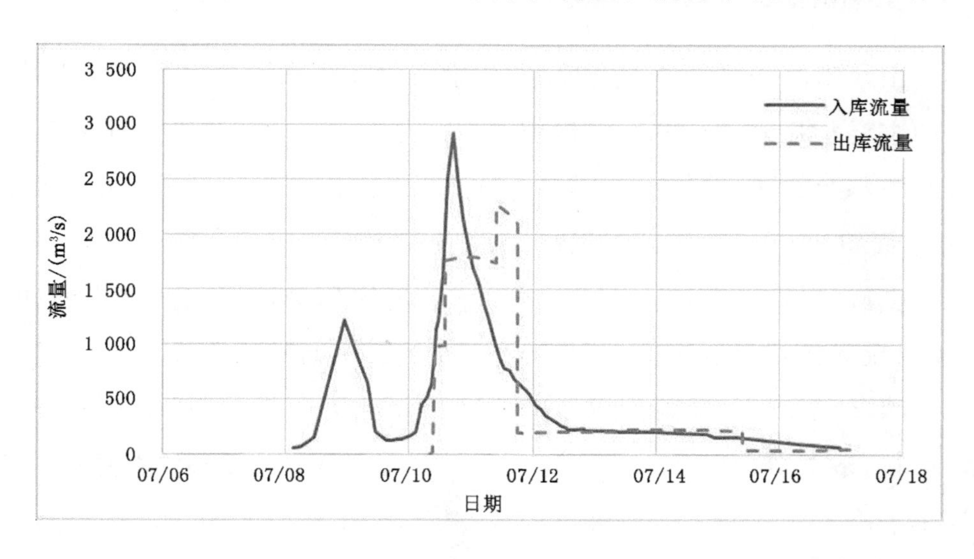

图 4-3 2012 年 7 月 8—17 日石梁河水库入库和出库流量过程线

2019 年 8 月 10 日暴雨洪水，石梁河水库 8 月 11 日 8:00—8 月 14 日 6:20，新沭河来水 57 780 万 m^3，石梁河水库拦蓄了 8 510 万 m^3，拦蓄率 14.7%，新沭河石梁河水库站最大出库流量 3 420 m^3/s，如果没有石梁河水库调蓄，洪峰流量将为 3 950 m^3/s，削峰率 13.4%。石梁河水库拦蓄量和削峰率见表 4-10、图 4-4。

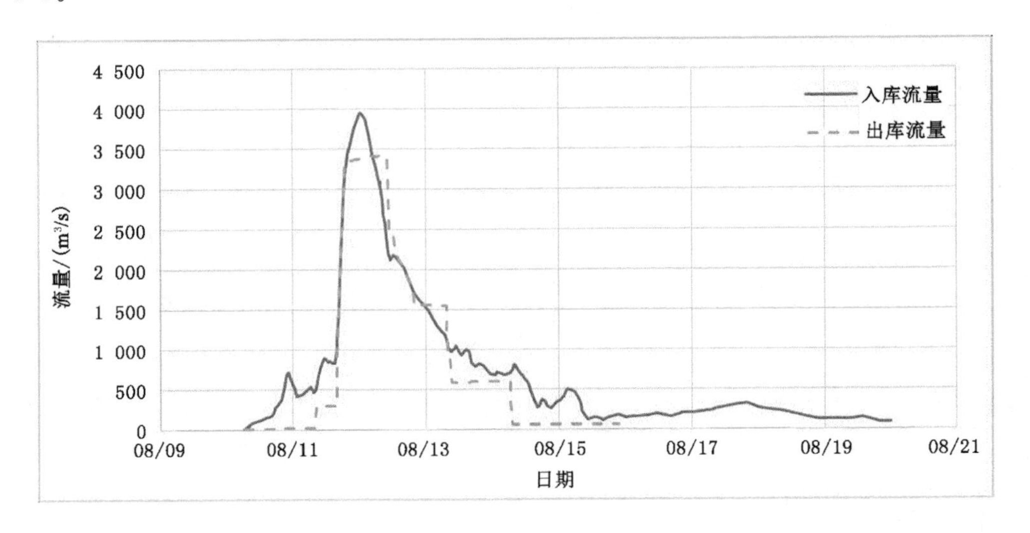

图 4-4 2019 年 8 月 11—14 日石梁河水库入库和出库流量过程线

二、小塔山水库

小塔山水库位于青口河中上游，是赣榆中心城区和沿途村镇饮用水及工农业用水的主要水源地。小塔山水库也是一座以防洪为主，结合农业灌溉、城镇生活供水和水产养殖等综合利用的大(2)型水库。小塔山水库最大水域面积 35 km^2，集水面积 386 km^2，库区面积约 26.5 km^2，总库容 2.82 亿 m^3。其上游共有三条入库支流，分别为青口河上游段(山东省境内称洙边河)、汪子头河和旦头河，三条河流皆起源于山东省，水库补水主要依靠汛期降雨补给。

1974 年 8 月 11 日暴雨洪水，小塔山水库自 8 月 11 日 4:00—8 月 15 日 0:00，青口河来水 10 310 万 m^3，小塔山水库拦蓄了 3 970 万 m^3，拦蓄率 38.5%，青口河小塔山水库站最大出库流量 373 m^3/s，如果没有小塔山水库调蓄，洪峰流量将为 2 100 m^3/s，削峰率 82.2%。小塔山水库拦蓄量和削峰率见表 4-11、图 4-5。

表 4-11 小塔山水库拦蓄率和削峰率表

年份	起讫时间	入库水量/(万 m^3)	水库拦蓄水量/(万 m^3)	拦蓄率/%	最大入库流量/(m^3/s)	最大出库流量/(m^3/s)	削峰率/%
1974	8 月 11 日 4:00—8 月 15 日 0:00	10 310	3 970	38.5	2 100	373	82.2
2000	8 月 28 日 8:00—8 月 5 日 20:00	4 703	4 590	97.6	440	1.3	99.7
2012	7 月 6 日 0:00—7 月 15 日 8:00	6 437	4 982	77.4	971	34.4	96.5
2019	8 月 10 日 8:00—8 月 18 日 0:00	2 472	2 472	100	322	0	100

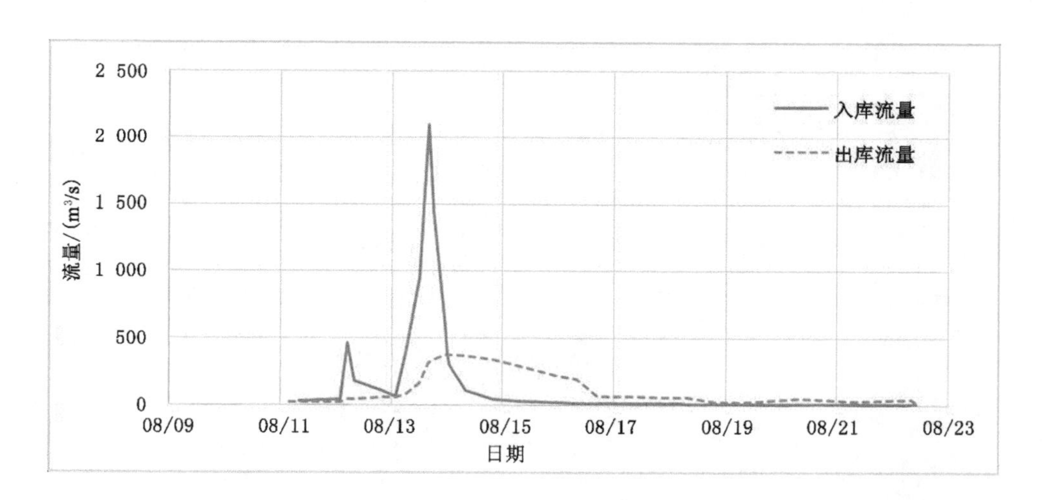

图 4-5 1974 年 8 月 11 日 4:00—8 月 15 日 0:00 小塔山水库入库和出库流量过程线

2000 年 8 月 28 日暴雨洪水，小塔山水库自 8 月 28 日 8:00—9 月 5 日 20:00，青口河来水 4 703 万 m^3，小塔山水库拦蓄了 4 590 万 m^3，拦蓄率 97.6%，青口河小塔山水库站最大出库流量 1.3 m^3/s，如果没有小塔山水库调蓄，洪峰流量将为 440 m^3/s，削峰率 99.7%。小塔山水库拦蓄量和削峰率表见表 4-11、图 4-6。

2012 年 7 月 6 日暴雨洪水，小塔山水库自 7 月 6 日 0:00—7 月 15 日 8:00，青口河来水 6 437 万 m^3，小塔山水库拦蓄了 4 982 万 m^3，拦蓄率 77.4%，青口河小塔山水库站最大出库流量 34.4 m^3/s，如果没有小塔山水库调蓄，洪峰流量将为 971 m^3/s，削峰率 96.5%。小塔山水库拦蓄量和削峰率见表 4-11、图 4-7。

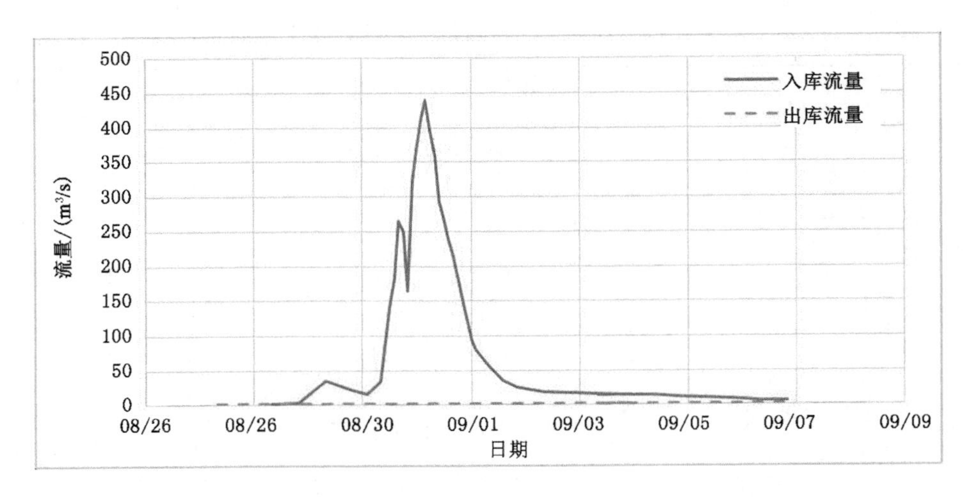

图 4-6　2000 年 8 月 28 日 8:00—9 月 5 日 20:00 小塔山水库入库和出库流量过程线

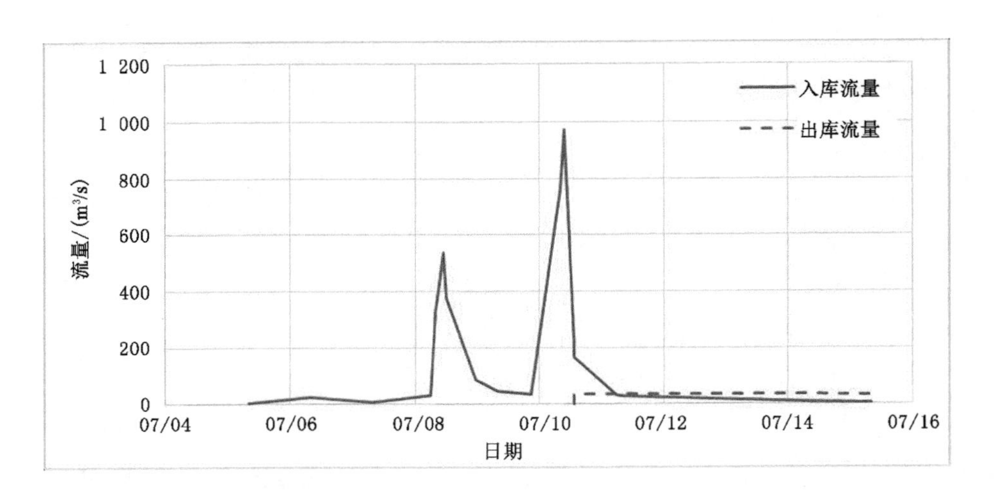

图 4-7　2012 年 7 月 28 日 0:00—7 月 15 日 8:00 小塔山水库入库和出库流量过程线

2019 年 8 月 10 日暴雨洪水，小塔山水库自 8 月 10 日 8:00—8 月 18 日 0:00，青口河来水 2 472 万 m^3，小塔山水库拦蓄了全部来水。如果没有小塔山水库调蓄，洪峰流量将为 322 m^3/s，削峰率 100%。小塔山水库拦蓄量和削峰率见表 4-11、图 4-8。

三、安峰山水库

安峰山水库位于东海县安峰镇和曲阳乡境内，集水面积 175.6 km^2，总库容 1.13 亿 m^3，其中兴利库容 6 707 万 m^3，调洪库容 7 080 万 m^3，是一座具有防洪、

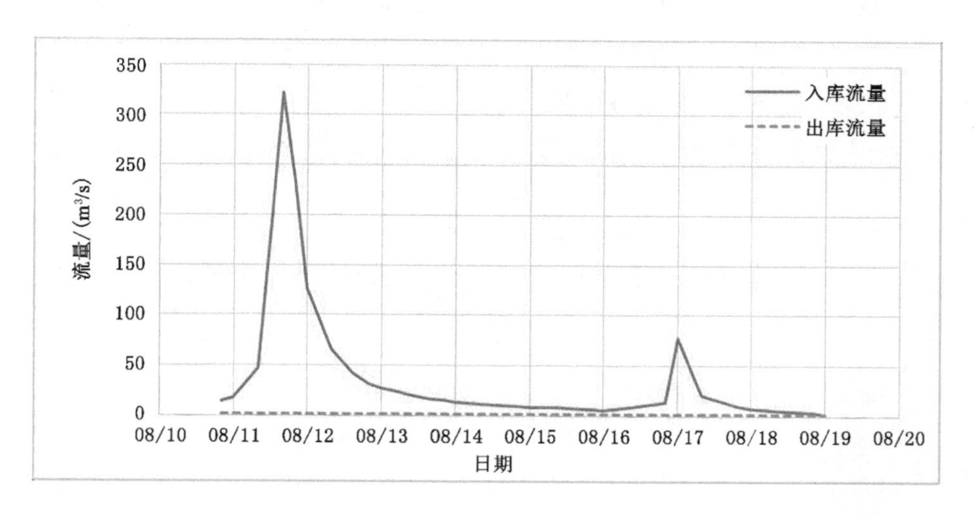

图 4-8 2019 年 8 月 10 日 8:00—8 月 18 日 0:00 小塔山水库入库和出库流量过程线

灌溉、水产养殖等综合功能的大(2)型水库。

2019 年 8.10 暴雨洪水，安峰山水库提前泄洪 2.6 h；从 8 月 12 日 7:00 关闸到 14 日 5:00 开闸，关闸 46 h，少放水 331 万 m^3；最高水位达 17.36 m，高于汛限水位 0.86 m。安峰山水库很好地起到了拦蓄洪水和调蓄洪水的作用。安峰山水库水情调度情况见表 4-12。

表 4-12 安峰山水库水情调度情况

时间	8 月 11 日 8:00	8 月 11 日 10:35	8 月 12 日 7:00	8 月 13 日 21:35	8 月 14 日 5:00	8 月 14 日 11:00	8 月 18 日 8:00
水位/m	16.28	16.50	17.17	17.36	17.33	17.30	16.50
泄洪流量 /(m^3/s)	20	20	0	0	20	50	0
备注		汛限水位		最高水位			

四、房山水库

房山水库位于白沙河上游，东海县房山镇境内，集水面积 54.6 km^2，总库容 2 561 万 m^3，其中兴利库容 1 156 万 m^3，调洪库容 1 681 万 m^3，是一座具有防洪、灌溉、水产养殖等综合功能的中型水库。

2019 年 8.10 暴雨洪水，房山水库超过汛限水位时逐渐加大泄洪流量，最大至 100 m^3/s ；从 8 月 12 日 7:00 到 14 日 8:00，减少泄量至 20 m^3/s，随后关闸 24 h，少放水 893 万 m^3；最高水位达 10.44 m，高于汛限水位 0.94 m。房山水库很好地起到了拦蓄洪水和调蓄洪水的作用。房山水库水情调度情况见表 4-13。

表 4-13 房山水库水情调度情况

时间	8 月 11 日 1:00	8 月 11 日 6:00	8 月 11 日 8:00	8 月 11 日 19:00	8 月 12 日 7:00	8 月 13 日 8:00	8 月 14 日 8:00	8 月 15 日 11:00
水 位/m	9.59	9.73	9.81	10.44	10.39	10.30	10.18	16.50
泄洪流量 /(m^3/s)	10	30	100	100	20	0	20	10
备注				最高水位				

第五章　洪涝灾害与排涝调查分析

第一节　圩区与排涝调查

一、连云港市圩区情况调查

全市低洼地总面积 1 193 km^2。多因干河洪涝水位高出地面，自排受阻，形成圩区。

圩区治理多为兴建小圩区，即大圩套小圩。建高标准干河堤防即外圩，形成以干河为界的大圩区。再以大沟支渠为界将大圩区分割成小圩区，支渠为内圩。小圩区实现大中小沟三沟配套，深沟密网，以扩大沟塘率，减小机排模数。小圩区出干河大沟口建闸封闭，实行投机自排和封闭挡水。小圩区建排涝站或灌排结合站，实行机电抽排、灌排结合抽水灌溉，实施改制除涝。有些低洼圩区也采用了建大圩区、建大中型抽排站、实现统一抽排的办法。

至 2012 年，全市共建排涝站和灌排结合站 238 座，装机 85 617 kW，装机总容量 1 213.02 m^3/s。

（一）沭北洼地圩区

沭北圩区为赣榆区范河下游两岸地面高程 3.80 m 以下一片地区，包括宋庄镇、墩尚镇、青口镇城南部分区域，总圩区面积 153 km^2。

历史上范河下游近海低洼地区上受客水压境，下受潮水顶托，涝渍灾害频繁发生。新沭河开辟后，行洪时临洪口水位托高，更恶化了范河排水条件。1945—1954 年曾连续遭受涝渍灾害，常年积水深达 0.5～1.0 m，故治理规划中划为圩区。

1954 年，首先在朱稽河南岸四沟后湖搞“沟洫畦”试点工程，将朱稽河南岸与废朱稽河北岸之间面积 525 hm^2 农田圈成一圩，沿圩开沟。中间利用青墩公路及与其垂直的乡间大道，将圩内农田分割成 4 个区域。根据地形，南北向每隔 200 m、300 m 或 400 m 开一条中沟并筑大畦埂，与大畦埂垂直每隔 100 m、150 m 或 200 m 挖小沟，筑小畦埂。大畦 20～30 hm^2，小畦 2～3 hm^2。沟的标准为日雨 120 mm 两日排出。自 7 月 26 日开工，至 8 月中旬完成，挖土 3.3 万 m^3。当年 8 月 20 日降雨 70.3 mm，洼地无积水，农业获丰收，而试点区外则遭灾。至 1956 年圩区面积达 2.6 万 hm^2。

20 世纪 60 年代初期，开辟石梁河水库灌区，实行改制，完成沭北“旱改水”工程。1971 年开始实施沂沭泗洪水东调南下工程以后，新沭河泄洪水位抬高，范河排涝受顶托加剧，范河下游两岸洼地除涝降渍更为不利。1972 年后，按规划在圩区内开始建机电排涝站。河两岸均以干支河堤作圩堤，中沟作圩沟，中沟入河口处建闸、站抽排。1977 年水利部批准该地区圈圩建站的规划方案，规划全区灌排站装机 4 340 kW。由于资金不足，到 1990 年仅建排灌两用站 20 座，装机1 446 kW，占计划的 33.3%。

20 世纪 70 年代中期，先后在青口镇城南、宋庄镇圩区范围内推广鼠洞降渍工程，共打鼠洞 20 余公顷，效益明显，曾获市政府科技推广奖。

（二）东部湖洼圩区

东海县、海州区的乌龙河、鲁兰河及蔷薇河下游地面高程 5.00 m 以下一片地区为东部湖洼圩区，铁路以南以沭新渠分界，铁路以北以 5.00 m 等高线为准。总面积 750 km^2，包括张湾、平明、浦南、岗埠等乡镇全部和房山、安峰、驼峰、黄川、青湖等乡镇的一部分。

20 世纪 50 年代整治鲁兰河、马河、蔷薇河等排涝干、支河，疏浚和开挖老乌龙河、花荡河、大房河、丰墩河、王沟河、纪王河、高桥河及马河 1～3 号排水沟、麦墩河排水沟等大沟级沟河，并把瓦基、麦坡东划为滞洪区，白塔东南暂时分片汪水淤田。农田水利则兴修陈墩、关墩、马河沿岸、张湾、太平庄一带的沟洫圩田、台田。

1960 年，制订东部洼区“分割圈圩，建站抽排”的规划方案，在 6.87 万 hm^2 面积范围内逐步实施。每个站区开挖田间一套沟，大中小沟和干支斗农渠配套，发挥排涝、灌溉作用。

1963 年，县委在平明公社马汪大队搞试点，集中 3 000 人在 1 330 hm^2 面积范围内大搞农田基本建设。规划布局：大沟间距 3 000 m；中沟垂直于大沟，间距 600 m、800 m；小沟垂直于中沟，间距 200 m。各级沟开挖标准：大沟深 3～4 m，底高程至零，底宽 3～5 m，边坡为 1∶2；中沟挖深 2～2.5 m，底宽 2 m，边坡 1∶2；小沟挖深为 1.3～1.5 m，底宽 1 m，边坡 1∶1.5，实施时沟渠路一次完成。大沟级按沟路渠或沟渠路布局，中小沟级为沟渠路布局，做到三沟有水一渠干。电排区设排灌站 1 座，沟渠建筑物全面配套。是年 11 月开工，次年春完成。计挖土方 136 万 m^3，砌石 2 480 m^3，建成旱涝保收田 459 hm^2。做到当年工程，当年配套，当年受益。此后在东海县大力推广马汪经验，先后在包庄、王沟、浦南、石河、财神庄、前张湾、瓦基、条河、关墩、陈墩、南湾董马、下河、季墩、孙口、寇荡等 10 余处圩区 2 万多公顷面积上展开。东部各公社做出规划，每年每社治理 1～2 片，采取推磨转圈、以工换工、先后受益、大体平衡的方针，集中优势兵力打歼灭战，达到当年工程（龙头工程），当年配套（农水土方和配套建筑物），当年受益。连续治理到 20 世纪 70 年代末。

20 世纪 80 年代初，该区农田水利建设曾一度出现停滞不前局面，尚有 10% 以上面积未圈圩设站抽排，内涝问题依然存在；已建排区抽排标准偏低；个别圩区控制面积偏大；加之已建工程老化失修，涝灾有所抬头。针对上述情况，1983 年制定“巩固提高东部”的方针，每年新建 1～2 个排灌区，维修 1～2 个老排区，并在平明、王烈、关墩、浦南等地开展吨粮田建设试点工作，农田水利建设又得以继续发展。

1990 年，东部湖洼地区已建成排灌区 158 处，控制排涝面积 6.5 万 hm^2，排涝模数 0.35 和 0.5 各占一半左右。建泵站 172 座，总装机 25 446 kW，新建改建涵洞 200 余座。

（三）沂北洼地圩区

灌云县沂北洼地面积 100 km^2，分布在穆圩、龙苴、陡沟、南岗、侍庄、伊山、图河等乡镇境内。因排涝干渠水位高出洼地，失去自排能力，并经常倒灌成灾，故采取分割圈圩、建站抽排的治理措施。

从 20 世纪 60 年代末 70 年代初开始，先后兴建机电强排站，在特洼地区周围圈圩并建小闸，在失去自排时关闸，抽排涝水入干河。至1990年底，已建单排站或排涝结合站79座，装机5 848 kW，强排面积0.78万hm^2。

（四）盐西圩区

灌南县盐西圩区总面积290 km^2，耕地1.41万hm^2，包括硕湖、六塘、李集、孟兴庄、汤沟、白皂6个乡镇及张店镇盐西7个村。

历史上该地区为硕项湖区的一部分，干河密布，向为洪涝水汇集之地，素有“洪水走廊”之称。

1950年建成新沂河，沂沭泗洪水有了专用的入海河道，沂南地区干河成为区域性排涝河道，经过水系调整，流经该地的排涝大小干河达12条，将该地区分割成大小11片，该地区成为排客水走廊。20世纪50年代初，规划盐河一线排涝水位3.0 m，随着盐西干河不断扩浚和上游各县农田水利建设标准的提高，盐河一线实际出现的排涝水位超过3.5 m，个别年份达3.74 m。80年代初盐东控制工程闸上排涝水位超过4.0 m，最高达到4.2 m，高出地面0.6～1.0 m，而且持续时间达6 d之久，盐西地区成为圩区。

1958年灌南建县前，该地区内部排水沟洫紊乱，干河无堤或堤标准低。建县后，按平原地区进行了水利规划和治理，开辟灌区，拦蓄水源，建站提水，开挖三沟，建闸封闭，除涝降渍。至20世纪70年代中期大沟开挖工程实施完毕，中小沟也基本开齐。

20世纪80年代初，盐西各干河排涝水位不断升高，盐西地区排涝降渍条件逐步恶化。对该地区水利规划做了修订，按圩区规划治理，圈圩封闭，提高抢排标准，除涝改制，兴建灌排站或单排站，加固干河堤防，形成11个大圩，以大沟支渠为界分割成小圩区，实行高低水分排。续建、扩建大沟封闭闸，按9 h抢排模数为设计标准，加大投机抢排力度。80年代中期实施完毕，种植水稻等耐淹作物，以加大田间持水深度。兴建灌排结合站，加大提水灌溉能力，在特洼地区兴建单排站，加大强排能力，抽排模数按0.35左右实施，优先解决地面高程3.60 m以下地区。

至1990年底，已建单排站和排灌结合站63座，装机3 501 kW，抽排能力48.5 m^3/s，抽排面积6 282 hm^2。

（五）城区排涝情况

1. 连云港城区

连云港城区划分为8个排涝分片：大浦河排水片、排淡河排水片、临港产业区排水片、烧香河排水片、徐圩新区片、蔷薇河以西片、沿海港区片和锦屏山以南片。

（1）大浦河排水片。大浦河是连云港市海州主城区防洪排涝的主要河道，全长16.6 km，集水面积126 km^2，其范围：南至狮树闸，北至东站引河，西至蔷薇河，东至云台山麓。大浦河洪水主要由大浦闸经新沭河入海，其中由东盐河经大浦河调尾河东调105 m^3/s经新城闸入海。石梁河水库泄洪时，大浦河不能自排，将由大浦抽水站、大浦抽水二战抽排入新沭河。大浦河设计排涝标准为20 a一遇，河道已经按照20 a一遇标准治理完成。

大浦闸是市区大浦河洪水入海通道上的重要工程，于2002年拆建，2003年建成投入运行，大浦闸位于新沭河右堤上，设计闸孔净宽21 m，设计排涝流量238 m^3/s，闸底高程－1.50 m。

大浦抽水站工程是沂沭泗流域洪水东调南下工程中的重点工程，也是连云港市城区防洪安全的命脉工程，在市区遭受洪涝而新沭河处于高水时，可以强排市区涝水。大浦抽水站工程设计流量40 m^3/s，包括泵站、排涝涵洞、调度涵洞及引河等工程。泵站建于新沭河右堤、大浦闸以南230 m处，共安装1.60 m直径的轴流泵配相应电机的机组6台，总装机容量4 800 kW。为了解决连云港市区的排涝问题，使连云港市区排涝标准达到20 a一遇，新建了大浦第二抽水站。大浦第二抽水站规模为40 m^3/s，单机流量10.7 m^3/s，计4台套，总装机容量3 200 kW。

（2）排淡河排水片。排淡河位于东部城区，从猴嘴闸到排淡河挡潮闸全长22 km，流域集水面积77.7 km^2，是连云港市东部城区防洪排涝骨干河道。

排淡河自1967年按设计标准治理后随着连云港市城区面积的扩大，大部分流域面积已由原来的农田转化为城区，流域滞洪条件变化较大，致使原有防洪排涝标准更显不足，现状排涝标准约5 a一遇。洪水主要由排淡河挡潮闸排放入海。

排淡河挡潮闸原名大板桥闸，1971年11月开工建设，至1972年6月竣工。

水闸共5孔，闸孔净宽5.0 m，闸身总宽31.0 m，间长26.23 m，闸底高程为−2.50 m，设计洪水标准为10 a一遇，设计流量为159 m^3/s。2002年对闸胸墙加高、排架加固、工作桥加固、公路桥拆建、便桥拆除，钢闸门防锈处理及更换钢丝绳和控制柜、下游翼墙加高，设计标准不变。

(3) 临港产业区排水片。临港产业区排水片原为台北盐场，现开发为临港产业区，西墅河水系调整后临港产业区排水片总面积73.5 km^2，涝水经南北向水系收集后，向北汇入连云新城规划潟湖，经潟湖调蓄后，通过开泰闸、新城闸、西墅闸3个口门排入海。因2012年708洪水时，242省道以北区域盐田尚未开发使用，连云港新城内潟湖尚未形成，入海水道未投入使用。入海水道以西片区的满水主要通过区域内的元宝港闸和公兴港闸两个口门排入新沭河，但元宝港闸、公兴港闸下游新沭河如遇石梁河水库溢洪，基本不能排水，同时受蔷薇河排水影响，汛期排水不畅。入海水道以东片区的涝水主要通过排淡河汇入大海，但排淡河目前尚未治理，排水能力只有约5 a一遇，排水能力不足。

为了减轻临港产业区的排涝压力，2011年汛期在入海水道老海堤上新建了一座简易排水闸，入海水道老海堤简易闸共5孔，单孔净宽3.5 m，总净宽17.5 m，闸底高程1.20 m，设计流量约69.0 m^3/s。

(4) 烧香河排水片。烧香河是连云港市云台山以南善后河以北地区洪水排泄入海的主要出口。连云港市海州区、连云区、科教园区、徐圩新区、海军农场、台南盐场以及灌云县等450 km^2 范围内的涝水及山洪均由烧香河北闸排泄入海。

原烧香河北闸建于1973年，由灌云县水利局管理。2003—2005年实施拆建工程，在原闸址上游110 m处建新闸。烧香河北闸现为2级水工建筑物，设计排涝标准为20 a一遇，设计挡潮标准为100 a一遇，设计流量为580 m^3/s。共5孔，每孔净宽10 m，总净宽50 m。

(5) 徐圩新区片。徐圩新区排水片的排水范围主要为烧香河以南、烧香支河以东、善后河和埒子口以北，海堤以西所包围的独立排水区域，主要由原台南盐场、徐圩盐场两部分组成，总面积约184 km^2。由“三纵八横六湖”骨干水系和4条一般河道组成的河河相连、河湖相通的河网水系。“三纵”为3条南北向调节河道，由西向东分别为驳盐河、中心河和复堆河；“八横”为8条东西向排水骨干河道，由北向南依次为小丁港河、刘圩港河、张圩港河、方洋河、纳潮河、西港河、深港河和南复堆河；“六湖”为原有水库改造或新开挖的刘圩湖、中央湖、张圩湖、徐圩湖、港城湖和陬山湖等6个人工湖。

采用分片自排与泵排相结合的排涝模式，以张圩港河为界分两个相对独立的排水分区。张圩港河以北片水面率6.3%；张圩港河以南片水面率10.7%，排涝泵站规模40.0 m^3/s。

（6）蔷薇河以西片。蔷薇河以西片的排水范围包括浦南镇和岗埠农场两部分，排水总面积约223.5 km^2。该片于2007年底划入连云港市区辖区。

蔷薇河以西片主要为农业用地，目前已经基本建成圩区，区域涝水主要排入乌龙河、鲁兰河、淮沭新河等河道，最终排入临洪河入海。区域现状排涝标准较低，为3～5 a一遇。

（7）锦屏山以南片。锦屏山以南片的排水范围为海州区锦屏山以南的部分，排水总面积约107 km^2。

锦屏山以南片主要为农业用地，目前已经基本建成圩区，区域内主要排水河道为八一河和樊荡河，区域涝水主要通过八一河和樊荡河排入盐河和古泊善后河。区域现状排涝标准较低，为3～5 a一遇。

沿海港区片。沿海港区片主要是指后云台山东侧沿海的区域，排水范围主要为连云城区和港区，排水面积约85.3 km^2（含连岛）。

该片包括墟沟片区、中山东路以南片区、宿城片区、港口片区和连岛片区等排水单元。区域内的主要河道有：院前大沟、西墅河、疏港河、宿城水库溢洪道以及大小不等涧沟。连云城区位于后云台山和北固山两山之间，大港路以北和海棠路以东地区雨水直接入海；港区位于云台山坡地，地势高不受海潮顶托影响，山洪通过自然形成的沟壑分散直排入海。

连云港市城区排水片区及排水口门情况见图5-1。

2. 东海县排水片区

东海县城位于县域中部，北距新沭河24 km，西距龙梁河14 km，贺庄水库、西双湖水库等位于城区上游，石安河穿城而过，城区规划面积109 km^2。由于北有新沭河洪水压境，西有县内高水河龙梁河贯穿南北，城区上游西双湖等中型

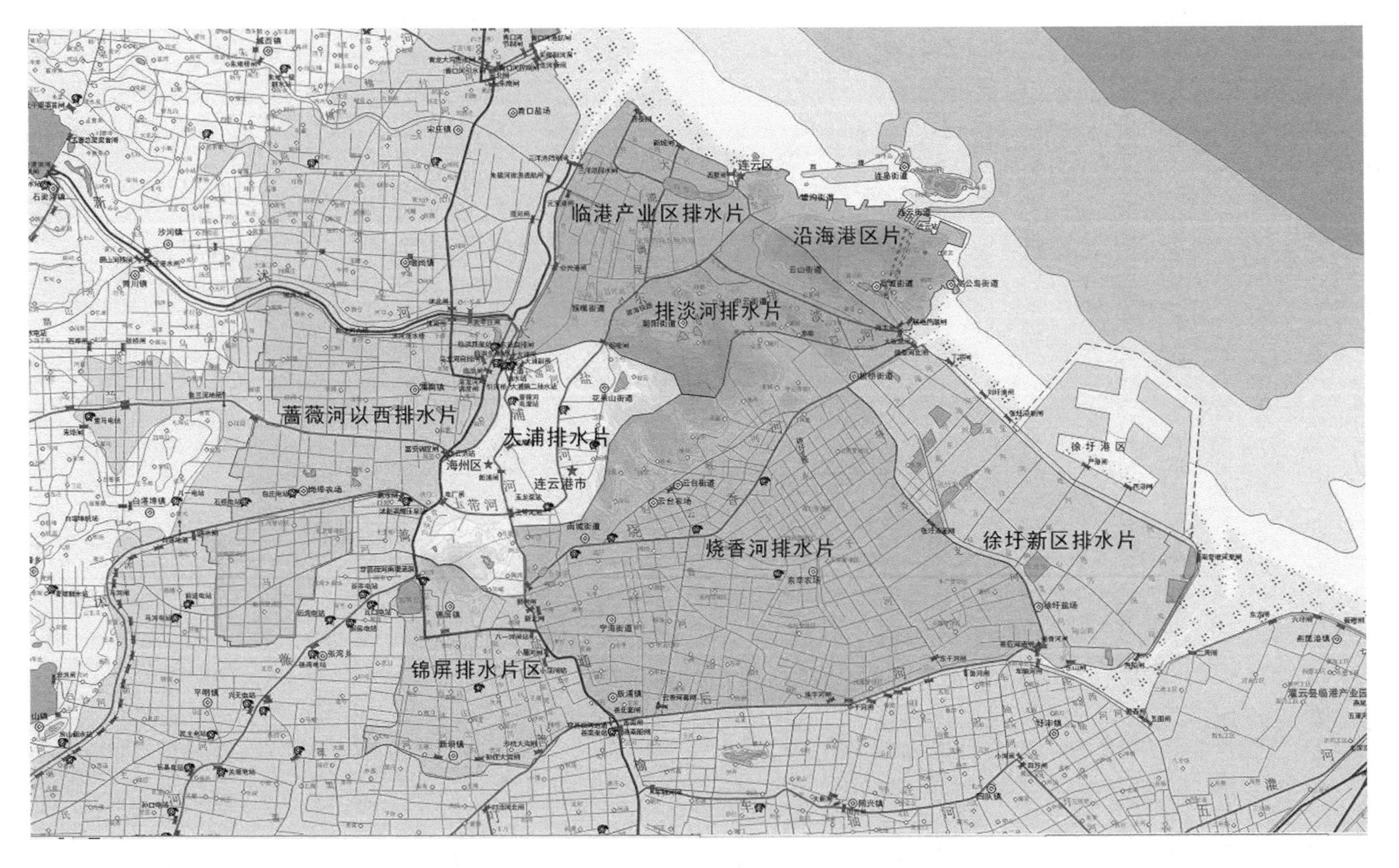

图5-1 连云港市城市排水片区及口门情况示意图

水库居高临下，城区内部沭南片区域性河道石安河穿城而过，防洪压力大。城区内部排涝干河玉带河、自清河、石英河、徐海运河等受近年来城市开发建设影响连通性差、堵塞严重，河道沿线乱搭乱建、侵占水面现象猖獗，玉带河、自清河等沿线阻水堰坝较多、壅水严重，由此导致县城区现状排涝不畅，现状排涝标准不足 10 a 一遇。

3. 赣榆区排水片区

赣榆城区位于区域中部，南距新沭河 15 km，规划面积 84.75 km^2，青口河穿城而过，分为青口河以北城区、青口河以南城区两部分。由于南有沂沭泗流域性防洪河道新沭河洪水压境，城区内部有小塔山水库泄洪通道青口河穿城而过，北为兴庄河客水通道，西有二级截洪沟等高水河道贯穿南北，东有海潮侵袭顶托，使整个城区为高水河道包围。同时，城区主要排水入海河道——沙汪河、朱稽河等既是赣榆城区排涝河道，又是沭北地区区域性排洪河道，城区排涝受上游行洪和海潮顶托的双重影响，导致赣榆城区防洪排涝压力较大。

4. 灌云县排水片区

灌云县城内主要排涝河道，盐西城区主要有东西向的山北大沟、山前河、小鸭河、三里沟、张洪河、徒沟河，大伊山紧依盐西城区北侧，有 4.5 km^2 的山洪经山北大沟、山前河进入城区；盐东城区主要有东西向的三里沟、六里沟、青年河等。其中，三里沟、小鸭河、山前河部分河段在“十一五”期间疏浚过，其余河道至今未疏浚，淤积较为严重。县城区强排除涝排污设施主要有位于盐西城区山前河沿线的山前河东站和山前河西站，两站强排流量均为 1.20 m^3/s。

灌云县城区外围防洪(潮)(包括新沂河左堤、古泊善后河右堤、叮当河右堤、盐河堤防及海堤)主要依托流域、区域防洪及海堤工程，目前新沂河防洪标准和海堤防潮标准达到 50 a 一遇，古泊善后河右堤和叮当河右堤防洪标准基本达到 20 a 一遇。城区内部排涝河道由于多年来未进行治理，排涝标准均不足 5 a一遇。

5. 灌南县排水片区

灌南县城以盐河为界分为东城区、西城区。西城区以周口河和中心大沟为排水主要通道，城区的雨水通过管网收集排入两条河道，经周口河闸站、中心大沟闸站排入南六塘河。东城区以悦来河、管武河、郑于大沟为排水主要通道，东城区的雨水经管网收集汇入三条河道，经管武闸站、郑于港区闸和吴圩闸站排入武障河。目前城区排水防涝主要通过城区140余千米的雨污水管道、4座大型排涝站、11座节制闸的调度来实现安全运行。

二、排涝调查

（一）临洪枢纽分布情况

连云港市市区地处沿海，圩区排涝基本通过小型泵站向各河流排水，目前主城区排涝基本达到20 a一遇，其他地方排涝标准约为5 a一遇。因新沭河从太平庄闸以下段借道临洪河入海，临洪河支流河道蔷薇河、乌龙河、大浦河等在新沭河行洪时因顶托不能实现自排，因洪致涝严重，故在临洪闸附近建有4个翻水站，分别为大浦抽水站、大浦抽水二站、临洪东翻水站、临洪西翻水站，承担3个支流河道向新沭河排水功能。临洪西翻水站抽排乌龙河涝水，流域面积105.52 km^2，其中圩区面积71.2 km^2；临洪东站抽排蔷薇河涝水，流域面积1 144 km^2，其中圩区面积582 km^2；大浦抽水站、大浦抽水二站承担大浦河涝水抽排任务，流域面积122 km^2。临洪枢纽翻水站基本情况见表5-1；平面布置示意图见图5-2。

表5-1 临洪枢纽翻水站基本情况

序号	泵站名称	建成年份	机组台数	单机功率/kW	单机流量/(m^3/s)	承担排水流域
1	大浦站	2003	6	800	8	大浦河
2	大浦二站	2010	4	800	10	大浦河
3	临洪西站	1979	3	3000	30	乌龙河
4	临洪东站	2000	12	2000	30	蔷薇河

临洪东站为大(1)型排涝泵站，1978年动工兴建，1980年停缓建，1992年复工续建，2000年建成投运，2012年完成更新改造工程。最大排涝能力360 m^3/s，由110 kV专用变电所负责供电，是治淮工程沂沭泗洪水东调南下主体工程之一，承担着蔷薇河流域1 144 km^2 的内涝强排任务。

临洪西站为大(2)型排涝泵站，1976年动工兴建，1979年建成投运，安装轴流泵配2 000 kW立式同步电动机3台套，总装机容量6 000 kW，设计扬程

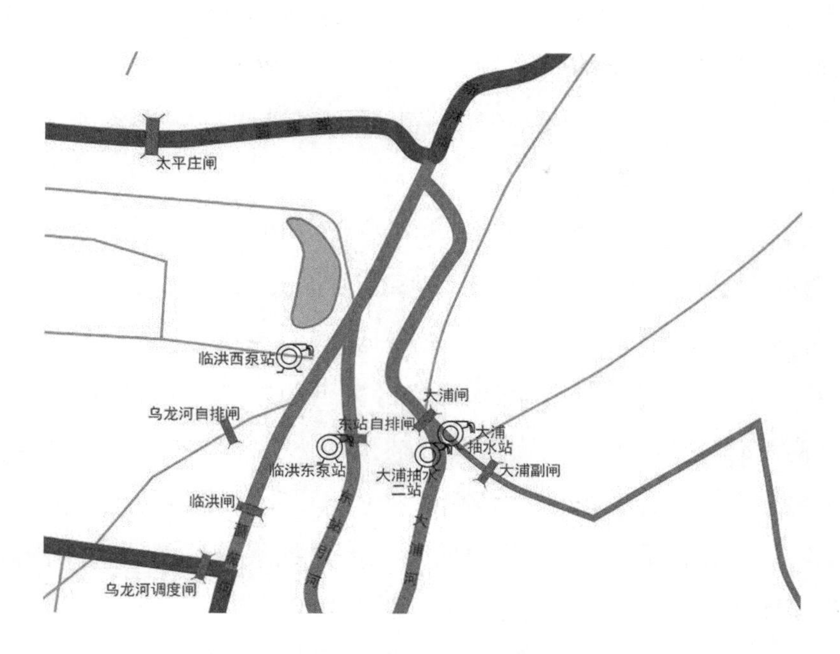

图 5-2　临洪枢纽翻水站分布示意图

3.4 m，设计流量 90 m^3/s，主要担负着新沭河扩大行洪 7 000 m^3/s 后，排除乌龙河流域 5 a 一遇的内涝。

大浦抽水站为中型排涝泵站，2001 年动工兴建，2003 年 5 月建成投运，装有 1600ZLB112-5 型轴流泵配同步电动机 6 台套，总装机容量 4 800 kW，按 50 a 一遇设计，100 a 一遇校核，设计流量 40 m^3/s，主要承担市区 122 km^2 的涝水强排任务。排涝涵洞为 3 孔，每孔净宽 3.6 m、净高 3.5 m，建于大浦河左堤，引大浦河涝水至站前引河。调度涵洞为两孔，每孔净宽 2.75 m、净高 2.5 m，建于临洪东站引河右堤。

大浦第二抽水站主要建筑物按Ⅰ级水工建筑物设计，2008 年动工新建，设计排涝流量为 40 m^3/s，安装 4 台 1600ZLB-85 型立式轴流泵，叶轮直径 1.6 m，单机设计流量 10 m^3/s，配 TL800-24/1730 同步电机，单机容量 800 kW，总装机容量 3 200 kW，工程投资 5 400 万元。

（二）排涝水量调查

1974 年临洪枢纽强排工程尚未建成，区域内洪涝水全部靠自排进行，由于 1974 年 8 月暴雨强度、暴雨量及笼罩范围大，石梁河水库一直大流量行洪，致使蔷薇河各支流均出现历史最高水位，并造成沭新河堤防决口，连云港市区因上游决口才保证了安全。

1991 年 7 月暴雨，临洪西站开机排涝，经调查临洪西站排涝水量为量 1 950 万 m^3。具体情况见表 5-2。

2000 年 8 月暴雨，临洪东站、临洪西站全部开机排涝，经调查临洪东站抽排涝水量 12 000 万 m^3、临洪西站抽排涝水量 1 950 万 m，合计抽排涝水量 13 950 万 m^3。具体情况见表 5-3。

2003 年 7 月暴雨，临洪东站、临洪西站及大浦抽水站全部开机排涝，经调查临洪东站抽排涝水量 2 722 万 m^3、临洪西站抽排涝水量 327.8 万 m^3、大浦抽水站抽排涝水量 1 929 万 m^3，合计抽排涝水量 4 979 万 m^3。具体情况见表 5-4。

2005 年 7 月暴雨，临洪东站、临洪西站及大浦抽水站全部开机排涝，经调查临洪东站抽排涝水量 9 200 万 m^3、临洪西站抽排涝水量 2 300 万 m^3、大浦抽水站抽排涝水量 1 423 万 m^3，合计抽排涝水量 12 923 万 m^3。具体情况见表 5-5。

2007 年 9 月暴雨，临洪东站、临洪西站及大浦抽水站全部开机排涝，经调查临洪东站抽排涝水量 1 200 万 m^3、临洪西站抽排涝水量 300 万 m^3、大浦抽水站抽排涝水量 348 万 m^3，合计抽排涝水量 1 848 万 m^3。具体情况见表 5-6。

2012 年 7 月暴雨，临洪东站、临洪西站、大浦抽水站及大浦抽水二站全部开机排涝，经调查临洪东站抽排涝水量 5 848 万 m^3、临洪西站抽排涝水量 2 417 万 m^3、大浦抽水站抽排涝水抽量 983 万 m^3、大浦抽水二站抽排涝水量 1 284 万 m^3，合计抽排涝水量 10 525 万 m^3。具体情况见表 5-7。

2019 年 8 月暴雨，临洪东站、临洪西站、大浦抽水站及大浦抽水二站全部开机排涝，经调查临洪东站抽排涝水量 3 672 万 m^3、临洪西站抽排涝水量 561.6 万 m^3、大浦抽水站抽排涝水量 138.24 万 m^3、大浦抽水二站抽排涝水量 86.4 万 m^3，合计抽排涝水量 4 458.24 万 m^3。具体情况见表 5-8。

三、排涝水量分析

各年典型暴雨临洪枢纽排涝水量与市区降雨的面平均雨量点绘柱状图见图 5-3，排涝水量及面雨量统计见表 5-9。

表 5-2　1991 临洪枢纽泵站基本情况及排涝水量

序号	水系	泵站名称	所在地	排水区名称	排水区面积/km^2	排入河流	岸别	装机台数	总装机容量/kW	设计排涝能力/(m^3/s)	运行开始时间	运行结束时间	排涝水量/(万 m^3)
1		临洪西站	太平渔业村委会	乌龙河流域	105.52	临洪河	左	3	9 000	90			1 950
合计					105.52			3	9 000	90			1 950

表 5-3　2000 临洪枢纽泵站基本情况及排涝水量

序号	水系	泵站名称	所在地	排水区名称	排水区面积/km^2	排入河流	岸别	装机台数	总装机容量/kW	设计排涝能力/(m^3/s)	运行开始时间	运行结束时间	排涝水量/(万 m^3)
1		临洪东站	浦河社区居委会	蔷薇河流域	1 365	临洪河	右	12	24 000	360			12 000
2		临洪西站	太平渔业村委会	乌龙河流域	105.52	临洪河	左	3	9 000	90			1 950
合计					1 470.52			15	33 000	450			13 950

表 5-4　2003 临洪枢纽泵站基本情况及排涝水量

序号	水系	泵站名称	所在地	排水区名称	排水区面积/km^2	排入河流	岸别	装机台数	总装机容量/kW	设计排涝能力/(m^3/s)	运行开始时间	运行结束时间	排涝水量/(万 m^3)
1		临洪东站	浦河社区居委会	蔷薇河流域	1 365	临洪河	右	12	24 000	360	7 月 1 日 10 时	7 月 18 日 9 时	2722
2		临洪西站	太平渔业村委会	乌龙河流域	105.52	临洪河	左	3	9 000	90	7 月 18 日 10 时	7 月 19 日 1 时	327.8
3		大浦抽水一站	浦河社区居委会	大埔河流域		临洪河		6	4 800	55.7	7 月 14 日 15 时	7 月 20 日 8 时	1 929
合计								21	49 800	430			4 978.8

表 5-5　2005 临洪枢纽泵站基本情况及排涝水量

序号	水系	泵站名称	所在地	排水区名称	排水区面积/km^2	排入河流	岸别	装机台数	总装机容量/kW	设计排涝能力/(m^3/s)	运行开始时间	运行结束时间	排涝水量/(万 m^3)
1		临洪东站	浦河社区居委会	蔷薇河流域	1 144	临洪河	右	12	24 000	360			9 200
2		临洪西站	太平渔业村委会	乌龙河流域	105.52	临洪河	左	3	9 000	90			2 300
3		大浦抽水一站	浦河社区居委会	大埔河流域	122	临洪河		6	4 800	55.7			1 423
合计					1 592.52			21	49 800	430			12 923

表 5-6　2007 临洪枢纽泵站基本情况及排涝水量

序号	水系	泵站名称	所在地	排水区名称	排水区面积/km^2	排入河流	岸别	装机台数	总装机容量/kW	设计排涝能力/(m^3/s)	运行开始时间	运行结束时间	排涝水量/(万 m^3)
1		临洪东站	浦河社区居委会	蔷薇河流域	1 144	临洪河	右	12	24 000	360			1 200
2		临洪西站	太平渔业村委会	乌龙河流域	105.52	临洪河	左	3	9 000	90			300
3		大浦抽水一站	浦河社区居委会	大埔河流域	122	临洪河		6	4 800	55.7			348
合计					1 592.52			21	49 800	430			1 848

表 5-7　2012 临洪枢纽泵站基本情况及排涝水量

序号	水系	泵站名称	所在地	排水区名称	排水区面积/km^2	排入河流	岸别	装机台数	总装机容量/kW	设计排涝能力/(m^3/s)	运行开始时间	运行结束时间	排涝水量/(万 m^3)
1		临洪东站	浦河社区居委会	蔷薇河流域	1 365	临洪河	右	12	24 000	360	7 月 10 日	7 月 12 日	5 841
2		临洪西站	太平渔业村委会	乌龙河流域	105.52	临洪河	左	3	9 000	90	7 月 8 日	7 月 12 日	2 417
3		大浦抽水站	浦河社区居委会	大埔河流域	122	临洪河		6	4 800	55.7	7 月 8 日 11 时	7 月 12 日 16 时 30 分	983
4		大浦抽水二站	浦河社区居委会	大埔河流域	122	临洪河		4	5 000	40	7 月 8 日 13 时	7 月 12 日 17 时 15 分	1 284
合计					1 592.52			25	42 800	545.7			10 525

表 5-8　2019 临洪枢纽泵站基本情况及排涝水量

序号	水系	泵站名称	所在地	排水区名称	排水区面积/km^2	排入河流	岸别	装机台数	总装机容量/kW	设计排涝能力/(m^3/s)	运行开始时间	运行结束时间	排涝水量/(万 m^3)
1		临洪东站	浦河社区居委会	蔷薇河流域	1 365	新沭河	右	12	24 000	360	8 月 11 日	8 月 13 日	3 672
2		临洪西站	太平渔业村委会	乌龙河流域	105.52	新沭河	左	3	9 000	90	8 月 11 日	8 月 12 日	561.6
3		大浦抽水站	浦河社区居委会	大埔河流域	122	新沭河		6	4 800	55.7	8 月 11 日	8 月 12 日	138.24
4		大浦抽水二站	浦河社区居委会	大埔河流域	122	新沭河		4	5 000	40	8 月 11 日	8 月 12 日	86.4
合计								25	42 800	545.7			4 458.24

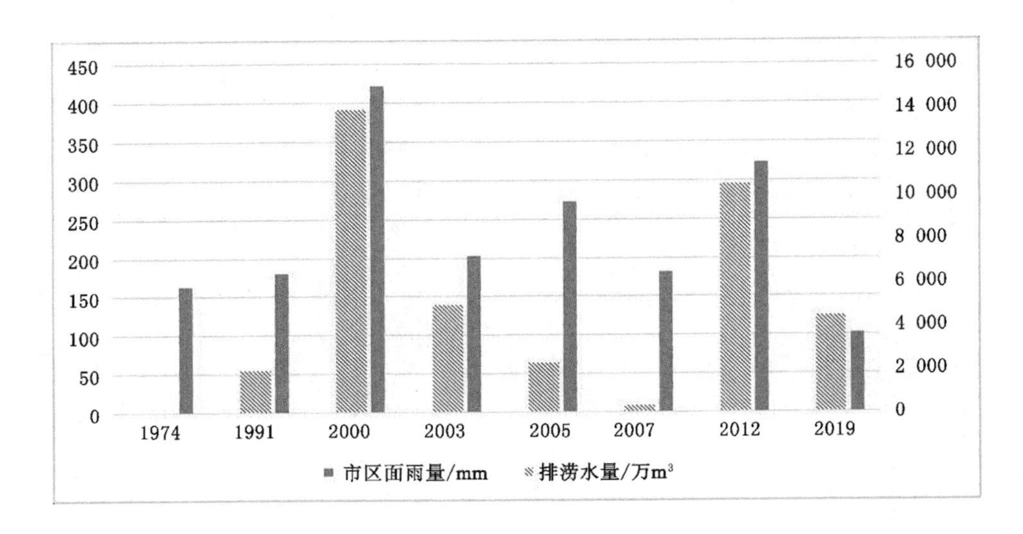

图 5-3　历年暴雨市区面雨量与排涝水量柱状图

表 5-9　典型暴雨临洪枢纽排涝及市区面雨量情况统计表

受灾年份	排涝水量/(万 m^3)	市区面雨量/mm	降雨天数
1974	0	163.2	5
1991	1 950	180	5
2000	13 950	422	3
2003	4 978.8	202.2	7
2005	2 300	272.7	5
2007	300	181	3
2012	10 525	323.2	2
2019	4 458.24	101.8	2

根据图 5-3 及表 5-9 可以看出，2000 年 8 月暴雨，临洪枢纽排涝水量最大，达 13 950 万 m^3；次之为 2012 年 7 月暴雨，排涝水量为 10 525 万 m^3；最小为 2007 年 9 月暴雨，排涝水量仅为 300 万 m^3。

第二节　灾 情 分 析

一、灾情统计

1974 年 8 月 10—14 日，连云港市普降暴雨到大暴雨，全市面平均降雨量

243.7 mm，其中，赣榆县平均降雨量 328.4 mm，东海县 306.0 mm，各河暴涨，140 个村进水。东海县 4.47 万 hm^2 农田受淹，其中 1.30 万 hm^2 绝收，倒塌房屋 5 万余间，损失存粮 1.9 万 t。海州区洪门乡遍地积水，133 hm^2 菜田受淹，倒塌房屋1 300余间。赣榆县 2.71 万 hm^2 农田积水，范河下游积水深达 1 m 以上，6 000 hm^2 农田绝收，倒塌房屋 4 万余间。蔷薇河各支流均出现历史最高水位，造成沭新河堤防决口。

1991 年未产生较大灾情。

2000 年 8 月 28—31 日，连云港市连降暴雨到特大暴雨，全市平均雨量达 405.3 mm。其中，灌南县总降雨量达 503.9 mm，5 个乡镇降雨量超 600 mm，长茂镇降雨量达 812.2 mm，降雨强度创连云港市历史极值。全市 80%农作物受灾，大多数企业停产，农作物受灾面积 31.00 万 hm^2，成灾 25.00 万 hm^2，损坏房屋 7.5 万多间，有 800 多家工矿、企业进水，400 万人受洪水围困，7 人死亡，1 人失踪。此次特大洪涝灾害共造成全市直接经济损失 27.00 亿元。

2003 年 6—8 月出现连续暴雨天气，累计降雨量市区 824.8 mm，东海县 897.7 mm，赣榆县 785.9 mm，灌云县 1195.3 mm，灌南县 1 099.9 mm。连续降雨，加之上游客水压境，形成外洪、内涝双重影响，全市大部分地区受灾严重，农业直接经济损失 6.91 亿元。全市受灾人口 224.02 万人，成灾人口 153.31 万人；农作物受灾面积 17.38 万 hm^2，成灾面积 12.06 万 hm^2，绝收 3.14 万 hm^2；倒塌房屋 7 081 间，损坏房屋 10 287 间，紧急转移安置人口 4 057 人 ；漫溢鱼虾塘 0.25万 hm^2，损失鱼虾 3 562 t ；倒断树木 21.3 万株。

2005 年 7 月 31 日—8 月 5 日，连云港地区普降大暴雨，局部特大暴雨，全市面雨量 259.0 mm，暴雨中心为灌云县。全市受灾人口 129.66 万人，成灾人口 98.58 万人 ；农作物受灾面积 10.86 万 hm^2，成灾面积 6.33 万 hm^2，绝收面积 0.26万 hm^2；倒塌房屋 888 间，受淹企业 16 家 ；损失粮食 715 t，漫溢鱼塘 6 440 hm^2，损失鱼 6 438 t，倒断树木 1 500 棵。造成直接经济损失 5.1 亿元，其中农业直接经济损失 4.73 亿元。

2007 年受第 13 号台风“韦帕”正面影响，受灾情况严重。全市受灾人口共计 104.41 万人，被水围困人数 0.1 万人，紧急转移 0.019 1 万人；倒塌房屋 0.171 1万间；农作物受灾面积 134.71 千 hm^2，成灾面积 64.33 千 hm^2，绝收面积

7.95 千 hm^2,减产粮食 2.473 万 t,林果损失 4.85 万棵,苗木损失 0.28 千 hm^2,死亡家禽 0.36 万只,水产养殖损失 2.16 千 hm^2、11.15 万 t;停产半停产企业 20 家,公路中断 2 条次,损坏通信线路 0.5 km,沉船 1 条;损坏堤防 8 处、4.58 km,损坏护岸 7 处,损坏水闸 25 座,损坏机电泵站 8 座。台风造成直接经济损失共 6.123 4 亿元,其中:农业直接经济损失 5.084 亿元、工业交通业直接经济损失 0.071 4亿元、水利工程水毁直接经济损失 0.221 亿元。

2012 年 7 月 8 日 4 时—9 日 4 时,连云港地区发生特大暴雨,暴雨中心位于市区云台山东南侧的凤凰嘴至大桅尖一线,300 mm 雨量基本涵盖连云港市区。根据政府相关部门统计,连云区、开发区、新浦区、海州区、赣榆县、东海县、灌云县、灌南县、云台山风景名胜区除新区等 10 个县(市、区)受灾。受灾人口 154.62 万人,被水围困人数 0.51 万人,紧急转移 1.12 万人;住宅受淹 5.42 万户,倒塌房屋 0.16 万间;农作物受灾面积 216.4 万亩,成灾面积 148.07 万亩,绝收面积 38.65 万亩,减产粮食 46.22 万 t,经济作物损失 1.83 亿元,林果损失 15.47 万棵,死亡大牲畜 0.002 6 万头,水产养殖损失 0.56 万 t;停产企业 30 家,公路中断 27 条次,供电中断 20 条次;损坏堤防 19 处、10.47 km,损坏护岸 191 处,损坏水闸 92 座,损坏机电井 358 眼,损坏机电泵站 130 座。因洪涝灾害造成的直接经济损失 27.50 亿元,其中农业直接经济损失 17.18 亿元,工业交通业直接经济损失 3.44 亿元,水利工程水毁直接经济损失 1.19 亿元。据资料统计,2012 年“7·09”暴雨洪水造成市区直接经济损失为 15.41 亿元,造成全市直接经济损失为 27.50 亿元。

2019 年受第 9 号台风“利奇马”及北方冷空气共同影响,连云港市普降暴雨至大暴雨,局部特大暴雨。从 8 月 10 日 6:00 至 12 日 8:00,连云港地区平均降雨量 151.2 mm,东海 214.4 mm,此次过程全市受灾人口 192 091 人,转移安置人口 1 429 人,一般损坏房屋 1 736 间,倒塌房屋 6 间,农作物受灾面积约 44 273 hm^2,成灾面积约 26 015 hm^2,绝收面积约 358 hm^2,预计造成直接经济损失约 12 151 万元,其中农业损失约 9 144 万元。没有人员伤亡的报告。

典型暴雨受灾损失见表 5-10,受灾人口及受灾损失对比见图 5-4。

表 5-10　各受灾年份灾情统计表

受灾年份	受灾人口/万人	转移人口/万人	损坏房屋/万间	倒塌房屋/万间	死亡人口/人
1974				9.13	
1991					
2000	400.00		7.50		7
2003	224.02	0.41	1.03	0.71	
2005	129.66	98.58		0.09	
2007	104.41	0.02		0.17	
2012	154.62	1.12	1.35	0.16	0
2019	19.21	0.14	0.17	0.001	
受灾年份	农作物受灾面积/万 hm^2	农作物成灾面积/万 hm^2	农作物绝收面积/万 hm^2	农林牧渔业直接经济损失亿元	直接经济总损失/亿元
1974	4.67		1.30		
1991					
2000	31.00	25.00			27.00
2003	17.38	12.06	3.14	6.91	6.91
2005	10.86	6.33	0.26	4.73	5.10
2007	13.47	6.43	0.80	5.08	6.12
2012	14.50	9.92	2.59	17.18	27.50
2019	4.43	2.60	0.04	0.91	1.22

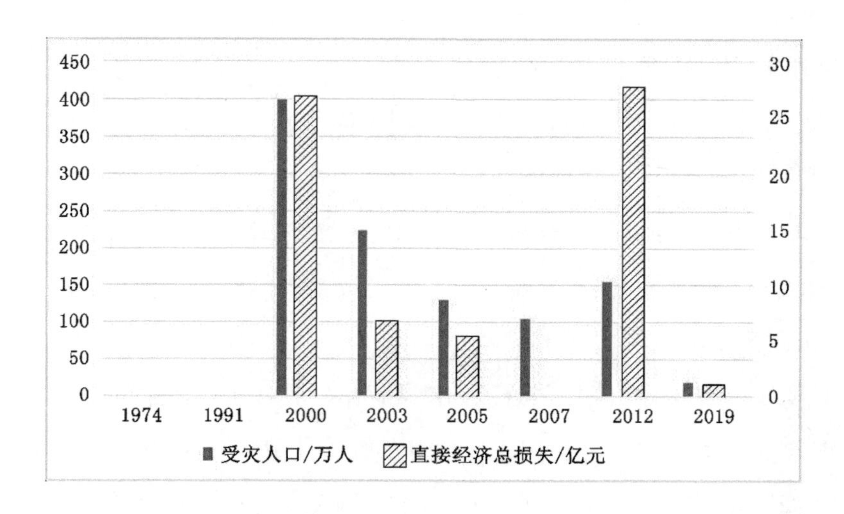

图 5-4　各受灾年份受灾人口和直接经济总损失对比柱状图

二、致灾原因

根据暴雨洪水特点、受灾区域以及连云港市地理、地势特点分析，洪灾的主要原因有以下几方面。

（一）地理特点

连云港是沿境内云台山脉淤积平原建的城区，三面高水合围，一面临海，极易遭受洪涝灾害和海洋风暴潮袭击。

（二）客水压境，洪灾威胁

1949年前后由山东和江苏两省分别实施的“导沭整沂”“导沂整沭”工程，使沂沭泗7.8万km^2流域的洪水通过新沂河、新沭河在连云港市入海，解决了黄河夺淮后苏北鲁南地区水系紊乱的局面，但也使连云港市成为“洪水走廊”。沂沭泗洪水“东调南下”工程，使从市区过境的新沭河50 a一遇泄量扩大到6 400 m^3/s，加上流经市区的区域性排洪河道蔷薇河的影响，每遇客水过境，极易形成洪灾，给城市防洪造成很大威胁。

（三）因洪、因潮致涝

新沭河、蔷薇河行洪水位和海洋高潮水位均高于市区河道水位。每当客水过境或遇高潮袭击，内河排水严重受阻，城区因失去排水出路而形成涝灾。

（四）低洼区、圩区排水标准低，易于成灾

暴雨洪水过程中，低洼区、圩区极易成灾。原因是低洼区、圩区排水标准低，目前圩区标准5 a一遇左右，城市市政排水标准1～2 a一遇。

（五）城区不透水下垫面影响

快速的城市化，导致城区不透水地面比例增加，降雨入渗量减少，使得径流系数增大，也是成灾原因之。

（六）山丘区洪水影响

云台山及锦屏山山脉位于连云港市城区，在其中部分山涧末端建有小型水库，共18座，总集水面积为41.57 km^2，占整个山区面积的19.3%。山涧及水库洪水到达山脚下即进入平原河网，没有山前倾斜过渡丘陵地带，加重了山丘区周边涝情。

第六章　问题与建议

连云港水文测报工作，为防汛决策及时提供了雨水情信息和洪水预报成果，在历年防洪减灾方面取得很大成绩，同时也反映工作还不能完全满足现代防汛抗洪工作的要求。主要体现在连云港水文基础建设还很弱，水文站网密度需加大，水文巡测需加强，水情预报的技术需提高，新技术的应用需普及等。水文作为重要的非工程措施，对连云港地区防汛抗洪起到重要的基础作用。为了适应新时期的治水思路对水文工作的新要求，必须重视和解决这些问题。同时，为了达到抗洪减灾的目标，还需要加大除涝减灾工程的投入，加强对洪水规律、地区暴雨特性的专题研究等。

第一节　水文基本建设

一、水文测报手段相对落后

连云港地区现有的水文测验设施多建于20世纪60、70年代，普遍存在观测场地建设不标准、测验设施陈旧老化等问题。目前大部分水文站还采用缆道流速仪法施测，不仅测流时间长，容易漏峰，而且劳动强度和危险性大；小许庄水文站采用了先进的自动流量测流系统进行流量测验，大大缩短了流量测验的时间，提高了精度，自动采集和传输系统的应用提高了水情信息的时效性。由此说明，必须加快水情自动测报系统的建设步伐，大力推广新技术的应用，提高水文测报的能力。

二、水文站网密度需加大

连云港地区水文站网密度在部分河段和地区尚显不足，不能有效地控制连云港地区的暴雨和洪水的时空分布，不能满足防汛和洪水分析的要求。连云港市部分区域河道、骨干河道缺少流量测验设施，只能采取应急巡测方式，尤其是入海河道；县级城区排涝河道无流量控制站，无法及时掌握河道水情信息；连云港市城区、徐圩新区、县级城区内雨量站偏少，不能有效掌握暴雨时空分布情况。建议加强站网建设、信息化建设和智慧水文建设，实时监视雨情、水情等洪水信息。

三、水文巡测需要进一步加强

水文巡测是一种灵活机动的水文信息采集方式，也是补充现阶段水文站网不足的有效途径。在江苏省水利厅、省水文局的共同努力下，连云港水文巡测工作已开始起步，但受到设备、经费等原因的限制，还没有发挥应有的作用。通过 2019 年“利奇玛”台风期的洪水测验反映出，仅靠已有的水文站网定点观测已不能满足地方防汛测报工作的需要，应根据水情变化和防汛抗洪需要，建设一支设备先进齐全、反应迅速、灵活机动的水文巡测队伍。

第二节　预报、预警技术

一、加强暴雨天气预警

暴雨天气出现之前，连云港市气象局应及时预警，加强监测预警，密切监视雷达动态，通过电视、气象信息平台、微博、LED 显示屏等多渠道做好气象预报预警信息发布，提醒市民及有关部门注意防范暴雨可能引发的地质灾害，以及洪涝、城市积涝等灾害。加强与农业、林业、国土、交通部门的联动，做好防御洪涝灾害准备工作。

二、加强洪水预报方法研究

水文预报是进行防汛指挥决策的科学依据，对洪水调度、抗洪抢险工作具有极其重要的作用，水文预报的精度及预见期的长短对防洪决策影响很大。目前，连云港地区水文预报常用的是水文学方法（实用水文预报方案），预报精度难以保证。应加强水文预报方法的研究，研究出适应目前连云港地区洪水特性的预报方法，提高水文预报精度和预见期。

三、积极探索降雨洪水的耦合预测

洪水预报预见期的长短，直接关系到洪水调度的决策，关系到人民生命财产的安全。为了有效地增长预见期，赢得科学决策的时间，非常有必要加强降雨洪水的耦合预测。降雨洪水耦合预测的关键是提高降雨预测的精度：一是要研究以数值预报为主，综合利用天气图、云图等多源信息复合的预测技术；二是要研究特定区域暴雨的成因，加强统计分析，做出概率预报，为风险决策提供科学依据。

第三节　连云港地区洪水预报系统建设

目前，连云港地区缺少洪水预报系统。洪水预报系统是水情现代化建设的重要内容，为有效地减轻程序化的手工作业负担、集中预报人员的精力和智慧进行交互分析、提高预报质量和作业效率，加强洪水预报系统建设非常必要。洪水预报系统的建设要建立一套统一规划、联合攻关、集中开发推广应用的机制，避免低水平的重复开发现象。系统开发应坚持高起点、高标准、高要求，系统软硬件要规范化、标准化，使之技术先进、通用性和实用性强、功能全面、操作简便。

第四节　加大除涝减灾工程投入

一、城区排涝能力治理

通过对洪涝灾害的研究，发现现有城区河道、排水管网及水利防洪设施行洪、排涝能力较低，不能与城市的经济发展相适应。建议提升城区管网和河道排水标准，对未建排水泵站的桥涵进行补建，对原有排水能力不足的泵站进行改造，加大抽排能力并加强管理维护，针对建设路面排水不便地区，增建移动排水设施。

二、加强连云港市生态环境治理

对现有的退耕还林、退耕还河、退耕还草工程进行巩固，将水土保持工作做好，对现有的生态环境不断进行改善。加大资金投入力度。针对山洪和地质灾害频发区域，应积极实施“移民搬迁工程”，以降低暴雨洪涝灾害造成的影响。把城市防洪与生态修复、水环境整治结合起来，注重人与自然的和谐，打造美丽的城市水环境。

三、加强农田排水工程建设

因暴雨天气的强度较大，一旦土壤表面的空隙被雨水填满，农作物根系就会因缺氧而影响其生理活动的正常开展，使得农作物受损，若是田内的积水在短时间内不能排除，则会造成农作物死亡，甚至减产。应做好农田排水工程建设，及时清除田间积水，降低暴雨天气对农作物的危害。

第五节　水文专题研究

随着防洪减灾工作的深入，连云港地区河道及流域下垫面发生了一定的变化，开展水文专题研究、进一步深化对洪水规律、地区暴雨特性的认识，对防汛抗旱、工程调度运用、规划设计等具有很大的意义。

附录　连云港市水系图和水文站网图

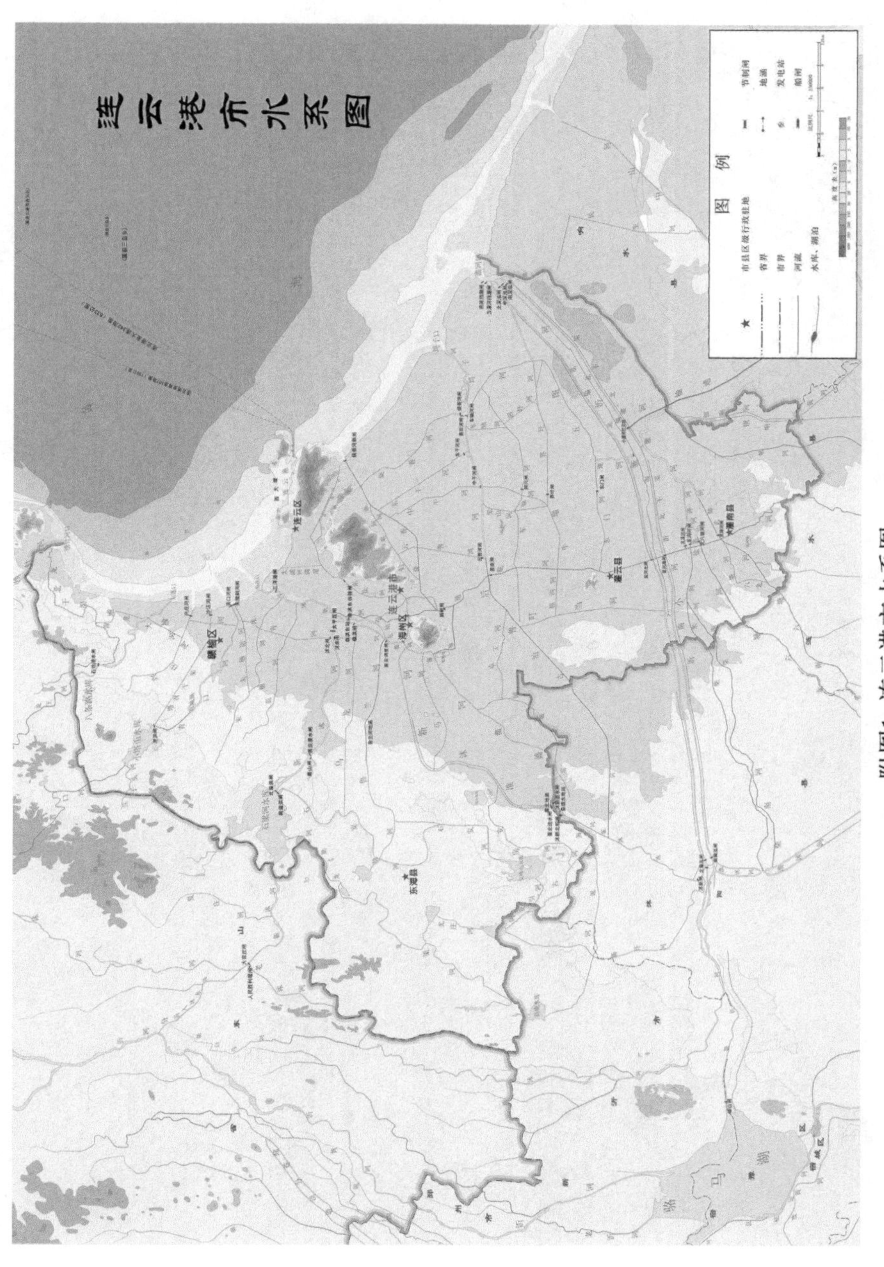

附图1 连云港市水系图

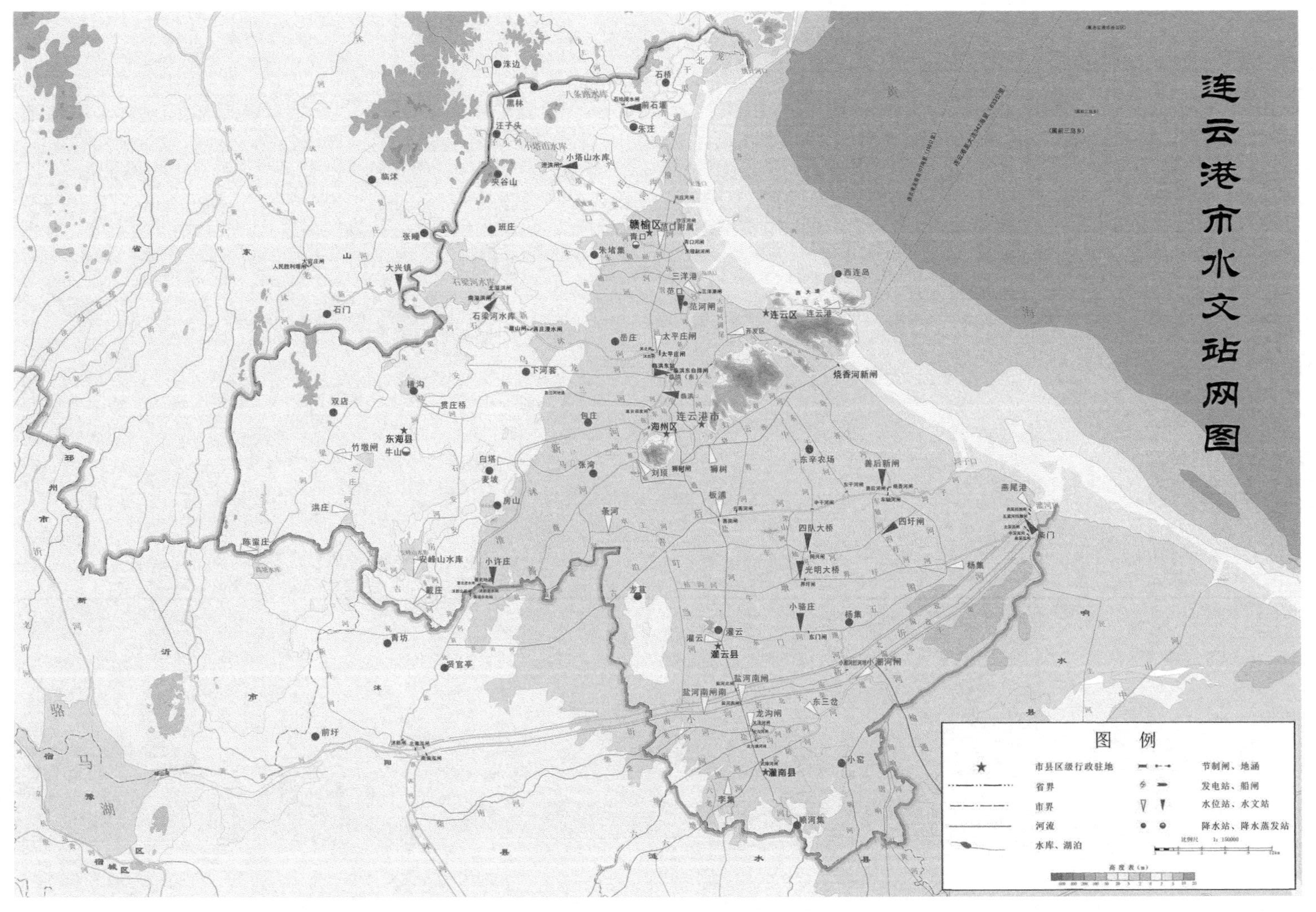

附图2 连云港市水文站网图

参考文献

[1] 东海县水利史志编纂委员会.东海县水利志[M].北京：方志出版社，2000.

[2] 国家气象中心.降水量等级划分：GB/T 28592—2012[S].北京：中国标准出版社，2012.

[3] 江苏省地方志编纂委员会.江苏江河湖泊志[M].南京：江苏凤凰教育出版社，2019.

[4] 连云港市水利史志编纂委员会.连云港市水利志[M].北京：方志出版社，2000.

[5] 水利部长江水利委员会水文局.水文资料整编规范：SL 247—2012[S].北京：中国水利水电出版社，2012.

[6] 水利部黄河水利委员会水文局.水文测量规范：SL 58—2014[S].北京：中国水利水电出版社，2014.

[7] 水利部黄河水利委员会水文局.水文调查规范：SL 196—2015[S].北京：中国水利水电出版社，2015.

[8] 水利部水文局.降水量观测规范：SL 21—2015[S].北京：中国水利水电出版社，2015.

[9] 沂沭泗水利工程管理局.2003 年沂沭泗暴雨洪水分析[M].济南：山东省地图出版社，2006.

[10] 沂沭泗水利工程管理局.2012 年沂沭泗暴雨洪水分析[M].北京：中国水利水电出版社，2013.